SELBORNE

1842

Eine Kopie aus der Begleitkarte des Tithe Commutation Award. Die Namen in Klammern wurden von White verwendet und sind im Award nicht erwähnt. Nur die westliche Hälfte der Gemeinde ist dargestellt.

GILBERT WHITE

SELBORNE
und seine
Naturgeschichte

Aus dem Englischen
und mit einem Vorwort von
Esther Kinsky

NATURKUNDEN

NATURKUNDEN № 74
herausgegeben von Judith Schalansky
bei Matthes & Seitz Berlin

Inhalt

To Mr Barrington.

Letter 51.

Dear Sir,

It is now more than forty years
paid some attention to the Ornithology of
without being able to exhaust the subject.
till arise as long as any enquiries are
In the last week of April
those most rare birds, too uncommon to
n English name, but known to Natura
ons of *Himantopus*, or *Loripes*, & C
imantopus, were shot upon the verge of
ond, a large lake belonging to the Bis
lying in the heaths between Woolmer-fo
own of Farnham in the county of Surr
eper says there were three brace in the flock
had satisfyed his curiosity, he suffered
ain unmolested. One of these specimen
found the length of the legs to be so extra
rst sight a person might have supposed
en fastened-on to impose on the credulity
hey were legs in caricatura: & had we se

Schwalbenlehren

Zur Übersetzung von Gilbert White:
Selborne und seine Naturgeschichte

1788, nach fast zwanzig Jahren Arbeit an seinem Manuskript in Gestalt seiner 110 Briefe an die britischen Naturhistoriker Thomas Pennant und Daines Barrington, erschien Gilbert Whites *Naturgeschichte* seines kleinen Heimatortes Selborne in Hampshire im Südosten Englands und etablierte sich umgehend nicht nur als Bestseller (was es auch damals schon gab), sondern auch als Herzensbuch der Engländer, woran sich bis in die Gegenwart nichts geändert hat.

Gilbert White gilt heute als der Vater des englischen Schreibens über die Natur, auf ihn beziehen sich unzählige Autoren der letzten Jahrzehnte von Richard Mabey bis Robert MacFarlane als Musterbeispiel für offene, empfindsame, neugierige Hinwendung zur unmittelbaren natürlichen Umgebung, als Autor, der sich durch das angehäufte Wissen der katalogisierenden und benennenden Naturkundler wie Ray und Linné gearbeitet hatte, um zu erfassen und zu verstehen, um wissend zu *sehen*, was um ihn herum vorging.

Dabei schien Gilbert White, ein verhältnismäßig bescheidener Landpastor, Abkömmling einer in diesem Winkel Hampshires alteingesessenen Familie von Geistlichen, keineswegs prädestiniert für die Rolle als Erfolgsautor und Wegbereiter. Nach dem Studium in Oxford blieb er Zeit seines Lebens in der Gegend seiner Herkunft ansässig, wartete geduldig auf eine eigene Pfarre und führte ein, wie man zwischen den Zeilen sehr deutlich lesen kann, geruhsames und beschauliches Leben, nicht reich, aber ohne materielle Sorgen, ohne Ausschweifungen, aber mit Dienern, ohne Frau und Kinder, aber mit einer leidenschaftlichen Hingerissenheit von Vögeln aller Art – insbesondere Schwalben, tatsächlichen und vermeintlichen –, was ihn allerdings nicht davon abhielt, beliebige Mengen an »Exemplaren« zu schießen oder schießen zu lassen, um sie in- und auswendig kennenzulernen und zu studieren. Diese Sicht der Natur als verfügbare Quelle, aus der sich der Mensch zur Wissensbereicherung beliebig bedienen kann, wird einem heute seltsam, ja gelegentlich grausam erscheinen, vielleicht gar als wegbereitend für den verhängnisvollen Umgang mit der Natur in den vergangenen Jahrhunderten.

Gilbert White lebte von 1720 bis 1793. Seine Briefe entstanden im Abenddämmer der Aufklärung, als Erkundung und Erforschung der Natur und ihre systematische Erfassung geläufig geworden waren. Von Kindheit an ganz offenbar leidenschaftlich an allen ihn umgebenden Erscheinungsformen der Natur interessiert, verschrieb sich White bereitwillig und früh den im Geiste der Katalogisierung der Welt ins Leben gerufenen Initiativen, wie zum Beispiel dem Führen eines »Nature Journal«, einer Art Tagebuch mit bereits angelegten Rubriken, in die es die beobachteten Phänomene wie Wetter, Pflanzenzyklus, Vogelzug und dergleichen einzutragen galt. Wenige Jahrzehnte später waren diese Journals schon so weit eingebürgert, dass der Bauerndichter John Clare ein paar Hundert Meilen weiter nördlich ohne jede Vorlage und Rubrikfestlegung sein eigenes Tagebuch eines Jahreskreislaufs erstellte, das sich durch eine bei White unvorstellbare Unmittelbarkeit im emotional erfahrenen Zugang zu den beschriebenen Dingen auszeichnet. In Nordamerika saß gut achtzig Jahre nach White Henry David Thoreau bei seinem Riesenwerk der *Journals*, einem grandiosen Verzeichnis täglicher Gedanken und Beobachtungen, aus denen der Autor hoffte, irgendwann eine Art »Musterjahr« Neuenglands destillieren zu können.*

Weitgehend befreit von den Fesseln kirchlich und religiös gefilterter Deutung der Natur konnte auch jemand, der wie White im Dienst der Kirche stand, sich mit den vielen Veröffentlichungen über Expeditionen jüngerer Zeit und über Flora und Fauna in den Kolonien sowie in anderen europäischen Ländern beschäftigen und sich den Naturwissenschaften und der ganz nüchternen Erforschung der Verhaltensweisen »tumber Kreaturen« widmen. Vom gelegentlichen Lob der weisen oder gütigen Vorsehung abgesehen hat Whites Auseinandersetzung mit den Phänomenen der natürlichen Welt um ihn herum, aber auch mit Fragen von Instinkt und Fortpflanzung und Gewalt nie einen frommen oder gar frömmlerischen Ton, er schreibt nüchtern,

---

* Heute noch, 230 Jahre nach dem ersten Erscheinen von Whites Werk, folgen unzählige Briten in einem ähnlichen Impuls der Aufforderung des Fernseh-Naturonkels David Attenborough und zählen und beschreiben Schmetterlinge, Bienen und heimische Vogelarten.

kundig, neugierig, manchmal etwas schwatzhaft, und auf eine faszinierende Weise schwankend zwischen Ansammlung, Verwaltung und Anwendung von Wissen einerseits und einer beinah schon romantisch staunenden Liebe zur Kreatur, zu einem der menschlichen Vernunft verschlossenen Universum der Lautausdrücke, Fertigkeiten und Gesetze, deren Schlüssigkeit und Zusammenhänge sich vielleicht nachahmen und beschreiben, aber nie nachvollziehen und nachempfinden lassen. Diese Spannung zwischen Wissen und Staunen entwickelt ihre eigene Dynamik, sie trägt die Lesenden durch pedantisch aufgeführte Statistiken zu Niederschlagsmengen und die immer wiederkehrenden, schließlich fast absurd anmutenden Spekulationen über den Winterverbleib der Schwalben und Mauersegler (zu Whites Zeiten wurden auch Letztere noch zu den *Hirundines,* den Schwalbenvögeln, gezählt), denen der ornithologisch passionierte Pastor bis in unwegsames Gelände nachstellt, um sie dabei zu ertappen, wie sie in unterirdische Gänge zur Überwinterung verschwinden.* In dieser leisen Absurdität gibt es sehr schöne Sätze, die aus dem Rahmen fallen, weil sie auf etwas Mythisches verweisen, das durch Whites Denken gegeistert sein mag und sein Schreiben antrieb: »Die Sprache der Vögel ist sehr alt, doch vieles wird bedeutet und verstanden«, heißt es im Brief XLIII an Daines Barrington, ein Satz, der in seiner Poesie mit dem versöhnen mag, was nicht erst heute manche Leser als Mangel verzeichnen, nämlich die fehlende Anteilnahme am Leben der Menschen. Was man bei White vermisst – zumal er ja den Anspruch formuliert, seinen Heimatort und dessen Umgegend in allen Aspekten darzustellen –, ist eine Sympathie, vielleicht gar Empathie gegenüber denen, die mit ihm das Dorf und diese idyllische Gegend bevölkerten. Vergleicht man seine Schriften mit denen John Clares oder auch denen seines deutschsprachigen Zeitgenossen Peter Simon Pallas, kommen die Menschen und ihre Einbettung in die beschriebene Natur sehr kurz, ja ihre Bedeutung erschöpft sich für ihn fast in ihrer Rolle als Jäger, Fallensteller, Vogelfänger – also Zubringer von Forschungsmaterial – und als Illustration

---

* Das Rätseln über den winterlichen Aufenthaltsort der Schwalben war einigen zeitgenössischen Naturkundlern gemein. In Skandinavien kursierte die Theorie, Schwalben überwinterten unter Wasser in Flüssen, sozusagen im Tiefkühlzustand. Auch der sehr unromantische und mit allen Wassern gewaschene deutsch-russische Naturkundler Peter Simon Pallas, der die östlichen Landstriche Sibiriens und später die Krim erforschte und katalogisierte, zögerte bis in die 1770er Jahre, Schwalben – wahrscheinlich ihres erratischen Zugverhaltens wegen – als Zugvögel zu klassifizieren.

hässlicher Launen der Natur wie z. B. Aussatz und »Blödheit«. Dabei entstanden diese beiden Korrespondenzen über Jahrzehnte, die geprägt waren von sozialen und politischen Unruhen in England und Schottland sowie von der stets wieder aufflackernden – höchst berechtigten – Rebellionsbereitschaft der Landbevölkerung. Im Zuge der immer schneller voranschreitenden Nutzung des Landes als Kapital wurden die angestammten Rechte der Armen und Habenichtse stillschweigend gestrichen oder beschnitten. Zur Sprache kommt in Whites Texten wenig davon, in einem nachträglich erstellten Vorspann von neun Briefen am Anfang, die offenbar die folgenden 35 Schreiben an den Anatom und Schottlandforscher Thomas Pennant gleichsam in Szene setzen und Schauplatz und Hintergrund von Whites Briefen vorstellen sollen, werden solche Fragen allenfalls oberflächlich gestreift. So findet zum Beispiel der berüchtigte »Black Act«, der Wilderei und Holzdiebstahl mit grausamen Strafen belegte, ebenso Erwähnung wie der aktive Widerstand der Dorfbevölkerung gegen die willkürliche Entscheidung eines adligen Land- und Forstbesitzers, nach einem großen Holzschlag »lop and top«, also Gezweig und Wipfel, nicht traditionsgemäß den Besitzlosen zu lassen. Nichts jedoch deutet auf eine Sympathie des Verfassers mit den um ihre Rechte Gebrachten hin. White akzeptiert fraglos die Hierarchie, die ihm einen wohlversorgten Platz zugewiesen hat, und vielleicht ist es auch diese zufriedene Akzeptanz, die das Buch, seiner Sprache und seiner Werte ungeachtet, so zeitlos macht, die, zumindest für die englischen – und ich meine nicht die englischsprachigen – Lesenden ein Fenster zu einer heilen, idyllischen, geordneten Welt bietet, eine Welt im »green and pleasant land«* der die Hauptstadt umkränzenden Grafschaften, in einer idealisierten Dörflichkeit, die so anders ist als die John Clares ein paar Jahrzehnte später, so geordnet und so angst- und schreckensfrei – bis auf den vorletzten Brief an Daines Barrington, in dem White die Auswirkungen des isländischen Vulkanausbruchs im Sommer 1783 – eine der größten Naturkatastrophen der vergangenen Jahrhunderte – mit sonderbarer, düsterer Eindrücklichkeit beschreibt.

---

* Eine Zeile aus dem Gedicht »And did those feet in ancient time« von William Blake. Diese Zeile vom grünen lieblichen Land ist heute – nicht unbedingt gerecht gegenüber Blake – gleichsam ein Begriff für etwas eindeutig und positiv als Englisch Identifizierbares, eben diese Selborner Idylle von sanfter Landschaft, guten Manieren, gemäßigtem Klima und fester Ordnung.

Doch nicht nur die Idylle macht es zu einem zutiefst englischen Buch. Es ist auch ein – sicher auch im Geist der Zeit begründetes – Projekt der nationalen Zuschreibung*. Eine Frage, die White immer wieder bewegt, ist die nach der »Einheimischkeit« (»inland«) der Vögel, die er beobachtet, verzeichnet und untersucht. Wie »englisch« oder »britisch« sind sie? Wie weit gehören sie zu »uns«? Ganz besonders findet das seinen Ausdruck in Zusammenhang mit den von White so geliebten *Hirundines*, den Schwalbenvögeln, die er so sehr im Winter bleiben, die britische Insel nicht im Stich lassen sehen wollte, dass er als alternder Mann den im Spätsommer aufbrechenden Schwärmen bis zur Erschöpfung hinterherlief, um endlich den Beweis zu haben, dass sie im gestrüppigen Heideland gerade außerhalb der Sichtweite seines Dorfes ihr verstecktes Winterquartier bezogen.

Man fragt sich unwillkürlich, wie sich Gilbert White, der alternde Landgeistliche aus Selborne, gefühlt haben mag, als er im Alter von fast siebzig Jahren das Buch gedruckt in der Hand hielt, an dem er so lange geschrieben, geplant, geändert und sicher auch manches manipuliert hatte: diese seltsame Korrespondenz in einer einzigen Stimme, in der Erwiderungen höchstens als stilistischer Handgriff auftauchen, nie aber ein anderer wirklich zu Wort kommt. War er zufrieden? Froh? Stolz? Von allem etwas, möchte man sagen, wenn man lesend – und erst recht übersetzend – mit ihm über diese Distanz von rund zweihundertfünfzig Jahren bekannt geworden ist. Was von ihm, von Pastor Gilbert White, geblieben ist, sind ja schließlich diese Worte, diese Sprache, diese leichte, gepflegte Geschraubtheit und zuweilen übertriebene Beflissenheit in der Zurschaustellung der eigenen Bildung.

Wie immer bei der Übertragung zeitlich so weit zurückliegender Texte stellt sich die Frage nach der Art der sprachlichen Annäherung. Soll man modernisieren, soll man versuchen, einen Ton der Zeit zu treffen? Bei White erschien mir eine Modernisierung der Sprache nicht nur wenig ratsam, sondern geradezu unmöglich. Seine Sprache ist Ausdruck seiner sozialen Stellung und seines Verhältnisses zur Welt, so wie John Clares die seiner Befindlichkeit in der Welt ist. Eine Modernisierung hätte die Korrespondenz flacher und gleichzeitig verschrobener klingen lassen. Zur Abstimmung des

---

* Die sibirischen Forschungsreisen seines deutschen Zeitgenossen Pallas im Auftrag der russischen Krone dienten natürlich auch einem nationalen Aneignungsprojekt – mit jedem Benennen war auch die Erklärung eines Machtanspruchs verbunden.

Vokabulars auf den Ton der Zeit in deutscher Sprache habe ich die zeitgleich entstandenen Aufzeichnungen von den Sibirienreisen des aus Berlin stammenden Naturforschers Peter Simon Pallas gelesen und herbeigezogen,

Die Übersetzung hält sich in alle Fällen, ungeachtet der Inkonsequenzen in der Klassifizierung insbesondere von Vögeln und in der Datierung der Briefe, an die eingangs genannte Textvorlage.

Wien, Januar 2020

Zum Geleit

Der Verfasser der folgenden Briefe erlaubt sich in aller Bescheidenheit, der Öffentlichkeit seine Form einer *Parochialgeschichte* vorzulegen, welche seiner Auffassung nach aus natürlichen Gegenständen und Begebenheiten so wie aus Altertümern bestehen sollte. Er ist weiters der Meinung, wenn sesshafte Menschen den Gefilden, in denen sie wohnhaft sind, einige Aufmerksamkeit zukommen ließen und ihre Gedanken hinsichtlich der sie umgebenden Gegenstände veröffentlichten, könnte man aus solchem Material die vollständigsten Grafschafts-Historien entnehmen, an welchen es in Teilen dieses Königreiches noch mangelt, was insbesondere für die Grafschaft Southampton gilt.

An dieser Stelle nun ergreift der Autor die erste, wiewohl sich spät bietende Gelegenheit, seine Dankbarkeit dem Dekan sowie den hochwürdigen Mitgliedern des Magdalen College der Universität Oxford zu bezeugen, welche die großzügige Erlaubnis erteilten, durch ein Mitglied ihres Kollegiums die Archive auf solche Angaben sichten zu lassen, als sie die Pfarre und Abtei von Selborne betreffen könnten. Ebenfalls bin ich jenem Herrn und seinem Assistenten, deren Bemühungen und Sorgfalt ihresgleichen nur in der Freundlichkeit von Umgang und Manier hatten, mit der sie angewandt wurden, zu größtem Dank verpflichtet.

Was die Echtheit der obgenannten Unterlagen betrifft, kann an dieser kein Zweifel bestehen, handelt es sich doch um ebenjene Urkunden und Zeugnisse, welche zum Zeitpunkt der Auflösung der Abtei aus selbiger ins Kolleg überführt wurden und als sorgfältig an Ort und Stelle angefertigte Abschriften für echt gelten dürfen; und da sie nie zuvor veröffentlicht wurden, dürfen sie ebenso sehr die Neugier des Altertumskundlers befriedigen, wie auch den Hergang der Ortsgeschichte gültig belegen.

Sollte es sich erweisen, dass der Verfasser auch nur einen seiner Leser bewogen hat, den Wundern der Schöpfung, welche allzu oft als gemeine Begebenheiten abgetan werden, größere Aufmerksamkeit zu schenken; oder sollte er auf irgendeinem Wege durch seine Forschungen zu einer Erweiterung der Grenzen historischen und topografischen Wissens verholfen haben; oder sollte er ein kleines Licht auf alte Bräuche und Sitten, insbesondere die des mönchischen Lebens, geworfen haben, so wird er seinem Ziel und Zweck ganz gerecht geworden sein. Sollte sich jedoch keine dieser seiner Absichten verwirklicht haben, bleibt dennoch der Trost, dass ihm diese seine Beschäftigungen, indem sie Körper und Geist in Anspruch nahmen, unter der Güte der Vorsehung so viel Bereicherung an Gesundheit und geistigem Vergnügen bis ins Alter bereitet haben und dass sie den Autor überdies zu seiner großen Freude mit einem Kreis von Herren bekannt gemacht haben, deren geistreicher Austausch ihm nicht nur beglückend viel an Wissen vermittelt hat, sondern auch, könnte er sich seiner Fortsetzung erfreuen, ihm auf immer als unvergleichliche Befriedigung und Bereicherung gelten würde.

Gil. White

Selborne, den 1. Januar 1788

s abound in the stream that runs by Ambersb
& that rare fish the rudd or finscale I have s
rom the Charwell near Oxford.

Begging the continuance of yr most agreea
dence, I conclude with great esteem;

Your most obedient Serv
Gil: White.

parts of England
s-hawk frequent?

To Thomas Pennant Esq
at Downing
Flintshire
North Wales

A single sheet.

13 NO

Briefe an Thomas Pennant

BRIEF I[1]

Die Pfarre Selborne liegt in der äußersten östlichen Ecke der Grafschaft Hampshire, sie grenzt unweit der Grafschaft Surrey an die Grafschaft Sussex, befindet sich rund fünfzig Meilen südwestlich von London, auf dem 51. Breitengrad, und etwa auf halbem Wege zwischen Alton und Petersfield. Durch seine Größe und Ausdehnung grenzt Selborne an zwölf Pfarren, von welchen zwei in Sussex liegen, nämlich Trotton und Rogate. Geht man von Süden aus in westliche Richtung, sind die angrenzenden Pfarren Emshot, Newton Valance, Faringdon, Harteley Mauduit, Great Ward le ham, Kingsley, Hedleigh, Bramshot, Trotton, Rogate, Lysse und Greatham. Die Bodenbeschaffenheiten dieser Gegend sind beinah ebenso vielfältig und unterschiedlich wie die Ausblicke und Lagen. Der hochgelegene Teil nach Südwesten besteht aus einem gewaltigen Hügel aus Kreide, der sich gut dreihundert Fuß über dem Dorf erhebt, er teilt sich in eine Schaftrift, den Hochwald und einen langen Waldhang, das sogenannte Gehänge. Diese Erhebung ist ganz mit Buchen bedeckt, dem schönsten aller Bäume des Waldes, ob wir seine glatte Rinde oder Borke betrachten, das glänzende Laub oder die anmutigen herabhängenden Zweige. Das Tal, oder die Schaftrift, ist ein liebliches parkähnliches Gefilde von etwa einer Meile Länge und einer halben Meile Breite, welches am Rand des Hügellands vorspringt, wo selbiges sich zur Ebene hin senkt, und es bietet sich hier ein sehr einnehmender Blick auf ein Gemisch von Hügel, Tal, Waldland, Heide und Gewässer. Diesen Blick beschließt nach Südosten und Osten eine große grasbewachsene Hügelkette, die sogenannten Sussex-downs, Guild-down bei Guildford und die Downs bei Dorking sowie Ryegate in Surrey nach Nordosten, und als Ganzes bilden sie zusammen mit der Gegend jenseits von Alton und Farnham einen vornehmen und weit geschwungenen Bogen.

Am Fuße dieses Hügels, eine Stufe oder eine Lage unterhalb des Hochlands, liegt das Dorf, welches aus einer einzelnen gewundenen Straße besteht, etwa eine Dreiviertelmeile lang und in einem geschützten Tal gelegen, welches parallel zum Gehänge verläuft. Die Häuser sind vom Hügel durch eine feste Lehmader getrennt (guter Boden für Weizen), stehen jedoch auf einem weißen Felsgestein, das sich im Aussehen wenig von Kreide unterscheidet, doch in der Tat insofern weit vom Kreidigen entfernt ist, als es äußerster Hitze standhält. Dass dieses Gestein jedoch noch etwas der Kreide Entsprechendes enthält, lässt sich an den Buchen erkennen, welche so weit den Hang hinunter wachsen, wie jenes Gestein reicht und nicht weiter, und ebenso dort, wo der Boden steil ist; sie gedeihen darauf wie auf Kreideboden.

Der Fahrweg des Dorfes verläuft auf bemerkenswürdige Weise zwischen zwei sehr gegensätzlichen Bodenarten. Nach Südwesten liegt ein harter verkrauteter Tonboden, den nur jahrelange Arbeit locker machen kann, während die nach Nordosten gelegenen Gärten, so wie einige kleine Einhegungen dahinter, eine warme, kultivierte, lockere Krume aufweisen, den sogenannten schwarzen Mergel, der mit tierischem wie pflanzlichem Dünger hochgesättigt scheint; dort mag einst der ursprüngliche Standort der Stadt gewesen sein, während Wald und Bewachsung bis unten an die gegenüberliegende Seite gereicht haben mögen.

Zu beiden Enden des Dorfes, das sich von Südosten nach Nordwesten zieht, entspringt ein kleiner Bach; jener am nordwestlichen Ende versiegt oft, der andere jedoch ist ein ordentlicher beständiger Quell, welcher weder von Dürre noch Regenperioden beeinflusst wird, Quellsprung geheißen.* Dieser entspringt an einem höhergelegenen Ort an der Grenze zu Nore Hill, einem markanten Kreidevorsprung, welcher bemerkenswürdigerweise zwei Bäche in zwei verschiedene Meere entlässt. Der südliche wird ein Nebenfluss des Arun, welcher nach Arundel fließt und sich dort in den Ärmelkanal ergießt, während der andere nach Norden fließt. Der Selborner Bach wird zu einem Nebenfluss des Wey, vereinigt sich mit dem Black-down Bach bei Hedleigh

---

* Diese Quelle brachte am 14. September 1781, nach einem sehr heißen Sommer und einem voraufgegangenen trockenen Frühjahr und Winter, neun Gallonen Wasser in der Minute, welches fünfhundertundvierzig in der Stunde sind und zwölftausendneunhundertundsechzig Gallonen beziehungsweise zweihundertsechzehn Oxhoft über vierundzwanzig Stunden, also im Laufe eines vollen natürlichen Tages. Zu diesem Zeitpunkt waren viele Brunnen der Gegend versiegt und die Teiche in den Tälern waren ausgetrocknet.

und mit dem Altoner und Farnhamer Bach bei Tilford-bridge, schwillt zu einem beachtlichen Fluss an, wird schiffbar ab Godalming, von wo aus er nach Guildford fließt und somit bei Weybridge in die Themse und mit dieser bei Nore in die Deutsche See.

Unsere Brunnen reichen in der Regel etwa dreiundsechzig Fuß tief und versiegen selten, wenn sie bis zu dieser Tiefe gebohrt sind; sie bringen ein gutes weiches Wasser hervor, mild im Geschmack und hochgepriesen von jenen, die das reine Element zu sich nehmen, jedoch eignet es sich nicht gut zum Aufschäumen von Seife.

Nach Nordwesten, Norden und Osten des Dorfes befindet sich eine Reihe hübscher Einhegungen, welche über einen aus weißem Mergel bestehenden Boden verfügen, eine Art verfallenem oder schottrigem Stein, welcher, wenn er Frost und Regen ausgesetzt ist, zu Stücken zerbricht und sein eigener Dünger wird.*

Noch weiter nach Nordosten und etwas tiefer gelegen befindet sich eine Art weißer Boden, weder Kreide noch Ton, weder als Weideland noch für den Pflug geeignet, doch gut für Hopfen, der tief in den bloßen Felsen hinein wurzelt, und Stöcke und Holz für Kohle wachsen gleich in handlicher Nähe. Dieser weiße Boden bringt den reinsten Hopfen hervor.

Wo sich die Pfarre weiter hinab auf den Wolmer-Forst zu zieht, wird der Boden am Zusammentreffen von Sand und Ton zu einem nassen, sandigen Lehm, der hervorragend für Bauholzstämme ist, doch zur Straße übel taugt. Die Eichen von Temple und Blackmoor werden von den Händlern hoch geschätzt und haben viel Holz für den Schiffsbau gestellt, während die Bäume auf dem Felsgestein zwar hoch wachsen, jedoch wacklig sind, wie es in der Sprache der Holzfäller heißt, und so mürbe, dass sie beim Sägen oft zu Stücken zerfallen. Jenseits des sandigen Lehms wird der Boden zu kümmerlichem magerem Sandboden, bis er sich mit dem Wald vermischt, und ohne die Hilfe von Kalk und Rüben[2] wird er wenig hervorbringen.

* Dieser Boden bringt guten Weizen und Klee hervor.

BRIEF II

Im Hof des Norton-Gutshofs, einem Herrenhaus im Nordwesten des Dorfes, auf dem weißen Mergelboden, stand bis in die letzten zwanzig Jahre eine breitblättrige Ulme[3] oder Bergulme, *Ulmus folio latissimo scabro* nach Ray[4], welche, wiewohl sie im großen Sturm des Jahres 1703 einen dicken Hauptast, beinah von der Größe eines mittleren Baumes, eingebüßt hatte, nachdem sie gefällt war, acht Ladungen Bauholz ergab; da sie zu umfangreich für einen Pferdewagen war, wurde sie mehr als zwei Yard über dem Fuß abgesägt, wo der Stammdurchmesser mehr als zweieinhalb Yard betrug. Diese Ulme erwähne ich hier, um darzulegen, welchen Umfang gepflanzte Ulmen erreichen können, denn um eine solche muss es sich bei diesem Baum aufgrund seines Standortes gehandelt haben.

In der Mitte des Dorfes, nah bei der Kirche, ist ein von Häusern umgebener rechteckiger Erdplatz, der vom Volk gemeinhin Plestor genannt wird. In der Mitte dieses Fleckens stand in alten Zeiten eine mächtige Eiche, gedrungen und niedrig von Gestalt und mit riesigen waagrechten Armen, die sich beinah über die ganze Breite des Platzes erstreckten. Dieser altehrwürdige Baum, umgeben von Steinstufen mit Sitzbänken darauf, war Alt und Jung ein Quell der Freude, Erstere saßen im ernsten Gespräch, während Letztere ringsum tanzten und sich vergnügten. Lang hätte die Eiche noch dort stehen können, hätte nicht der ungeheure Sturm von 1703 sie mit einem Schlag entwurzelt; zum unendlichen Bedauern der Anwohner und des Pastors, der mehrere Pfund Sterling aufwandte, um sie wieder an Ort und Stelle einzusetzen, doch all seine Sorge war vergebens, der Baum trieb eine Zeitlang aus, dann welkte er und starb. Diese Eiche erwähne ich, um darzulegen, welchen Umfang gepflanzte Bäume dieser Art erreichen können; und gepflanzt war dieser Baum gewiss worden, wie aus dem hervorgehen wird, was im Weiteren mit Hinsicht auf diese Gegend zur Sprache kommen wird, nämlich wenn wir auf die Altertümer von Selborne zu sprechen kommen.

Auf dem Blackmoor-Ansitz gibt es einen kleinen Wald namens Losel's, einige Acre[5] groß, dieser schmückte sich früher mit etlichen Eichen von besonderem Wuchs und großem Wert; sie waren hoch und konisch wie Fichten, hatten jedoch, da sie dicht beieinander standen, kleine Kronen, nur eine Art

Schopf mit wenigen Ästen. Vor rund zwanzig Jahren brauchte man für die Reparatur der stark vermorschten Brücke am Toy bei Hampton-Court Bäume, die eine Stammlänge ohne Zweige von fünfzig Fuß und am schmaleren Ende zwölf Zoll im Durchmesser haben sollten. Ein Holzhändler fand zwanzig solche Bäume in diesem kleinen Wald allein, und diese hatten noch den weiteren Vorteil, dass sie gar sechzig Fuß lang waren. Diese Bäume wurden zu zwanzig Pfund Sterling das Stück verkauft.

In der Mitte dieses Hains stand eine Eiche, welche, wiewohl von schöner Gestalt und im Ganzen hoch, etwa auf halber Höhe des Stammes eine große Ausbeulung hatte. Auf dieser hatte ein Rabenpaar seit so vielen Jahren feste Wohnung genommen, dass die Eiche mit dem Namen Rabenbaum bedacht war.[6] Die Jugend der Gegend machte gar viele Anstalten, an diesen Horst zu gelangen, die Schwierigkeit spornte ihren Eifer noch an und jeder hatte den Ehrgeiz, die beschwerliche Aufgabe zu meistern. Doch wenn sie an der Ausbeulung ankamen, mussten sie feststellen, dass diese so weit hervor ragte und so wenig zu greifen war, dass selbst die waghalsigsten Burschen furchtsam wurden und zugaben, dass das Unternehmen zu gefährlich sei. So bauten die Raben immer weiter, Nest auf Nest, in völliger Ungestörtheit, bis der schicksalsvolle Tag anbrach, an welchem der Wald gefällt werden sollte. Es war im Monat Februar, wenn diese Vögel für gewöhnlich nisten. Die Säge wurde an den Fuß des Stamms gelegt, die Keile wurden in den Spalt getrieben, der Wald hallte wider von den heftigen Schlägen der Axt oder des Hammers, der Baum neigte sich zum Fallen, doch die Räbin saß weiter da. Als der Baum zuletzt nachgab, wurde der Vogel aus dem Nest geschleudert und von den Zweigen gepeitscht, die ihn, welcher doch seiner elterlichen Liebe wegen ein besseres Schicksal verdient hätte, tot zu Boden schlugen.

BRIEF III

Die fossilen Muscheln dieser Gegend und die Steinarten, welche sich mir zur Beobachtung dargeboten haben, dürfen nicht verschwiegen werden. An erster Stelle muss ich als besondere Kuriosität ein Exemplar nennen, welches in den kreidigen Feldern nahe am Tal beim Pflügen zum Vorschein kam und mir der Einzigartigkeit seines Aussehens wegen überreicht wurde, denn bei oberflächlicher Betrachtung scheint es ein versteinerter Fisch zu sein, etwa vier Zoll lang, wobei der *cardo* als Kopf und Mund angesehen wird. In Wahrheit ist es eine Muschel, eine Bivalvia, bei Linnaeus *Mytilus* genannt und der Spezies *Crista galli* zugeordnet, von Lister *Rastellum* genannt, bei Rumphius *Ostreum plicatum minus*, bei D'Argenville *Auris Porci, s. Crista galli*, und von den Sammlern als *Hahnenkamm* bezeichnet.[7]

Obwohl ich mich an mehrere Sammler in London wandte, konnte ich nirgends ein vollständiges Exemplar bekommen, noch gelang es mir, in einem Buch die Gravur auch nur eines vollkommenen Exemplars zu finden. Ich bekam die Erlaubnis, in dem ausgezeichneten Museum von Leicester House[8] nach diesem Objekt zu forschen, und wiewohl ich hinsichtlich der Fossilie selbst enttäuscht war, stellte mich der Anblick einiger sehr gut erhaltener Muschelschalen höchst zufrieden. Diese Bivalvia kennt man nur als Lebewesen aus dem Indischen Ozean, wo sie sich an einen Zoophyten heftet, welcher unter dem Namen Gorgonia bekannt ist. Da die außergewöhnlichen Fältelungen der Naht, die abwechselnden Rillen und Wülste und die geschwungene Form meines Exemplars viel besser durch den Stift ausgedrückt werden können als in Worten, habe ich es zeichnen und stechen lassen.

Cornua ammonis[9] finden sich in der Umgebung des Dorfes sehr häufig. Beim Anlegen eines ansteigenden Pfades das Gehänge hinauf fanden die Arbeiter solche auf dieser Höhe sehr häufig, direkt unter dem Mutterboden, im Kreidefels, und zwar Exemplare von beachtlicher Größe. In dem Hohlweg oberhalb des Quellsprungs auf dem Weg nach Emshot liegen sie in Fülle in dem dunklen Mergel der Böschung, für gewöhnlich klein und weich, doch in Clay's Pond, das etwas weiter entfernt am Ende der Senke liegt, wo die Erde zum Düngen ausgehoben wird, habe ich gelegentlich auch solche größeren Ausmaßes beobachtet, wohl vierzehn bis sechzehn Zoll im Durchmesser. Doch bestanden diese nicht aus festem Stein, sondern eher aus einer Art *terra lapidosa*, also dichtem Ton, und zerfielen deshalb, sobald sie Regen und Frost ausgesetzt waren. Diese schienen ganz junger Herkunft zu sein. In der Kreidegrube am nordwestlichen Rand des Gehänges finden sich gelegentlich große *Nautili*.

In den dicksten Schichten unseres Felsgesteins und in beträchtlicher

Tiefe finden Brunnengräber oft große Muscheln oder *Pectines*, deren beide Muschelhälften tief gefurcht sind und abwechselnde Rillen und Wülste aufweisen. Diese sind weitgehend vom Stein des Steinbruchs durchdrungen, wenn nicht gar ganz daraus bestehend.

BRIEF IV

Da der Werkstein[10] dieser Gegend in einem früheren Brief nur beiläufig Erwähnung fand, will ich hier näher darauf eingehen.

Dieser Stein erfreut sich großer Nachfrage als Kaminplatte und Ofenbettung, und auch als Auskleidung von Kalkbrennöfen findet er gute Verwendung, denn die Arbeiter benutzen sandigen Lehm anstelle von Mörtel, wobei der Sandanteil schmilzt* und durch die intensive Hitze verflüssigt wird und dabei die ganze Vorderfläche des Kalkofens mit einer starken Schicht überzieht, die erstarrt wie Glas, sodass diese Fläche gegen Wetterschaden gut verwahrt ist und dreißig, vierzig Jahre überdauert. Glatt gemeißelt macht sich das Gestein gut als elegante Fassade, an Farbe und Körnung dem Sandstein von Bath ähnlich, doch in einer Hinsicht diesem überlegen, denn unter dem Einfluss der Witterung blättert er nicht. Schöne Kamineinfassungen lassen sich daraus fertigen, die dichter und feiner gekörnt sind als Portland-Stein, und man benutzt ihn auch zum Belegen von Fußböden, wiewohl er sich für diese Zwecke oft als zu weich erweist. Es ist ein Werkstein, der in alle Richtungen geschnitten werden kann, jedoch hat er eine etwa parallel zum Horizont ausgerichtete Körnung und sollte deshalb nicht hochkant verlegt werden, sondern in derselben Richtung, in der er im Steinbruch wächst.** Draußen, auf der Erde verlegt, wird dieser Feuerstein sich als Bodenbelag nicht bewähren, denn der Regen wird die Platten – wahrscheinlich aufgrund einer gewissen Menge Salz, die noch in diesen enthalten ist – in Stücke rei-

---

* Auch in der zum Kalk gebrannten Kreide mag ein Sandanteil enthalten sein, denn wenige Kreideböden sind so rein, dass sie gar keinen Sand enthalten.

** Hochkant heißt soviel wie gegen die Lage, die der Stein im Steinbruch innehatte, sagt Dr. Plot in *Oxfordsh* auf S. 77. Doch hochkant legen ist in unseren Trockensteinmauern gar nicht machbar, noch bringen wir den Stein so in Öfen an, obwohl das dem Vernehmen nach bei Teynton-Stein die beste Methode ist.

ßen.* Wenngleich dieser Stein zu hart ist, um von Essig angegriffen zu werden, fermentiert sowohl der weiße als auch der blaue Kalkstein stark unter Einfluss von mineralischen Säuren. Zwar verträgt weißer Stein Nässe nicht gut, jedoch befinden sich in jedem Steinbruch hier und da dünne Schichten von blauem Kalkstein, der Regen und Frost widersteht; diese eignen sich ausgezeichnet als Bodenbelag für Ställe, Gartenpfade und Höfe und zum Errichten von Trockensteinmauern an Hanglagen, Letzteres eine hochwertige Art der Einzäunung, die im Dorf hier viel Verwendung findet sowie auch zum Ausbessern von Straßen. Dieser Kalkstein ist rau und spröde und wird sich nicht zu einer glatten Fläche behauen lassen, jedoch ist er sehr haltbar; da diese Schichten aber flach sind und tief im Gestein liegen, können große Mengen nicht oder nur zu beträchtlichen Kosten gefördert werden. Zwischen den blauen Kalksteinen kommen Blöcke vor, die wie gelbstichig oder rostfarben erscheinen, diese sind beinah so beständig wie der blaue Stein und hier und da finden sich auch Kugeln krümliger Konsistenz wie Eisenrost, diese werden Rostkugeln geheißen.

Im Wolmer-Forst sehe ich nur eine Art Gestein, den die Arbeiter Sand- oder Wald-Stein nennen. Dieser hat gemeinhin die Farbe von rostigem Eisen und ist wahrscheinlich wie Eisenerz zu bearbeiten; es ist ein sehr harter und schwerer Stein, von fester, dichter Beschaffenheit, und er besteht aus kleinen, rundlichen, kristallinen Schotterstückchen, die eine braune, erdige, eisenhaltige Masse zusammenbindet; er lässt sich nur mit Schwierigkeiten schneiden und schlägt am Stahl nur mühsam Funken. Oft kommt er in breiten, flachen Stücken vor und eignet sich somit gut als Belag für Pfade außen am Hause; er lässt sich ausgezeichnet für Trockensteinmauern verwenden und findet gelegentlich auch Anwendung im Hausbau. Vielerorts in diesem Ödland liegt er verstreut auf der Erde, doch am Weaver's-down, einem ausladenden Grashügel am Ostrand jenes Forstes, wird er gefördert, dort sind die Gruben nicht tief und die Schicht ist dünn. Dieser Stein ist unverwüstlich.

Einem Bestreben nach größerer Eleganz ihrer Arbeit und einer schönen Abschlusskrönung verdankt sich, dass Steinmetze diesen Stein in kleine Bruchstücke zerschlagen, nicht größer als ein Nagelkopf, und diese Stücklein

---

* »Feuerstein ist voller Salze und enthält keinen Schwefel: er muss dichtkörnig sein und ohne Zwischenräume. Nichts kommt dem Feuer so entgegen wie Salze; Salzstein zerfällt, wenn Nässe und Frost ausgesetzt.« Plot, *Staff*, S. 152.

in den nassen Mörtel längs der Fugen ihrer Werksteinmauern stecken; diese Verzierung hat ein merkwürdiges Aussehen und hat gelegentlich Fremden Anlass gegeben, uns freundlich zu fragen, »ob wir unsere Mauern mit Zehnpfennigsnägeln zusammenfügen«.

BRIEF V

Zu den Besonderheiten dieses Ortes, welche unsere Aufmerksamkeit verdienen, gehören die beiden felsigen Hohlwege, der eine nach Alton, der andere zum Forst. Diese Wege, welche die Mergelböden queren, sind durch den Verkehr der Jahrhunderte und den vom Wasser verursachten Abrieb in der obersten Schicht unseres Gesteins ganz und in der zweiten Schicht teilweise abgetragen; dies lässt sie mehr wie Wasserwege erscheinen denn wie Straßen, und viele Furchenlängen hintereinander ist der Boden hier nichts als bloßer Kalkstein. Vielerorts sind sie so weit abgetragen, dass sie sechzehn oder achtzehn Fuß unter der Ebene der Felder liegen; und nach starken Regenfluten und im Frost bieten sie gar groteske und wilde Anblicke wegen dem verschlungenen Wurzelwerk, das sich zwischen den Bodenschichten windet, und durch die Wasserfälle, die die rissigen Wände hinabstürzen, ganz besonders wenn diese Kaskaden zu Eiszapfen gefroren sind und durch die Wirkung des Frostes in vielen eigenwilligen Formen herabhängen. Diese wüsten düstern Anblicke jagen den Damen einen Schrecken ein, wenn diese von den höhergelegenen Pfaden hinabschauen, und sie lassen furchtsame Reiter auf dem Weg hindurch erschauern; jedoch entzücken sie den Naturkundler mit ihrer botanischen Vielfalt und insbesondere mit den eigentümlichen *Filices*[11], welche hier in Fülle vorkommen.

Wäre der Ansitz von Selborne mit all seinen lieblichen Ansichten und seinen bewaldeten Hängen wohl versorgt und gepflegt, so gäbe es hier Wild in Fülle; auch jetzt wimmelt es von Hasen, Rebhühnern und Fasanen und in früheren Zeiten gab es Waldschnepfen in Menge. Es gibt einige Wachteln und nach der Ernte lassen sich Rallen[12] sichten.

Indem die Pfarre Selborne ein so großes bewaldetes Gebiet einnimmt, ist sie ein Bezirk von beträchtlicher Ausdehnung. Die Grenzabschreiter sind beinah drei Tage mit der Ausübung ihrer Aufgabe beschäftigt und geben an, der äußere Umfang mitsamt allen Ausbuchtungen und Einschnitten betrage nicht weniger als dreißig Meilen.

Das Dorf steht an einem geschützten Platz, und das Gehänge hält die starken Westwinde von ihm ab. Die Luft ist mild, doch von den Ausdünstungen so vieler Bäume eher feucht, indessen dabei ganz gesund und ohne Fieberkeime.

Die Regenmenge, die sich auf den Ort niederschlägt, ist beträchtlich, wie es bei einem so waldigen und hügligen Gelände zu erwarten ist. Da ich erst seit kurzer Zeit die Regenfälle messe, kann ich noch keine Auskunft über das Jahresmittel geben.*

Was ich weiß, ist nur dies:

	ZOLL	BEZIRK[13]
Vom 1. Mai 1779 bis Jahresende fielen	28	37!
Vom 1. Jan. 1780 bis 1. Jan. 1781 fielen	27	32
Vom 1. Jan. 1781 bis 1. Jan. 1782 fielen	30	71
Vom 1. Jan. 1782 bis 1. Jan. 1783 fielen	50	26!
Vom 1. Jan. 1783 bis 1. Jan. 1784 fielen	33	71
Vom 1. Jan. 1784 bis 1. Jan. 1785 fielen	33	80
Vom 1. Jan. 1785 bis 1. Jan. 1786 fielen	31	55
Vom 1. Jan. 1786 bis 1. Jan. 1787 fielen	39	57

Das Dorf Selborne und der große Weiler Oakhanger mitsamt einzelnen Bauernhöfen und vielen verstreuten Häusern längs dem Waldrand hat sechhundertundsiebzig Einwohner und darüber. Arme gibt es in Fülle bei uns, viele von ihnen trinken nicht und sind arbeitsam, sie leben in bequemen Stein- oder Ziegelkaten mit verglasten Fenstern und mit Kammern unter dem Dach; Lehmhäuser gibt es bei uns keine. Neben den Anstellungen in

---

* Ein sehr kundiger Herr versichert mir – und er spricht mit einer Erfahrung von mehr als vierzig Jahren –, dass das Regenmittel für einen Ort erst dann errechnet werden kann, wenn jemand über einen langen Zeitraum hinweg den Niederschlag gemessen hat. Hätte ich, sagte er, den Regen nur die ersten vier Jahre gemessen, also von 1740 bis 1743, hätte ich gesagt, das Jahresmittel in Lyndon liege bei 16½ Zoll; hätte ich von 1740 bis 1750 gemessen, wären es 18 ½ Zoll gewesen. Vor 1763 lag das Jahresmittel bei 20¼ Zoll, von 1763 bis jetzt 25 ½, von 1770 bis 1780 – 26. Hätte man nur 1773, 1774 und 1775 gemessen, wäre man auf ein Jahresmittel von 32 Zoll gekommen.

der Landwirtschaft arbeiten die Männer in den vielen Hopfengärten, die wir haben, und beim Fällen und Entrinden von Bauholz. Im Frühjahr und Sommer jäten die Frauen im Getreide und erfreuen sich einer zweiten Ernte im Herbst, wenn sie den Hopfen pflücken. Früher befassten sie sich in den Wintermonaten viel mit dem Spinnen von Wolle für die Herstellung von *Barchent*, einem feinen gerippten Baumwollstoff, welcher damals für Sommerkleidung sehr in Mode war; dieser wurde hauptsächlich in der Nachbarstadt Alton von einigen sogenannten Quäkern hergestellt, doch durch Umstände bedingt ist dieses Gewerbe zu Ende gegangen.* Die Bewohner des Ortes erfreuen sich zum großen Teil guter Gesundheit und Langlebigkeit und in der Pfarre sind die Kinder sehr zahlreich.

Es gibt über ein Drittel mehr Taufen als Begräbnisse.

Es werden etwa ein Zehntel mehr männliche Kinder getauft als weibliche.

Die Begräbnisse weiblicher Pfarrmitglieder liegen ein Dreißigstel über der Zahl der Begräbnisse männlicher Mitglieder.

Dem Anschein nach hat jedes in der Pfarre geborene und aufgezogene Kind die gleiche Lebenserwartung von mehr als vierzig Jahren.

Dreizehn Zwillingspaare, von welchen viele jung sterben, was die Lebenserwartung senkt.
Die Lebenserwartung ist dem Anschein nach bei Männern und Frauen gleich.

BRIEF VI

Versäumte ich es, mit einiger Genauigkeit den Wolmer-Forst zu beschreiben, welcher zu gut drei Fünfteln in dieser unserer Pfarre liegt, so wäre meine Darstellung von Selborne sehr unvollkommen, ist jener Forst doch eine Gegend, die einiges an Sonderbarem hervorbringt, sowohl an Pflanze wie an

---

* Seit dem Verfassen dieses Abschnittes hat sich, wie ich mit Freude mitteilen kann, zum nicht geringen Wohl der fleißigen Hausfrau das Spinnen als Beschäftigung wiederbelebt.

Tier, und gar oft hat sie mir sowohl bei der Jagd als auch bei der Naturkunde viel Freude und Vergnügen bereitet.

Der königliche Jagdforst von Wolmer ist ein Gebiet von wohl sieben Meilen Länge und gut zweieinhalb Meilen Breite, und er verläuft in etwa von Nord nach Süd, und er grenzt – im Süden beginnend und Richtung Osten betrachtet – an die Pfarren Greatham, Lysse, Rogate und Trotton in der Grafschaft Sussex; dann Bramshot, Hedleigh und Kingsley. Diese Krondomäne besteht ganz aus Sand, mit Farn und Heide bedeckt, jedoch mit Hügeln und Senken, die Abwechslung bieten, und es steht kein einziger Baum in dem ganzen Gelände.[14]

In den Mulden, wo häufig das Wasser verharrt, gibt es etlichen Sumpf, in welchem sich früher eine Fülle unterirdischer Bäume fand, wenngleich Dr. Plot[15] kategorisch erklärt, »in den Mooren der südlichen Grafschaften haben sich nie umgestürzte Bäume verborgen«*. Dies ist jedoch ein Irrtum, ich selbst habe am Rande dieses wilden Geländes Katen gesehen, deren Balken aus einem schwarzen harten Holz gemacht waren, welches wie Eiche wirkte, und die Besitzer versicherten mir, diese aus dem Sumpf befördert zu haben, indem sie das Sumpfland mit Holzspießen oder dergleichen Werkzeugen danach absuchten.[16] jedoch ist so viel Torf gestochen und das Moor ist so gründlich danach abgesucht worden, dass man in jüngerer Zeit kein Holz mehr dort gefunden hat.**

---

* Vgl. seine *History of Staffordshire*.

** Alte Leute haben mir versichert, dass sie diese Baumstämme an einem Wintermorgen entdeckt haben, im Raureif, welcher dort, wo sich die Stämme verbargen, länger hielt als auf dem Morast ringsum. Dies schien auch keine fantasierende Vorstellung zu sein, sondern es entspreche der wahren Philosophie, wie Dr. Hales erklärte. »Die Wärme der Erde hat bis in eine gewisse Tiefe unter dem Erdboden hinab genügend Wirkung, um Tau herbeizuführen, und ebenso manifestiert sich daran ein Wetterwechsel vom gefrorenen zum tauenden Zustand, so etwa am 29. Nov. 1731: In der Nacht war ein wenig Schnee gefallen, welcher bis elf Uhr am folgenden Vormittag auf der erdigen Oberfläche weitgehend geschmolzen war, ausgenommen einige Stellen in Bushy Park, wo man Drainagegräben ausgehoben und mit Erde bedeckt hatte, auf welchen der Schnee liegenblieb, gleichgültig ob die Gräben nun Wasser enthielten oder nicht: und ebenso verhielt es sich da, wo Ulmenholzrohre unter der Erde lagen, ein klarer Beweis dafür, dass diese Entwässerungsgräben die Erdwärme davon abhielten, aus der unter ihnen liegenden Tiefe aufzusteigen, der Schnee hielt sich nämlich überall da, wo mehr als vier Fuß Erde über den Entwässerungsrohren lag. Er hielt sich auch auf Schindeln, Strohdächern und der Oberseite von Mauern« ... Könnten nicht solche Beobachtungen auch im heimischen Bereich Anwendung finden und somit die Offenlegung alter, überlagerter Leitungen

Neben dem Eichenholz zeigte man mir auch Stücke von fossilem Holz blasserer Farbe und weicher in der Konsistenz, welche die Einwohner als Fichte bezeichneten; jedoch bei näherer Untersuchung und Feuerprobe konnte ich nichts Harziges darin entdecken und halte deshalb eher dafür, dass es sich um Teile von Weidenbäumen oder Erlen oder einem anderen wasserliebenden Baum dieser Art handelte.

Dieser einsame Bereich ist ein beliebter Aufenthaltsort bei vielerlei Wasserwild, das sich nicht nur im Winter dort aufhält, sondern auch im Sommer dort brütet; wie Kiebitze, Schnepfen, Wildenten und, wie ich in den vergangenen Jahren entdeckt habe, Krickenten. In guten Jahren brüten Rebhühner in großer Zahl am Rande dieses Forstes, in den sie gerne ausschwärmen; insbesondere in den trockenen Sommern 1740 und 1741 schwärmten sie in solcher Fülle, dass unbesonnene Jagdpartien zwanzig und zuweilen gar dreißig Paar Vögel am Tag erlegten.

Doch gab es eine edlere Sorte Wildtiere in diesem Wald, die nunmehr ausgestorben sind und welche, wie ich alte Leute habe sagen hören, in großer Zahl vorkamen, bevor das Schießen auf Vogelwild so beliebt wurde, und das war der Heidehahn, das Schwarzwild oder auch das Moorhuhn[17]. Als ich ein kleiner Junge war, kam, wie ich mich noch erinnere, von Zeit zu Zeit eines auf den Tisch meines Vaters. Der letzte Schwarm, an den man sich erinnert, wurde vor rund fünfunddreißig Jahren getötet. Innerhalb der letzten zehn Jahre wurde ein einsames graues Moorhuhn von Beagles aufgestöbert, welche einem Hasen auf der Fährte waren. Die Jäger riefen aus: »Ein Fasanenhahn!« Doch einer der anwesenden Herren, welcher in Nordengland oft Moorhühner gesehen hatte, versicherte mir, es sei ein graues Moorhuhn gewesen.

Es erweist sich auch, dass der Verlust unserer Moorhühner nicht die einzige Lücke in der *Fauna Selborniensis* ist, denn dieser mangelt es an einem weiteren schönen Glied in der Kette der Kreaturen. Ich meine das Rotwild, welches zu Anfang dieses Jahrhunderts rund fünfhundert Stück zählte und einen prächtigen Anblick bot. Ein alter Wildhüter lebt hier, mit Namen Adams, dessen Urgroßvater (welcher in der Niederschrift einer Grenzab-

---

und Brunnen in der Nähe von Häusern befördern; und gleichermaßen helfen, in Lagern und Niederlassungen der Römer Fußböden, Bäder und Gräber und andere verborgene Überreste interessanter Altertümer aufzudecken?

schreitung aus dem Jahre 1635 erwähnt wird), Großvater und Vater, so wie er selbst, über einen Zeitraum von mehr als hundert Jahren in Folge die obersten Wildhüter im Wolmer-Forst gewesen sind. Dieser Mann versichert mir, sein Vater habe ihm oft erzählt, dass Königin Anne, unterwegs auf der Straße nach Portsmouth, den Wolmer-Forst nicht als unter ihrer königlichen Würde erachtete. Sie kam nämlich bei Lippock, welches ganz in der Nähe liegt, von der großen Straße her, und wie sie auf der zu diesem Zweck geglätteten Bank, die, etwa eine halbe Meile östlich vom Wolmer-Teich gelegen, bis auf den heutigen Tag Königinnenbank geheißen wird, ruhte, sah sie zu ihrer großen Freude und Zufriedenheit die ganze Herde Rotwild, damals über fünfhundert Kopf stark, wie sie von den Wildhütern vor ihr her durch das Tal geführt wurde. Das war ein Anblick, welcher der Aufmerksamkeit auch des größten Herrschers wohl würdig war! Doch, so fährt er fort, durch die Waltham Blacks[18] oder, um seinen eigenen Ausdruck zu benutzen, sobald sie anfingen mit »Schwärzen«, wurde die Herde auf rund fünfzig Stück dezimiert und nahm stetig weiter ab bis in die Zeiten des verstorbenen Fürst von Cumberland. Es ist nunmehr über dreißig Jahre her, seit seine Hoheit einen Jäger sowie sechs Freibauern-Treiber in purpurroten, goldbetressten Jacken mitsamt Jagdhunden schickte, diese hatten Befehl, jedes Stück Wild im Forst lebend zu ergreifen und in Wagen nach Windsor zu bringen. Im Verlauf jenes Sommers fingen sie jeden Hirsch, von welchen mancher außerordentliche Ausweichmanöver unternahm, doch als im folgenden Winter auch die Hirschkühe davongeschafft wurden, bot man so herrliche Jagden, dass sie den Leuten der Gegend noch Jahre danach Stoff zum Reden und Staunen lieferten. Ich selbst sah einen der Freibauern-Treiber einen Hirsch aus der Herde lösen, und ich muss gestehen, dies war das sonderlichste Kunststück an Geschicklichkeit, dessen ich je Zeuge wurde, und allem überlegen, was in Mr. Astleys Reitschule zu sehen war. Die Anstrengungen, die sowohl das Pferd als auch der Hirsch unternahmen, übertrafen alle meine Erwartungen, wobei Ersteres an Geschwindigkeit Letzterem weit voraus war. Als das bestimmte Wild von seinen Gefährten getrennt war, gaben sie ihm nach ihren Uhren zwanzig Minuten Vorsprung, wie sie es nannten, dann stießen sie in die Hörner und die Hunde durften hetzen und ein gar tapferes Schauspiel folgte.

BRIEF VII

Große Herden Wild fügen der Umgebung zwar viel Schaden zu, doch ist der Angriff auf die Moral der Menschen dabei von größerer Auswirkung als die Versehrung der Ernte. Der Versuchung lässt sich nicht widerstehen, denn die meisten Männer sind aus Veranlagung Jäger; in der menschlichen Natur liegt ein solcher Jagdgeist begründet, den kaum eine Hemmung zu zügeln imstande ist. Aus diesem Grunde geschah es, dass am Anfang dieses Jahrhunderts das ganze Land wie rasend dem Wilddiebstahl nachging. Ein junger Mann galt nur etwas an Männlichkeit und Mut, wenn er ein Jagerischer war, wie sie sich zu nennen pflegten.

Die Waltham Blacks schließlich begingen als Jagerische solche Ungeheuerlichkeiten, dass die Regierung gezwungen war, jenes strenge und grausame Gesetz namens Black Act zu erlassen, welches nun mehr Strafbarkeiten umfasst denn jedes andere Gesetz, das jemals erlassen wurde. Und ein inzwischen verstorbener Bischof von Winchester weigerte sich also, wie man ihn drängte, die Jagd von Waltham wieder aufzustocken, und zwar aus dem einem Prälaten ganz geziemenden Grunde, »es sei schon Unheil genug angerichtet worden«.

Unsere alte Rasse der Wilderer ist bei Weitem nicht ausgestorben. Es ist gar nicht lange her, da erzählten sie einander noch beim Bier die Unternehmungen ihrer Jugend: wie sie der trächtigen Hirschkuh nachschlichen bis zu ihrem Lager und dem Kalb, kaum dass es geboren war, blitzschnell mit dem Federmesser die Füße stutzten, um es am Weglaufen zu hindern, damit es recht bald groß und fett würde, um geschlachtet zu werden; wie sie auf einen Nachbarn im Rübenfeld bei Mondschein schossen, weil sie ihn für Wild hielten, und wie sie auf folgende außergewöhnliche Weise einen Hund einbüßten: Ein paar Burschen, getrieben von der Annahme, ein neugeborenes Kalb sei in einem dicht mit Farn bestandenen Flecken verborgen, gingen mit einem Lurcher[19] los, um es zu überraschen, da stürzte das Muttertier mit einem Satz aus dem Gebüsch und machte einen gewaltigen Sprung, bei dem es alle vier Füße aneinanderdrückte und damit auf dem Nacken des Hundes landete und diesen entzweibrach.

Eine weitere Versuchung zu Müßiggang und Jagdvergnügen waren die vielen Kaninchen, welche alle Erhebungen und trockenen Stellen in Besitz hatten: Diese waren ihrer Bauten wegen den Jagdleuten lästig, wenn sie kamen, das Wild zu holen, und sie gaben dem Landvolk Erlaubnis, sie alle niederzumachen.

Dergleichen Wälder und Ödflächen sind dann, wenn die Verlockung zum Begehen von Verstößen beseitigt ist, von beträchtlichem Wert für die an sie grenzenden Ortschaften, sie liefern den Bewohnern Torf zum Feuermachen, Brennstoff zum Kalkbrennen und Asche für die Weiden, und so können sie ihre Gänse und ihren Bestand an Jungvieh ohne oder nur mit geringen Kosten halten.

Der Ansitz der Pfarre Greatham hat ein zugestandenes Recht, wie ich feststelle (anhand eines alten, dem Tower von London entnommenen Dokuments), nach welchem sie alles Vieh zu den entsprechenden Jahreszeiten im Forst weiden lassen dürfen, *bidentibus exceptis.** Schafe** sind, wie ich vermute, deshalb ausgeschlossen, weil sie so penible Graser sind, sie würden all das beste Gras für sich nehmen und so das Wild am Gedeihen hindern.

Obwohl es (nach Statut 4 und 5, Waltham und Mary) »unter Androhung von Strafe durch Auspeitschen und Arrest in der Besserungsanstalt verboten ist, zwischen Lichtmess und Mittsommer jedwedes Heidekraut, Erika, Ginster, Brambusch, Binsen und Farn zu verbrennen«, kommt es doch in diesem Forst etwa im März und April, je nach Trockenheit der Jahreszeit, vor, dass gewaltige Heidefeuer entzündet werden, welche ihrer Größe wegen oft außer alle Beherrschung geraten und zuweilen auch, nachdem sie einmal die Hecken erfasst, auf Unterholz, Gebüsch und Wald übergehen, wo größter Schaden angerichtet wurde. Der angegebene Grund für diese Brandlegungen ist, dass dann, wenn das alte Heidekleid verzehrt wird, neues sprießen wird und so dem Vieh viel zarte Pflanzen zur Nahrung bietet; jedoch im Fall von großem altem Ginstergestrüpp wird das Feuer, den Wurzeln folgend, die Erde selbst verzehren, und Hunderte Morgen weit ist nichts mehr zu sehen als Verkohlung und Wüstenei, der ganze Umkreis sieht aus wie die Asche eines Vulkans, und da die Erde davon sehr ausgelaugt wird, sind danach über

---

* Für dieses Vorrecht zahlte der Eigentümer des Ansitzes dem König jährlich sieben Scheffel Hafer.

** Im Holt, wo kürzlich noch der volle Bestand an Damwild gehalten wurde, sind bis heute keine Schafe zugelassen.

Jahre keine Spuren von Vegetation zu finden. Diese Brandlegungen werden für gewöhnlich bei Ost- oder Nordostwind vorgenommen und sind dem Dorf durch den Rauch ein großer Verdruss und lösen Besorgnis im ganzen Landstrich aus. An eine Begebenheit erinnere ich mich insbesonders, denn ein Herr, der jenseits von Andover wohnt, kam bis zu meinem Hause geritten, nachdem ihn auf dem Weg durch das Hügelland zwischen seiner Stadt und Winchester – einer Entfernung von fünfundzwanzig Meilen – Rauch überraschte, gefolgt vom heißen Dunst eines Feuers; daraus schloss er, dass Alresford in Flammen stehe, doch wie er dort anlangte, ergriff ihn Sorge um das nächste Dorf und so weiter bis ans Ende seiner Reise.

Auf den beiden auffälligsten Erhebungen des Forstes stehen zwei aus Eichenästen gezimmerte Lauben, die eine heißt Waldon-Lodge, die andere Brimstone-Lodge, beide werden von den Hegern jährlich zum St Barnabas-Fest[20] erneuert, wobei sie das Material der alten Lauben als Gabe mitnehmen. Der sogenannte Blackmoor-Hof in dieser Pfarre muss das Holz für die Pfosten und Zweige für erstere Laube finden, während die Höfe in Greatham reihum das Zeug für letztere stellen, und sie alle sind verpflichtet, die Materialien an Ort und Stelle zu liefern und zu schneiden. Diesen Brauch erwähne ich, da ich ihn für etwas sehr Althergebrachtes erachte.

BRIEF VIII

Am Rande des Forsts innerhalb seiner heutigen Grenzen befinden sich drei ansehnliche Seen, zwei in Oakhanger, über welche ich nichts Sonderliches zu sagen habe, und einer mit Namen Bin's oder Bean's Pond[21], welcher die Aufmerksamkeit des Naturkundlers oder Jägers verdient. Durch die dichte Bewachsung mit Weidenbäumen und *Carex cespitosa*[22] am einen Ende bietet er Wildenten, Krickenten, Schnepfen und dergleichen einen so angenehmen Schutz, dass sie hier brüten. Im Winter frequentieren auch Füchse dieses Gehölz sowie gelegentlich auch Fasanen, und der Sumpf bringt etliche bemerkenswerte Pflanzen hervor.

Einer Inspektionsbeschreibung des Wolmer-Forsts und des Holt im Jahre 1635, dem elften Jahr der Herrschaft von Charles I. zufolge (welche nun vor mir liegt), sind die Grenzen des Forstes allem Anschein nach sehr festgeschrieben. Es ist nämlich so, dass – ohne auf den fernergelegenen Teil des Forstes einzugehen, mit dem ich nicht so vertraut bin – die hiesigen Grenzen bis nach Binswood hineinreichten, und zwar bis an den Graben von Ward le ham Park, in welchem der merkwürdige Hügel namens King John's Hill sich befindet und ebenso Lodge Hill; und dann bis zum Rand von Hartley Mauduit, unter dem Namen Mauduit-hatch; somit umfasste er auch Shortheath, Oakhanger und Oakwoods, ein großer Bezirk, der heute Privatbesitz ist, doch damals zur königlichen Domäne gehörte.

Es ist bemerkenswürdig, dass in dieser ganzen langen Pergamentrolle das Wort *purlieu* für Randgebiet[23] kein Mal Erwähnung findet. Das Dokument enthält neben der Abschreitung eine ungefähre Schätzung des Holzwertes und die Stämme, die damals im Holz standen, waren beachtlich. Es zählt auch die damaligen Amtsinhaber der oberen sowie der niederen Ränge in diesen Forsten auf und gleichfalls ihre offiziellen Tarife und Boni. Im Wolmer-Forst standen zu damaligen Zeiten ebenso wie heutzutage kaum Bäume.

Innerhalb der derzeitigen Forstgrenzen liegen drei ansehnliche Seen mit Namen Hogmer, Cramer und Wolmer, ein jeder versehen mit Karpfen, Schleien, Aal und Hecht, doch gedeihen die Fische nicht gut, denn das Wasser ist mager und der Boden ist aus bloßem Sand.

Einen Umstand, welcher diesen Teichen, jedoch keinesfalls nur ihnen, eigen ist, kann ich nicht verschweigen, und das ist der Instinkt, welchem folgend sommers alles Vieh, seien es Ochsen, Kühe, Kälber oder Jungrinder, in den heißesten Stunden immer wieder das Wasser aufsucht; dort, wo sie von Fliegen mehr verschont sind und die Kühle des Elements in sich aufnehmen, ergötzen und ergehen sich die Tiere, manche bis zum Bauch, andere nur knietief im Wasser stehend, von etwa zehn Uhr morgens bis vier Uhr nachmittags, dann kehren sie zum Grasen zurück. Im Laufe des beträchtlichen Zeitraums, den sie dort verbringen, lassen sie viel Dung unter sich, in welchem Insekten nisten und damit Futter für die Fische liefern, welche ohne diese Zugabe kaum genug zum Leben hätten. So wendet die Natur als große Ökonomin des einen Tieres Erholung zu des anderen Erhalt. Thomson[24], dem feinen Beobachter des Natürlichen, entging dieser Umstand nicht. In seinem Gedicht »Sommer« sagt er:

Zu Vielfalt fügen sich die Herden Vieh
... am Wiesenufer
Manche liegen in Gedanken, andre stehn
Halb in der Flut, senken das Haupt und nippen
Vom kreisenden Spiegel ...

Der Wolmer-Teich, der, so nehme ich an, seiner Besonderheit wegen einen Namen trägt, ist für die hiesige Gegend ein sehr großer See mit einem Umfang von insgesamt 2 646 Yard, also beinah anderthalb Meilen. Die Länge der nordwestlichen und der ihr gegenüberliegenden Seite beträgt je rund 704 Yard, die Breite des südwestlichen Endes etwa 456 Yard. Diese Maße, welche ich mit einiger Genauigkeit nehmen ließ, ergeben eine Fläche von rund sechsundsechzig Acre, ohne einen großen unregelmäßig geformten Arm in der nordöstlichen Ecke in die Berechnung einzubeziehen.

Auf dieser ausgedehnten Wasserfläche, in völliger Sicherheit vor Vogeljägern, liegen im Winter den ganzen Tag riesige Schwärme Enten unterschiedlichster Art, die sich dort putzen und ergötzen und rasten, bis der Abend kommt, dann ziehen sie in kleinen Gruppen aus (denn von natürlicher Veranlagung her sind sie alle Nachtvögel), um in den Bächen und Auen Nahrung zu suchen, und mit dem Morgengrauen kehren sie wieder auf den See zurück. Hätte dieser See noch ein, zwei weitere Arme und wäre er ringsum mit dichtem Gehölz umstanden (derzeit liegt er völlig bloß), dann wäre es ein hervorragend geeigneter Lockplatz.

Doch weder sein Ausmaß noch die Klarheit seiner Wassers noch seine Eignung als Rückzugsort für seltenes Wasserwild noch die malerischen Gruppen Vieh machen diesen Maar so bemerkenswert wie die großen Mengen Münzen, die vor gut vierzig Jahren auf seinem Grund gefunden wurden. Doch da diese Art Entdeckung eigentlicher zu den Altertümern des Ortes gehört, werde ich mich vorläufig aller weiteren Einzelheiten dazu entschlagen, bis ich zu den Briefen komme, welche sich ausdrücklich auf die ferner zurückliegende Geschichte des Dorfes und Bezirks beziehen.

BRIEF IX

Ergänzend muss ich Euch noch einmal mit Hinsicht auf dieses Thema behelligen und Euch zur Kenntnis bringen, dass Wolmer mit seinem Geschwister-Forst Ayles Holt, alias Alice Holt*, wie er in alten Urkunden heißt, für eine befristete Anzahl von Jahren als Pfründe gewährt ist.

Die Pfründner, welcher sich der Verfasser erinnert, sind folgende: Brigadiergeneral Emanuel Scroope Howe und seine Frau Ruperta, leibliche Tochter von Prinz Rupert und Margaret Hughs; ein Herr Mordaunt aus dem Peterborough-Zweig, welcher die Witwe Pembroke ehelichte; Henry Bilson Legge und seine Frau, und jetzt Lord Stawel, ihr Sohn.

Die Edelfrau Howe erreichte ein hohes Alter, sie überlebte ihren Gatten um viele Jahre und hinterließ bei ihrem Tod etliche interessante mechanische Werkstücke, die ihr Vater angefertigt hatte, selbiger war nämlich sowohl als Mechaniker und Künstler** herausragend wie als Krieger. In besagtem Nachlass befand sich auch ein höchst kompliziertes Uhrwerk, inzwischen in Besitz von Mr. Elmer, dem berühmten Maler von Wildtieren aus Farnham in der Grafschaft Surrey.

Diese beiden Forste sind zwar nur durch einen schmalen Streifen Einhegungen voneinander getrennt, doch können zwei Böden nicht verschiedener sein: Der Holt besteht aus einer starken Lehmerde morastiger Natur, welche einen guten Grasbelag trägt und eine Fülle von Eichen hervorbringt, die zu hohen Stämmen heranwachsen, während Wolmer nichts ist als mageres, sandiges, fruchtloses Ödland.

Ersterer Teil, ganz in der Pfarre Binsted gelegen, ist von Nord nach Süd etwa zwei Meilen lang und fast genauso breit von Ost nach West, er umfasst etliche Gehölze und Grasflächen sowie das große Wohnhaus, wo die Pfründner wohnen, und ein kleineres Wohnhaus, Goose-Green (Gänseanger) genannt; er grenzt an die Pfarren Kingsley, Frinsham, Farnham und Bentley, die alle Weiderecht haben.

Eines ist bemerkenswert: Obwohl der Holt seit jeher einen guten Be-

---

* In *Rot. Inquisit. De statu forest. In Scaccar*, 36, ed. 3 ist der Name Aisholt. An ders. Stelle: »Woolmer and Aisholt Hantisc. Dominus Rex habet unam capellam in haia sua de Kingesle«. »*Haia, sepes, sepimentum, parcus*: a Gall. Haie und haye.«

** Besagter Prinz war der Erfinder des *Mezzotinto*.

stand an Damwild hatte, von keinerlei Zäunen oder Schranken bis auf die eine oder andere gewöhnliche Hecke umgrenzt, sah man dieses Wild doch nie innerhalb des Wolmer, noch hat man je gehört, dass das Rotwild vom Wolmer in den Dickichten und Lichtungen des Holt umherschweife.

Gegenwärtig sind die Wildbestände des Holt durch die nächtlichen Jagerischen, welche ihnen ungeachtet der Bemühungen zahlreicher Heger nachstellen, stark ausgedünnt und vermindert, und dies trotz der schweren Strafen, welche gegen sie verhängt werden, so nur einer von ihnen gefasst wird und der Geißel des Gesetzes ausgeliefert ist. Weder Geldstrafen noch Gefangenschaft kann sie abbringen, so unmöglich ist es, den Sportsgeist des Jägers zu tilgen, mit dem die menschliche Natur ausgestattet zu sein scheint.

General Howe hat zum großen Entsetzen der Nachbarschaft einige deutsche Eber und Wildsäue in seinem Forst ausgesetzt und einmal auch einen wilden Stier oder Büffel, doch das Landvolk hat sich gegen diese erhoben und ihnen den Garaus gemacht.

Ein sehr umfangreicher Holzschlag von rund eintausend Eichen ist in diesem Frühling (also 1784) im Holt-Forst vorgenommen worden, ein Fünftel davon gehört dem Pfründner Lord Stawel. Er erhebt auch Anspruch auf Wipfel und Gezweig[25], jedoch pochen die Armen der Pfarren von Binstead und Frinsham, Bentley und Kingsley darauf, dass diese Teile ihnen gehören, und sie haben sich zu einem Haufen zusammengerottet und in der Tat alles an sich genommen. Ein Mann, der einen Ochsenkarren unterhält, hat vierzig Klafter Holz nach Hause geführt. Der Herr hat gegen fünfundvierzig von ihnen Anzeige erstattet. Diese Bäume, allesamt in sehr gutem Zustand und von vollkommenem Wuchs, waren ein Winterschlag, also im Februar und März gefällt, bevor der Saft austritt. In früheren Zeiten war der Holt, alles in allem gemessen, achtzehn Meilen von der nächsten Verschiffungsstelle, nämlich der Stadt Chertsey an der Themse, entfernt, doch heute ist es weniger als die Hälfte dieser Entfernung, da der Wey bis zur Stadt Godalming in Surrey schiffbar gemacht worden ist.

BRIEF X

den 4. August 1767

Zu meinem Leidwesen habe ich nie jemanden in meiner Nachbarschaft gehabt, der sich von seinen Studien hätte verleiten lassen, die Naturgeschichte zu betreiben; und also, mangels eines Gefährten, welcher meinen Fleiß hätte beschleunigen und meine Aufmerksamkeit schärfen können, habe ich in einem Wissensgebiet, dem ich von Kindheit anhing, nur geringen Fortschritt gemacht.

Was Rauchschwalben (*Hirundines rusticae*) angeht, die man auf der Isle of Wight oder in anderen Teilen des Landes winters in einem Starrezustand vorgefunden haben will, so habe ich nie von solchem auf eine Art und Weise berichten hören, die das Zuhören verlohnt hätte.[26] Jedoch versichert mir ein Geistlicher mit Neigung zur Wissbegier, dass er in seiner Jugend, als Arbeiter im frühen Frühjahr den Abriss eines Kirchturms vornahmen, im Schutt zwei oder drei Mauersegler *(Hirundines apodes)* fand, welche auf den ersten Blick tot zu sein schienen, jedoch erwachte das Leben in ihnen wieder, als sie in die Nähe eines Feuers getragen wurden. Er berichtete mir, wie er in seiner großen Sorge, sie zu keinem Schaden kommen zu lassen, die Vögel in einen Papiersack steckte, welchen er neben dem Herdfeuer aufhängte und in dem sie dann erstickten.

Eine andere kundige Person hat mich wissen lassen, dass in ihrer Schulzeit in Brighthelmstone in Sussex in einer stürmischen Winternachte ein großes Stück Kreidefelsen auf den Strand stürzte und dass viele Leute Schwalben zwischen den Felsteilen fanden; als ich ihn fragte, ob er selbst dort die Vögel gesehen habe, erwiderte er mir zu meiner beträchtlichen Enttäuschung verneinend, doch andere, sagte er, hatten ihm davon berichtet.

Junge Rauchschwalbenbrut erschien in diesem Jahr zum ersten Mal am 11. Juli und junge Mehlschwalben *(Hirundines urbicae)* wurden zu diesem Zeitpunkt schon in ihren Nestern flügge. Beide Arten werden im Sommer noch einmal brüten. Denn ich sehe an meiner »Fauna«[27] des vergangenen Jahres, dass junge Brut noch am 18. September erschienen ist. Wären diese zuletzt Geschlüpften nicht zur Überwinterung geneigter als zum Zug? Mitnichten, einige junge Mehlschwalben waren im vergangenen Jahr noch am 29. September im Nest und dennoch waren sie am 5. Oktober allesamt verschwunden.

Wie seltsam, dass der Mauersegler, der doch ein gleiches Leben zu führen scheint wie die Rauchschwalbe und die Mehlschwalbe, uns unfehlbar jedes Jahr vor Mitte August verlässt! Dabei bleiben Letztere oft bis Mitte Oktober und einmal habe ich eine große Anzahl Mehlschwalben noch am 7. November gesehen. Die Mehlschwalben und rotflügeligen Wacholderdrosseln flogen in Sichtweite voneinander, ein ungewöhnliches Zusammentreffen von Sommer- und Wintervögeln.

Ein kleiner gelber Vogel (entweder eine Spezies des *Alauda rivialis*[28] oder, wahrscheinlicher noch, des *Motacilla trochilus*[29]) fährt weiterhin fort mit seinem vibrierend-bebenden Laut in den Wipfeln hoher Bäume. Der *Stoparola* bei Ray ist in Eurer Zoologie der Fliegenschnäpper. Dieser Vogel hat eine besondere Eigenheit, die den Beobachtern bislang entgangen zu sein scheint, nämlich bezieht er Posten auf der Spitze eines Stocks oder Masts, von welchem aus er zu seiner Beute schnellt und die Fliegen in der Luft fängt, kaum je berührt er dabei den Boden und kehrt viele Male hintereinander auf seine Warte zurück.

Ich beobachte, dass es mehr als eine Spezies des *Motacilla trochilus* gibt. Mr. Derham geht bei den *Philosophischen Briefen* von Ray davon aus, dass er drei entdeckt hat. Dabei tritt wieder der Fall zutage, dass es ganz gemeinhin vorkommende Vögel gibt, die bislang keinen englischen Namen haben.

Mr. Stillingfleet spricht die Frage an, ob die Mönchsgrasmücke *(Motacilla atricapilla)* ein Zugvogel ist oder nicht. Meiner Meinung nach kann daran kein Zweifel bestehen: Im April nämlich, beim allerersten Schönwetter, kommen sie in Mengen alle zugleich in diese Gegenden gezogen, doch im Winter werden sie nie gesehen. Auch sind sie zarte Sänger.[30]

In sumpfigem Gelände am Rande der Pfarre nisten jeden Sommer etliche Schnepfen. Es ist um diese Zeit sehr ergötzlich, den Schnepfenhahn im Flug zu beobachten und seinen flötenden und summenden Ruf zu hören.

Ich habe noch keine Gelegenheit gehabt, die Art Mäuse zu beschaffen, von welchen ich zu Euch in der Stadt sprach. Derjenige, welcher sie mir zuletzt geliefert hat, sagt, sie seien zur Erntezeit in Menge vorhanden, und dann will ich dafür sorgen, dass sie in größerer Zahl beschafft werden und will mich bemühen, zweifelsfrei festzustellen, ob es sich um eine noch unbeschriebene Spezies handelt oder nicht.

Ich vermute stark, dass es zwei Spezies Wasserratten gibt. Ray stellt fest, und Linnaeus folgt ihm darin, dass die Wasserratte an den Hinterfüßen Schwimmhäute hat. Nun habe ich am Ufer unseres kleinen Baches eine Ratte entdeckt, welche keine Schwimmhäute hat und dennoch hervorragend schwimmt und taucht.[31] Sie entspricht genau der Beschreibung des *Mus amphibius* bei Linnaeus, von welchem er sagt: »natat in fossis et urinatur.«[32] Ich würde gerne eine *plantis palmatis* beschaffen. Linnaeus scheint sich hinsichtlich seiner *Mus amphibius* nicht ganz klar zu sein und zu bezweifeln, dass sie sich von seiner *Mus terrestris* unterscheidet, welche, sofern sie, wie er einräumt, die *Mus agrestis, capite grandi, brachyurus* bei Ray sei, sich stark von der Wasserratte unterscheide, und zwar in Größe sowie in Gestalt und Lebensweise.

Was den *Falco*[33] betrifft, welchen ich in der Stadt erwähnte, so werde ich mir erlauben, ihn Euch nach Wales zu schicken; ohne Euren Großmut über die Maßen ausnutzen zu wollen, hoffe ich, Ihr werdet mir verzeihen, sollte der Vogel Euch so vertraut sein, wie er mir fremd vorkommt. Wiewohl verstümmelt: »qualem dices ... antehac fuisse, tales cum sint reliquiae!«[34]

Er schweifte über einem sumpfigen Stück Land umher, wo er auf Wildenten und Schnepfen jagte, und als er geschossen wurde, hatte er gerade eine Saatkrähe erlegt und war dabei, diese zu zerreißen. Ich kann keine Entsprechung zu auch nur einem unserer englischen Falkenvögel finden und konnte auch nichts dergleichen in der interessanten Sammlung ausgestopfter Vögel in Spring-gardens entdecken. Ich fand diesen am Ende einer Scheune angenagelt, das ist des Landmenschen Museum dort.

Die Pfarre, in der ich lebe, liegt auf rauem, unebenem Land voller Hügel und Holzungen und deshalb voller Vögel.

BRIEF XI

Selborne, den 9. September 1767

Nicht ohne Ungeduld werde ich Eure Ausführungen hinsichtlich des *Falco* erwarten, was sein Gewicht, seine Flügelspanne und dergleichen angeht. Ich wünschte, ich hätte diese seinerzeit selbst niedergeschrieben, doch soweit ich mich erinnere, wog er zwei Pfund und acht Unzen und maß, von Flügel zu Flügel, 38 Zoll. Seine Wachshaut und die Füße waren gelb und der Augenring hellgelb. Da er schon einige Tage zuvor getötet worden war und daher seine Augen eingesunken waren, konnte ich keine genauen Beobachtungen zur Farbe der Pupillen und der Iriden machen.

Die außergewöhnlichsten Vögel, die ich je in dieser Gegend beobachtet habe, waren ein Paar Wiedehopfe *(Upupa),* welche vor einigen Jahren im Sommer eintrafen und mehrere Wochen lang eine an meinen Garten anschließende Zierfläche mit Beschlag belegten. Sie stolzierten auf herrschaftliche Weise umher, nahmen bei ihren Gängen vielmals am Tage Nahrung auf und schienen geneigt, in meinem kleinen Gartenanhang zu brüten, doch müßige Buben, die ihnen keine Ruhe gönnen wollten, verschreckten und verjagten sie.

Drei Kernbeißer *(Loxia coccothraustes)* erschienen vor einigen Jahren im Winter in meinen Feldern. Ich schoss einen von ihnen, seither ist gelegentlich ein solcher Vogel zu sehen, auch immer in der toten Jahreszeit.

Im letzten Jahr wurde hier in der Nachbarschaft ein Kreuzschnabel *(Loxia curvirostra)* getötet.

Unsere Bäche sind klein, sie entspringen erst am Ende des Dorfes und haben keine Fische aufzuweisen bis auf Flussgrundel *(Gobius fluviatilis capitatus)*, die Forelle *(Trutta fluviatilis)*, das Flussneunauge *(Lampetra parva et fluviatilis)* und Stichlinge *(Pisiculus aculeatus).*

Wir sind zwanzig Meilen vom Meer entfernt und beinah genauso weit von einem großen Fluss, deshalb lassen sich nicht viele Meeresvögel beobachten. Was wilde Wasservögel angeht, haben wir Schwärme von Enten, die in den Mooren nisten, wo auch die Schnepfen brüten, und in harschem Wetter finden sich viele Enten aller Art auf den Seen in unserem Forst.

Durch einige Bekanntschaft mit einem zahmen Waldkauz mache ich die

Beobachtung, dass er das Fell von Mäusen sowie die Federn von Vögeln in Kugeln auswirft, wie Habichte es tun; wenn er satt ist, versteckt er das, was er nicht fressen kann, wie Hunde es tun.

Die Jungen der Schleiereule sind nicht leicht großzuziehen, denn sie verlangen nach einem steten Vorrat frischer Mäuse; die Jungen des Waldkauzes hingegen fressen ohne Unterschied alles, was ihnen gebracht wird: Schnecken, Ratten, junge Kätzchen und Welpen, Elstern und jedwedes Aas sowie alles an Innereien.

Die Mehlschwalben haben noch Eier und unflügge Junge. Den letzten Mauersegler habe ich um den 21. August beobachtet, es war ein Nachzügler. Gartenrotschwanz, Fliegenschnäpper, Dorngrasmücken und *Reguli non cristati* lassen sich noch blicken, doch habe ich in letzter Zeit keine Mönchsgrasmücken mehr gesehen.

Ich vergaß zu erwähnen, dass ich einmal im Innenhof des Christ Church College in Oxford eines warmen sonnigen Morgens eine Mehlschwalbe habe fliegen sehen, die sich schließlich auf einem Vorsprung niederließ, es war am 20. November, so spät im Jahr.

Derzeit sind mir nur zwei Spezies Fledermäuse bekannt, die gemeine *Vespertilio murinus*[35] und die *Vespertilio auritus*.

Im letzten Sommer fand ich viel Vergnügen an einer zahmen Fledermaus, welche Fliegen aus der Hand eines Menschen annahm. Bot man ihr etwas zu essen, so nahm sie es, indem sie die Flügel mit dem Bissen vor ihren Mund führte, so verweilte sie in der Luft und verbarg dabei den Kopf, ganz in der Art von Raubvögeln beim Fressen. Die Geschicklichkeit, die sie beim Abschneiden der stets verschmähten Flügel der Fliegen an den Tag legte, war bemerkenswürdig und machte mir viel Vergnügen. Insekten scheinen der Fledermaus die beliebteste Nahrung zu sein, wenngleich sie auch rohes Fleisch nicht verachtete, welches man ihr bot; also erscheint die Vorstellung von Fledermäusen, die durch den Rauchfang eindringen und an dem Speck nagen, welchen die Menschen dort aufhängen, ganz plausibel. Während ich mir die Zeit mit diesem wunderbaren Vierfüßler vertrieb, konnte ich mehrmals zusehen, wie er die gängige Meinung widerlegte, Fledermäuse seien nicht imstande, von einer ebenen Fläche wieder zum Flug emporzusteigen, denn diese stieg mit großer Leichtigkeit vom Boden auf. Sie lief, wie ich beobachten konnte, mit größerer Geschwindigkeit, als ich geahnt hatte, doch auf lächerlichste und groteske Weise.

Fledermäuse trinken im Flug wie Schwalben, indem sie auf die Wasseroberfläche stoßen und nippen, während sie sich über Tümpeln und Bächen vergnügen. Sie sind gerne am Wasser, nicht nur des Trinkens wegen, sondern auch wegen der Insekten, die sich über dem Wasser in großer Fülle finden. Vor einigen Jahren begab ich mich ziemlich spät an einem warmen Sommerabend im Boot von Richmond nach Sunbury. Ich sah, wie mir vorkam, Myriaden von Fledermäusen zwischen diesen beiden Orten; die ganze Themse entlang wimmelte die Luft über dem Wasser von ihnen, sodass man Hunderte zugleich sah.

Ich verbleibe, etc.

BRIEF XII

den 4. November 1767

Verehrter Herr,
Mit einiger Befriedigung nehme ich zur Kenntnis, dass es sich bei dem *Falco** um eine ungewöhnliche Art handelte. Ich muss gestehen, es hätte mir noch größere Freude bereitet, hätte sich der Vogel als Spezies erwiesen, welche Ihr noch nie gesehen habt; doch das, will ich meinen, wäre eine schwierige Aufgabe.

Ich habe einige der Mäuse, wie ich sie in einem der vorhergehenden Briefe erwähnte, beschaffen können, ein junges Exemplar und ein trächtiges Weibchen, ich habe beide zur Konservierung in Spiritus eingelegt. Nach Farbe, Gestalt, Größe und Nistgewohnheit kann ich keinen Zweifel daran anmelden, dass es sich um eine noch nicht beschriebene Art handelt.[36] Sie sind viel kleiner und schmaler als die *Mus domesticus medius* nach Ray, und von der Farbe her haben sie mehr Ähnlichkeit mit Eichhörnchen oder Haselmaus: Der Bauch ist weiß und eine an den Körperseiten verlaufende gerade Linie trennt die Färbung von Rücken und Bauch. Sie kommen nie ins Haus und werden mit den Garben in Scheunen und Scheuer gebracht; sie bauen

---

* Dieser Raubvogel entpuppte sich als Wanderfalke, eine Falkenart.

ihre Nester oberirdisch zwischen Getreidehalmen, manchmal auch in Disteln. Sie haben bis zu acht Junge pro Wurf in ihrem kleinen kugelförmigen Nest aus Gras oder Weizenhalmen.

Eines der Nester, die ich in diesem Herbst beschafft habe, ist höchst kunstfertig aus Weizenhalmen geflochten, vollkommen rund und etwa von der Größe eines Cricket-Balls, wobei die Eingangsöffnung so einfallsreich verschlossen ist, dass sich nicht sagen lässt, wo sie sich befand. Das Nest ist so kompakt und gut ausgefüllt, dass es sich über den Tisch rollen ließ, ohne auseinanderzufallen, obwohl sich acht kleine Mausjunge, noch nackt und blind, darin befanden. Wie konnte das Weibchen in diesem ganz vollen Nest ihren Wurf erreichen, um einem jeden der Jungen eine Zitze zu bieten? Vielleicht öffnete sie das Nest zu diesem Zweck an verschiedenen Stellen und richtete alles nach der Erledigung ihrer Aufgabe wieder so her, wie es zuvor war, doch sie konnte unmöglich selbst mit den Jungen im Nest sein, die ja zudem noch mit jedem Tag an Gewicht zunahmen. Diese wunderbare Fortpflanzungswiege, ein elegantes Beispiel für die vom Instinkt gelenkten Fertigkeiten, fand sich in einem Weizenfeld, im Kopf einer Distel aufgehängt.

Ein gewisser Herr mit großem Interesse an Vogelkunde schrieb mir von einem Vogel, welchen sein Diener im letzten Januar, in jenem harschen Wetter damals, geschossen hatte, und er meinte von diesem Vogel, er werde mich in Erstaunen setzen. In diesem Sommer suchte ich besagten Herrn auf, ohne zu ahnen, was mich erwartete, doch kaum hatte ich den Vogel in der Hand, erklärte ich, dies sei ein männlicher *Garrulus Bohemicus* oder Deutscher Seidenschwanz[37], nach den fünf eigenartigen purpurnen Markierungen oder Spitzen zu urteilen, welche er an der Spitze von fünfen der kurzen Handschwingen trägt. Dieser Vogel kann unter keinen Umständen als englischer Vogel bezeichnet werden, und doch sehe ich in Rays *Philosoph. Letters*, dass im Winter 1685 ganze Schwärme davon unser Königreich aufsuchten und sich von Hagedornbeeren ernährten.

Die Erwähnung von Hagedornbeeren lässt mich daran denken, dass ein völliger Mangel an dieser Wildfrucht herrscht, welche so viel zum Erhalt des fliegenden Volkes beiträgt. Denn obgenanntes harsches Wetter im späten Frühling, welches allen Ertrag von den empfindlicheren und bemerkenswerteren Bäumen unterband, zerstörte auch den der robusten und geläufigen Pflanzen.

Einige Vögel, welche sich an denselben Orten aufhalten wie die Misteldrosseln und sich auch von den Beeren der Eibe ernähren, den Beschreibungen nach als *Merula torquata* oder Ringdrossel zu bezeichnen, wurden kürzlich in der Gegend hier gesichtet. Ich habe mehrere Leute beauftragt, mir ein Exemplar zu besorgen, jedoch ohne Erfolg. Siehe Brief XX.[38]

Frage: Ließen sich nicht Kanarienvögel an dieses Klima gewöhnen, wenn man ihre Eier im Frühling in die Nester ihrer Verwandten wie Stieglitze, Grünlinge und dergleichen legte? Bis zum Winter wären sie dann vielleicht abgehärtet und könnten sich allein durchschlagen.

Vor etwa zehn Jahren verbrachte ich jährlich einige Monate in Sunbury, einem hübschen Dorf an der Themse bei Hampton Court. Im Herbst ergötzte ich mich regelmäßig an den unzähligen Vertretern der Schwalbenart, die sich dort sammeln. Was mir jedoch dabei am auffallendsten schien, war der Umstand, dass sie sich, sobald sie die Schornsteine und Hausdächer verlassen hatten, um sich zu sammeln, Nacht für Nacht zum Rasten ins Ried auf den kleinen Inseln begaben, welche dort im Fluss liegen. Ihre Neigung zur Nähe dieses Elements in dieser Jahreszeit verleiht der nördlichen Meinung (so seltsam diese auch sein mag), sie zögen sich unter Wasser zurück, doch einigen Gehalt. Ein schwedischer Naturkundler ist von dieser Tatsache so überzeugt, dass er in seinem Flora-Kalender[39] vom Untertauchen der Schwalben unter Wasser zum Anfang September mit einer Selbstverständlichkeit spricht, als rede er davon, dass sein Hausgeflügel sich zur Rast abends auf die Stange begibt.

Ein sehr genau beobachtender Herr in London schreibt mir von einer Mehlschwalbe, welche er im vergangenen Oktober, und zwar am 23., dabei gesehen habe, wie sie in ihrem Nest im Stadtteil Borough ein und aus flog. Und ich selbst habe im vergangenen Oktober, als ich am 29. durch Oxford reiste, vier oder fünf Schwalben gesehen, welche umhersegelten und sich dann auf dem Dach des Grafschafts-Spitals niederließen.

Ist es denn nun wahrscheinlich, dass diese armen Vöglein (welche vielleicht erst wenige Wochen zuvor geschlüpft waren) zu einem so späten Zeitpunkt im Jahr und aus einer so inländischen Grafschaft eine Reise nach

Gorée oder Senegal unternehmen sollten, Orte, die beinah so weit entfernt liegen wie der Äquator?*

Ich schließe mich ganz Ihrer Meinung an, dass zwar die meisten Schwalben im Winter fortziehen, jedoch einige zurückbleiben und den Winter bei uns in Verborgenheit verbringen.

Was die kurzflügeligen Vögel mit weichen Schnäbeln betrifft, die im Frühling in so großer Zahl Einzug halten, weiß ich wahrlich nicht, was ich da mutmaßen soll. Ich habe sie in diesem Jahr genau beobachtet und sah sie zuhauf bis etwa Michaeli und danach nicht mehr. Sie können nicht offen in unserer Mitte überleben und dennoch den Augen der Wissbegierigen entgehen; und was ihre Verstecke angeht, so hat noch niemand behauptet, einen von ihnen in Winterstarre vorgefunden zu haben. Doch hinsichtlich ihres Zuges, was für schwierige Fragen erheben sich bei einer solchen Annahme! Wie sollten solche schlechten Flieger (welche den ganzen Sommer über nur von einer Hecke zur nächsten flattern) riesige Ozeane überwinden, um in Afrikas Gefilden mildere Monate zu verbringen!

BRIEF XIII

Selborne, den 22. Januar 1768

Verehrter Herr,
In einem Eurer früheren Briefe äußertet Ihr, dass meine Briefe Euch umso mehr Vergnügen bereiten, als sie aus der südlichsten Grafschaft sind; nun kann ich dieses Kompliment erwidern, erwarte ich doch, meine Neugier auf vieles befriedigt zu sehen, da Ihr Euch nun so viel höher im Norden aufhaltet.

Über viele Jahre hinweg habe ich beobachtet, dass gegen Weihnachten riesige Schwärme Buchfinken auf den Feldern erscheinen, viel mehr, pflegte ich zu meinen, als in einer Gegend allein geschlüpft sein konnten. Doch als ich Gelegenheit hatte, sie etwas näher zu betrachten, stellte ich zu meiner Überraschung fest, dass es fast alles Weibchen waren. Ich teilte meine Vermutungen mit mehreren kundigen Nachbarn, welche, nach einigem Grübeln über die Angelegenheit, auch erklärten, dass sie die Vögel für Weibchen hiel-

---

* Siehe Adamson, *Voyage to Senegal.*

ten, mindest fünfzig zu eins. Dieser außergewöhnliche Umstand ließ mich an Linnaeus denken, welcher bemerkte: »Vor dem Winter ziehen all ihre Buchfinkenweibchen durch Holland nach Italien.« Nun wüsste ich gerne von einer kundigen Person im Norden, ob sich dort große Schwärme Buchfinken im Winter einfinden und welchen Geschlechts sie in der Mehrheit sind? Aus solcher Nachricht könnte man vielleicht imstande sein zu beurteilen, ob unsere weiblichen Schwärme vom anderen Ende der Insel gezogen kommen oder ob sie vom Kontinent zu uns gelangen.

Im Winter haben wir auch riesige Schwärme des gemeinen Bluthänflings; ebenfalls eine viel größere Zahl, als meiner Meinung nach in einer Gegend allein ausgebrütet sein können. Mit Herannahen des Frühlings beobachte ich, wie diese sich auf einem Baum in der Sonne sammeln und alle miteinander ein sanftes Zwitschern pflegen, als seien sie dabei, ihr Winterquartier abzubrechen und wollten sich nun an ihr rechtes Sommerzuhause begeben. Es ist zumindest wohlbekannt, dass die Schwalben und die Wacholderdrosseln sich unter leisem Zwitschern scharen, bevor sie sich an ihren jeweiligen Aufbruch machen.

Man kann sicher sein, dass die Grauammern, *Emberiza miliaria,* dieses Land im Winter nicht verlassen. Im Januar 1767 sah ich einige Dutzend ihrer Art in strengem Frostwetter im Hügelland bei Andover in den Büschen sitzen; in unserem von Holzungen umgebenen Bezirk sind sie ein seltener Vogel.

Die Stelzen – sowohl die weißen als auch die gelben[40] – sind den ganzen Winter über bei uns. Wachteln drängen sich in Scharen zu unserer Südküste und werden oft mit Bedacht in großer Zahl von Menschen getötet.

Mr. Stillingfleet schreibt in seinen Abhandlungen: »Der Steinschmätzer *(Oenanthe)* mag zwar England nicht verlassen, doch wechselt er mit Sicherheit den Ort, denn zur Erntezeit findet er sich nie mehr an den Stellen, wo er vorher in großen Mengen war.« Somit erklärt sich die große Zahl der Vögel dieser Spezies, die man um diese Zeit im südlichen Hügelland bei Lewes fängt, wo sie als Delikatesse gelten. Einige Schäfer haben, wie man mir glaubwürdig versichert hat, viele Pfund Sterling dadurch verdient, dass ihnen diese Vögel scharenweise in die gestellten Fallen gegangen sind. Doch auch wenn sie auf diese Weise in solchen Mengen gefangen werden, habe ich dort (und ich kenne die Gegend sehr gut) nie mehr als zwei oder drei beieinander gesehen, denn sie sind nicht gesellig. Im Allgemeinen sind sie möglicherweise Zugvögel und bewegen sich deshalb in Scharen im Herbst auf die Küste von Sussex zu; ich bin allerdings sicher, dass sie nicht alle fortziehen, denn zu jeder Jahreszeit sehe ich sie in den verschiedensten Grafschaften, insbesondere in der Nähe von Steinbrüchen und Gemäuern.

Ich habe derzeit keine Bekannten unter den Herren in der Marine, doch habe ich an einen Freund geschrieben, welcher im jüngsten Krieg Kaplan bei der Marine war, und ihn gebeten, in seinen Protokollen nach Aufzeichnungen hinsichtlich der Vögel zu schauen, welche sich im Laufe der Reise den Ärmelkanal hinauf und hinunter auf den Schiffsmasten niederließen. Was Hasselquist[41] zu dieser Frage zu sagen hat, ist bemerkenswürdig: Kleine, kurzflügelige Vögel kamen den ganzen Weg über an das Schiff, von unserem Kanal bis an die Küsten des östlichen Mittelmeers, insbesondere vor stürmischem Wetter.

Was Ihr mit Hinblick auf Spanien als Vermutung nennt, ist hochwahrscheinlich. Die Winter in Andalusien sind so mild, dass die weichschnäbeligen Vögel, welche uns um diese Jahreszeit verlassen, aller Voraussicht nach ausreichend Insekten zur Nahrung dort finden.

Ein junger Mann, der über ausreichend Vermögen, Gesundheit und Muße verfügt, sollte eine herbstliche Reise in jenes Reich unternehmen und die Naturkunde des ungeheuren Landes erforschen. Mr. Willoughby* ist auf einer solchen Unternehmung durch dieses Königreich gereist, doch hat er es dem Vernehmen nach nur oberflächlich und in übler Laune gestreift, da ihn die groben, losen Manieren des Volkes so mit Abscheu erfüllten.

Ich habe in Sunbury nun keinen Freund mehr, an welchen ich mich in Hinsicht auf die in den kleinen Inseln der Themse rastenden Schwalben wenden kann, noch werde ich mehr über jene Vögel in Erfahrung bringen können, in welchen ich *Merulae Torquatae* vermute.

Was die kleinen Mäuse betrifft, muss ich weiters bemerken, dass sie zur Aufzucht der Jungen zwar ihre Nester zwischen den Halmen des aufrechten Getreides oberhalb des Bodens aufhängen, doch stelle ich fest, dass sie im Winter Bauten tief in die Erde hinein anlegen und warme Lager aus

---

* John Ray, *Collection of Travels*, 1693.

Gras herrichten, doch ihr bedeutendster Sammlungspunkt scheint mir in Schobern zu sein, in welche sie während der Getreideernte mit dem Korn gebracht werden. Ein Nachbar hatte jüngst einen Schober voll mit Hafer, unter dessen Schutz sich über hundert solche Mäuse gesammelt hatten; die meisten von ihnen wurden entfernt, einige habe ich gesehen. Ich habe diese gemessen und festgestellt, dass sie von der Nase bis zum Schwanz nur zweieinviertel Zoll maßen. Zwei von ihnen zeigten auf der Waage nur ein Gewicht von einem kupfernen Halfpenny, was etwa ein Drittel der Avoirdupois-Unze[42] beträgt. Somit nehme ich an, dass sie die kleinsten Vierfüßer auf dieser Insel sind.[43] Ein voll ausgewachsener *Mus medius domesticus* wiegt, wie ich festgestellt habe, eine Unze, was mehr als das sechsfache einer der obgenannten Mäuse ist, und er misst von Nase bis Rumpf vier Zoll und ein Viertel und der Schwanz misst dieselbe Länge.

Wir hatten in diesem Monat strengen Frost und tiefen Schnee. Mein Thermometer zeigte einen Tag vierzehn und einen halben Grad unter dem Gefrierpunkt, und dies im Haus. Die zarten Immergrüne haben ziemlichen Schaden genommen. Es war ein Segen, dass die Luft still war und der Boden gut mit Schnee bedeckt, ansonsten hätte die Vegetation unbedingt sehr gelitten. Man kann mit gutem Grund annehmen, dass einige Tage die kältesten waren seit dem Jahr 1739/40.

Ich verbleibe, etc. etc.

BRIEF XIV

Selborne, den 12. März 1768

Verehrter Herr,
Unternähme es ein neugieriger Mensch, sich den Kopf eines Damwilds zu beschaffen und diesen zu sezieren, so würde er diesen mit zwei *Spiracula* oder Atemstellen[44] hinter den Nüstern ausgestattet finden, die wahrscheinlich den *Puncta lacrimalia* im menschlichen Kopf entsprechen. Wenn Damhirsche und Rehe durstig sind, tauchen sie, wie manche Pferde, beim Trinken die Nasen tief unter Wasser und verharren eine beträchtliche Zeit lang in dieser Stellung, doch um etwaige Unpässlichkeit zu vermeiden, können sie zwei

Klappen öffnen, je eine im inneren Winkel des Auges, und selbige Klappen haben eine Verbindung mit der Nase. Hier besteht allem Anschein nach eine ganz außerordentliche Vorkehrung der Natur, welche unsere Aufmerksamkeit verdient und, soweit ich weiß, noch von keinem Naturkundler bemerkt worden ist. Es hat mir nämlich den Anschein, dass diese Geschöpfe auch dann nicht ersticken könnten, wenn ihnen Maul und Nüstern verschlossen wären. Diese sonderbare Bildung des Kopfes mag für Tiere, die gejagt werden, von besonderem Nutzen sein, weil sie ihnen freien Atem vergönnt, und zweifellos werden diese zusätzlichen Nüstern weit geöffnet, wenn das Tier gehetzt wird.* Mr. Ray hat auf Malta die Beobachtung gemacht, dass die Besitzer der hart arbeitenden Esel diesen die Nüstern aufschlitzten; selbige nämlich, von Natur aus eng oder klein, ließen nicht so viel Luft ein, wie es die Tiere bei der schweren Fron und den langen Wegen in dem heißen Klima brauchten. Und wir wissen, dass Pferdeknechte und die mit Pferdezucht befassten Herrschaften bei Jagd- und Rennpferden große Nüstern für eine Notwendigkeit und ein Zeichen von edler Vollkommenheit halten.

Der griechische Dichter Oppian hatte, der folgenden Zeile nach zu schließen, eine Ahnung von den vier *Spiracula* der Hirsche:

> Τετράδυμοι ῥῖνες, πίσυρες πνοιῇσι δίαυλοι.
> Quadrifidae nares, quadruplices ad respirationem canales.
> Opp. Cyn. Lib. ii.I,.181.

Autoren, welche voneinander abschreiben, lassen Aristoteles sagen, Ziegen atmeten durch die Ohren, wohingegen er doch gerade das Gegenteil sagt:

> »Ἀλκμαίων γὰρ οὐκ ἀληθῆ λέγει, φάμενος ἀναπνεῖν τὰς αἰγὰς κατὰ τὰ ὦτά.«
> »Alkmaeon spricht nicht die Wahrheit, wenn er behauptet, Ziegen atmeten durch die Ohren.« (*Historia animalium*, Buch I, Kap XI)

---

* In Erwiderung auf diese Darstellung sandte mir Mr. Pennant die folgende interessante und aufschlussreiche Antwort: »Zu meiner großen Überraschung entdeckte ich bei Antilopen etwas ganz Entsprechendes zu dem, was Ihr als so bemerkenswert beim Wild feststellt. Dieses Tier hat einen langen Schlitz unter jedem Auge, welchen es nach Belieben öffnen und schließen kann. Als eine Apfelsine in seine Nähe gebracht wurde, machte das Tier von diesen Öffnungen ebenso viel Gebrauch wie von seinen Nüstern, es brachte sie nahe an die Frucht und schien durch sie den Geruch aufzunehmen.«

BRIEF XV

Selborne, den 30. März 1768

Verehrter Herr,
Manche kundigen Landleute sind der Meinung, in unserer Gegend gebe es neben Wiesel, Marder, Iltis und Frettchen noch eine Spezies des Genus *mustelinum*, ein kleines rötliches Tier, kaum größer als eine Feldmaus, doch viel länger, welches sie *cane* heißen.[45] Diese Behauptung ist wenig zuverlässig, doch könnte man ihr weiter nachgehen.

Ein Herr in meiner Nachbarschaft hatte in einem Nest zwei milchweiße Saatkrähen. Ein Tölpel von einem Fuhrmann fand sie, bevor sie flügge waren, warf sie aus dem Nest und tötete sie, sehr zum Bedauern des Eigentümers, welcher gerne eine solche Eigentümlichkeit in seiner Kolonie bewahrt hätte. Ich habe die Vögel selbst an die Stirnwand der Scheune genagelt gesehen und fand zu meiner Überraschung, dass ihre Schnäbel, Beine, Füße und Klauen in der Tat milchweiß waren.

Ein Schäfer meinte, auf einem Hügel oberhalb meines Hauses in diesem Winter zwei weiße Lerchen gesehen zu haben: Waren dies womöglich die *Emberiza nivalis*, die sogenannten »Schneeflocken«[46] laut der *Brit. Zool.*[47]? Zweifellos ja.

Vor einigen Jahren sah ich ein Gimpelhähnchen in einem Käfig, man hatte den Vogel draußen im Feld gefangen, als er schon in vollen Farben war. Nach etwa einem Jahr wirkte er allmählich bräunlich, und, mit jedem Jahr dunkler werdend, war er am Ende des vierten Jahres kohlschwarz. Seine Hauptnahrung bestand aus Hanfsamen. Solchen Einfluss hat die Nahrung auf die Farbe von Tieren! Die gefleckten und gemischten Färbungen gezähmter Tiere verdanken sich allem Anschein nach dem vielseitigen und ungewöhnlichen guten Futter, das sie bekommen.

Ich hatte schon seit Jahren bemerkt, dass nach starkem Schneefall die Wurzel der Zehrwurz *(Arum)* häufig aus den trockenen Erdstreifen unter Hecken freigescharrt und angefressen waren. Nachdem ich selbst diese Stellen genau beobachtete und andere anhielt, dasselbe zu tun, fanden wir heraus, dass es die Drosseln sind, die diese Wurzel suchen. Die Wurzel des *Arum* ist auffallend warm und scharf im Geruch.

Die Scharen unserer Buchfinken-Weibchen haben uns noch nicht verlassen. Die Amseln und Drosseln hat das strenge Wetter des Januar stark dezimiert.

Mitte Februar entdeckte ich in meiner Hecke einen kleinen Vogel, welcher meine Neugier weckte. Er war von gelblich-grüner Farbe, wie sie den Goldhähnchen eigen ist, und ich meine, er sei weichschnäbelig gewesen. Es war kein *Parus*[48] und es war kein Goldhähnchen, eher wie eine sehr große Grasmückenart. Gelegentlich ließ er sich kopfunter hängen, hielt jedoch keinen Moment in einer Haltung still.[49] Ich schoss auf ihn, doch wohl mit solcher Ungenauigkeit, dass ich mein Ziel verfehlte.

Mich wundert, dass der Triel, *Charadrius oedicnemus*, von Verfassern als seltener Vogel aufgeführt wird. In den Ackergegenden von Hampshire und Sussex ist er in Scharen anzutreffen, er brütet, glaube ich, den ganzen Sommer und die Jungen schlüpfen erst im Herbst. Sie beginnen jetzt schon ihr abendliches Rufen. Sie können, wie ich meine, eigentlich nicht mit Gebühr »circa aquas versantes[50]« genannt werden, wie Mr. Ray es tut, denn bei uns halten sie sich, zumindest bei Tage, nur in den trockensten, offenen, höhergelegenen Feldern und Schaftriften auf, weit von allem Wasser entfernt. Was sie jedoch des Nachts tun mögen, vermag ich nicht zu sagen. Würmer sind ihre Hauptnahrung, doch fressen sie auch Kröten und Frösche.

Ich kann Euch einige gelungene Exemplare meiner neuen Mäuse zeigen, Linnaeus würde diese Spezies vielleicht *Mus minimus* nennen.

BRIEF XVI

Selborne, den 18. April 1768

Verehrter Herr,
Mit der Geschichte des Triel, *Charadrius oedicnemus*, verhält es sich so: Er legt seine Eier, meistens zwei, nie mehr als drei, auf den bloßen Boden, ohne ein Nest, im offenen Feld, sodass der Landmann beim Bewegen der Bracherde diese häufig zerstört. Die Jungen laufen gleich aus dem Ei wie die Rebhühner und werden dann von der Mutter in einen steinigen Bereich geführt, wo sie zwischen den Steinen liegen, denn diese bieten ihnen die

größte Sicherheit, da ihre Federn so genau die Farbe graugefleckter Kiesel haben, dass auch der schärfste Beobachter getäuscht werden kann, außer wenn er von einem Jungvogel bemerkt wird. Die Eier sind stumpf und rund, von einem schmutzigen Weiß mit dunklen blutfarbenen Sprenkeln. Wiewohl ich nicht unbedingt imstande sein werde, Euch einen Vogel nach Belieben zu beschaffen, könnte ich Euch doch beinah jeden beliebigen Tag einen zeigen, und jeden Abend hört man sie in der Umgebung des Dorfes, denn sie stoßen Rufe aus, die man wohl eine Meile weit vernehmen mag. *Oedicnemus* ist ein höchst passender und ausdrucksvoller Name für sie, scheinen ihre Beine doch geschwollen wie die eines gichtigen Mannes. Nach der Ernte habe ich sie vor den Pointern in den Rübenfeldern geschossen.

Ich habe nunmehr nicht den geringsten Zweifel, dass es drei Spezies Laubsänger gibt.[51] Zwei kenne ich ausgezeichnet, den dritten habe ich mir noch nicht beschaffen können. Keine zwei Vögel können in ihrem Gesang, und zwar auf Dauer, verschiedener sein als jene beiden, mit welchen ich vertraut bin, der eine hat einen leichten, freudigen, lachenden Ton, der andere ein hartes, lautes Zirpen. Ersterer ist in jeder Hinsicht größer und drei viertel Zoll länger, er wiegt zweieinhalb Dram[52], Zweiterer hingegen wiegt nur zwei, der Sänger ist somit um ein Fünftel schwerer als der Zirper. Der Zirper (als erster zurückkehrender Sommervogel, den man hört, den Wendehals ausgenommen) hebt mit seinen beiden Noten Mitte März an und fährt damit den ganzen Sommer hindurch fort, bis Ende August, wie in meinen Tagebüchern steht. Die Beine des Größeren der beiden sind fleischfarben, die des Kleineren schwarz.

Der Feldschwirl begann seinen surrenden Wirbel in meinem Garten am letzten Samstag. Was könnte vergnüglicher sein als das Surren dieses kleinen Vogels, welcher auch auf hundert Yard Abstand noch in der Nähe zu sein scheint und dicht am Ohr kaum lauter ist als aus einiger Entfernung. Wäre ich mit Insekten weniger vertraut und hätte ich nicht gewusst, dass der Grashüpfer noch nicht geschlüpft sein konnte, ich hätte kaum glauben können, dass es keine *Locusta* sei, die dort in den Büschen sirrte. Die Landleute lachen, wenn man ihnen sagt, dass es ein Vogellaut ist. Der Feldschwirl ist ein höchst listenreiches Geschöpf; wenn er sich im dichtesten Teil eines Gebüschs verbirgt und wenn er ganz vor Blicken versteckt ist, gibt er seinen

Laut auch aus nächster Nähe. Ich habe einmal jemanden veranlasst, auf die andere Seite der Hecke zu gehen, wo der Vogel sich aufhielt, dann lief dieser, huschend wie eine Maus, hundert Yard weit am Fuß der dornigen Zweige entlang, ließ sich indessen keinen Augenblick im Offnen blicken. Doch früh am Morgen und wenn er ungestört ist, singt er auf der Spitze eines Zweiges mit aufgesperrtem Schnabel und mit zitternden Flügeln. Mr. Ray selbst hatte keine Kenntnis von diesem Vogel, er erhielt einen Bericht darüber von Mr. Johnson, welcher ihn jedoch anscheinend mit den *Reguli non cristati* verwechselt, von welchen er jedoch sehr verschieden ist.

Eine Liste der Sommergäste unter den Zugvögeln, welche in dieser Gegend anzutreffen sind, aufgeführt in der ungefähren Reihenfolge ihres Erscheinens:

	LINNAEI NOMINATA
Kleinster Laubsänger	*Motacilla trochilus*
Wendehals	*Jynx torquilla*
Rauchschwalbe	*Hirundo rustica*
Mehlschwalbe	*Hirundo urbica*
Uferschwalbe	*Hirundo riparia*
Kuckuck	*Cuculus canorus*
Nachtigall	*Motacilla luscinia*
Mönchsgrasmücke	*Motacilla atricapilla*
Dorngrasmücke	*Motacilla sylvia*
Mittlerer Laubsänger	*Motacilla trochilus*
Mauersegler	*Hirundo apus*
Triel?	*Charadrius oedicnemus?*
Turteltaube?	*Turtur aldrovandi?*
Feldschwirl	*Alauda trivialis*
Wachtelkönig	*Rallus crex*
Größter Laubsänger	*Motacilla trochilus*
Gartenrotschwanz	*Motacilla phoenicurus*
Ziegenmelker	*Caprimulgus europeus*
Fliegenschnäpper	*Musicapa grisola*

Der Fliegenschnäpper *(Stoparola)* hat sich noch nicht eingestellt; für gewöhnlich brütet er in meinem Wein. Der Gartenrotschwanz beginnt nun seinen Gesang: Das Lied ist kurz und bruchstückhaft, doch pflegt er es ohne Unterlass bis in die Mitte des Juni. Die kleinen Laubsänger sind schreckliche Plagen im Garten, sie zerstören die Erbsen, Kirschen, Johannisbeeren etc. und sind so zahm, dass eine Flinte sie nicht erschrecken kann.

Meine Landleute hier reden viel von einem Vogel, welcher ein Klacken mit dem Schnabel macht, indem er mit diesem gegen einen toten Ast oder alte Stöcke klopft, sie nennen ihn »jar-bird«[53]. Ich beschaffte einen, den ich schießen ließ, er erwies sich als *Sitta europaea*, ein Kleiber. Mr. Ray zufolge tut der weniger gefleckte Specht dasselbe. Diesen Lärm hört man gut einige Hundert Yard weit.

Nun ist der einzige Zeitpunkt, um die kurzflügeligen Sommervögel zu bestimmen, denn sobald das Laub da ist, kann man an diesem ruhelosen Volk keine Beobachtungen mehr anstellen; und sobald die Jungen erscheinen, ist alles Verwirrung, dann gibt es kein Unterscheiden von Familie, Spezies, Geschlecht mehr.

In der Brutzeit schweifen die Schnepfen übers Moor unter Pfeifen und Summen; sie summen immer im Sinkflug. Ist ihr Summen nicht bauchrednerisch wie das des Truthahns? Manche vermuten, es seien ihre Schwingen, die so tönen.[54]

Heute Morgen sah ich das Goldhähnchen, dessen Krone wie poliertes Gold glänzt. Das Goldhähnchen hängt oft wie eine Meise, mit dem Rücken nach unten.

Ich verbleibe, etc. etc.

BRIEF XVII

Selborne, den 18. Juni 1768

Verehrter Herr,
Am Mittwoch traf Euer freundlicher Brief vom 10. Juni ein. Es bereitet mir eine große Freude, dass Ihr diese Studien weiterhin mit so viel Eifer betreibt und so gute Fortschritte hinsichtlich Reptilien und Fischen gemacht habt.

Was die Reptilien angeht, so wenige es auch sind, bin ich naturkundlich nicht so bewandert, wie ich es gerne wäre. Es herrscht so viel Zweifel und Unklarheit über die Vermehrung in dieser Klasse von Tieren, manchmal vergleichbar mit den Fragen zur *Cryptogamia* im Geschlechtssystem der Pflanzen; und das ist ebenso der Fall bei einigen Fischen wie dem Aal und dergleichen.

Die Methode, nach der sich die Kröten fortpflanzen und Nachwuchs hervorbringen, liegt mir sehr im Dunkeln. Manche Verfasser zählen sie zu den viviparen Tieren, und doch klassifiziert Ray sie als ovipare und schweigt hinsichtlich der Hervorbringung des Nachwuchses. Vielleicht sind sie ἔσω μὲν ᾠοτόκοι, ἔξω δε ζωοτόκοι, wie es bekanntlich bei der Viper der Fall ist.

Die Paarung der Frösche (oder zumindest der Anschein eines solchen Vorgangs, denn Swammerdam[55] beweist ja, dass das männliche Tier keinen *penis intrans* hat) ist bei jedermann berüchtigt, sehen wir sie doch einen Monat lang im Frühling rücklings aufeinander sitzen; jedoch habe ich nie davon gehört, dass Kröten in ebensolcher Position beobachtet worden seien.[56]

Es ist auch seltsam, dass die Frage hinsichtlich des Giftes der Kröten nicht geklärt ist. Dass sie nicht allen Tieren gleichermaßen giftig sind, liegt auf der Hand: Enten, Bussarde, Eulen, Triele und Schlangen fressen sie meines Wissens, ohne Schaden davonzutragen. Und ich erinnere mich noch gut daran, wiewohl ich nicht selbst als Augenzeuge zugegen war (viele allerdings waren dort), als ein Quacksalber hier im Dorf eine Kröte gegessen hat, um die Leute vom Land baff schauen zu lassen; hinterher hat er Öl getrunken.

Ich habe auch aus berufenem Munde gehört, dass manche Damen (Damen mit eigentümlichen Vorlieben, werdet Ihr sagen) Zuneigung zu einer Kröte fassten, welche sie jahrelang einen um den anderen Sommer fütterten, bis die Kröte von all den Maden der Fleischfliegen einen ungeheuren Umfang hatte. Jeden Abend kam das Reptil aus einem Loch unter der Gartentreppe hervor und wurde emporgehoben, um nach dem Abendessen am Tisch gefüttert zu werden. Doch schließlich verpasste ihm ein zahmer Rabe, der es erspähte, als es gerade den Kopf aus seinem Loch steckte, einen solchen Hieb mit dem hornigen Schnabel, dass ihm ein Auge abhandenkam. Nach diesem Unglück siechte das Geschöpf eine Zeitlang vor sich hin und verendete.

Ich brauche einen so ausführlich belesenen Herrn wie Euch nicht auf die hervorragende Darstellung von Mr. Derham hinzuweisen, welche sich in Rays *Weisheit Gottes in den Geschöpfen*[57] findet und die Wanderung der Frösche von ihren Brutteichen betrifft. In dieser Darstellung wirft er ein für alle Mal die törichte Annahme über den Haufen, dass sie mit dem Regen aus den Wolken tropften, indem er zeigt, dass es die dankenswerte kühle Feuchte der Regenschauer ist, welche die Frösche dazu bringt, sich auf ihre Wanderung zu begeben, und welche sie nicht beginnen, bevor diese Regenschauer fallen. Derzeit sind die Frösche noch in ihrem Kaulquappenzustand, doch in einigen Wochen wird es auf unseren Pfaden, Wegen, Feldern wimmeln von Myriaden dieser Auswanderer, die nicht größer sind als der Nagel meines kleinen Fingers. Swammerdam gibt einen höchst präzisen Bericht über die Methode und Situation, welche die Bedingung dafür sind, dass das Männchen den Laich des Weibchens befruchtet. Wie wunderbar ist die Ökonomie der Vorsehung hinsichtlich der Glieder eines so widerwärtigen Reptils! Solange es im Wasser lebt, verfügt es über einen fischartigen Schwanz und hat keine Beine, sobald jedoch die Beine wachsen, fällt der Schwanz als nutzlos ab[58] und das Tier begibt sich an Land.

Merret irrt sich meiner Meinung nach mit Sicherheit, wenn er behauptet, die *Rana arborea*[59] sei ein englisches Reptil, sie kommt in großer Menge in Deutschland und der Schweiz vor.

Man muss dabei eingedenk sein, dass Rays *Salamandra aquatica* (der Wasserlurch) häufig am Köder des Anglers anbeißt und oft am Angelhaken hängt. Ich habe immer als selbstverständlich angenommen, dass der *Salamandra aquatica* im Wasser schlüpft, lebt und stirbt. Doch Mr. John Ellis (der Korallen-Ellis)[60] versichert in einem Brief an die Royal Society vom 5. Juni 1766, in welchem er über den *Schlamm-Iguana*, einen amphibischen *Bipes* aus Süd Carolina, berichtet, dass der Wasserlurch oder Molch[61] nur die Larve des Landlurchs ist, so wie Kaulquappen Larven von Fröschen sind. Damit man mir nicht unterstelle, ihn missverstanden zu haben, will ich ihn hier in seinen eigenen Worten zitieren. Indem er von den *Opercula* oder den Kiemendeckeln des *Schlamm-Iguana* spricht, sagt er: »Die Gestalt dieser flügelartigen Deckel kommt dem sehr nahe, was ich vor einiger Zeit in den Larven oder der aquatischen Entwicklungsphase unserer englischer *lacerti*, den sogenannten Molchen oder Lurchen, beobachtet habe; bei diesen dienen sie als Kiemendeckel und als Schwimmflossen in der betreffenden Entwicklungsphase und sie verlieren diese ebenso wie die Schwanzflossen, wenn sie in eine andere Entwicklungsphase übergehen und Landtiere werden, wie ich selbst beobachtet habe, indem ich sie einige Zeit lebend gehalten habe.«

Linnaeus verweist in seinem *Systema Naturae* mehrmals auf das, was Mr. Ellis hier vorbringt.

Die Vorsehung ist uns so gnädig gewogen gewesen, dass wir in unserem Reiche nur ein giftiges Reptil der Schlangenfamilie haben, und das ist die Viper. Da es Euer erklärtes Ziel ist, mit Euren Veröffentlichungen dem Wohle der Menschheit zu dienen, werdet Ihr es nicht versäumen, das gemeine Salatöl als oberste Arznei gegen den Vipernbiss zu erwähnen. Was die Blindschleiche betrifft (*Anguis fragilis* – so genannt, weil sie durch einen leichten Schlag entzweibricht), habe ich nach einiger Prüfung festgestellt, dass sie völlig harmlos ist. Ein Gutsbesitzer in meiner Nachbarschaft (welchem ich einige gute Hinweise verdanke) tötete um den 27. Mai eine weibliche Viper und öffnete sie: Er stellte fest, dass sie eine Kette von elf Eiern trug, welche der Größe nach wie die einer Amsel waren, doch keines war so weit gereift, dass auch nur Rudimente eines Jungtiers sichtbar waren. Wiewohl sie ovipar sind, sind sie auch vivipar, denn sie brüten die Jungen in ihrem Leib aus und bringen sie dann hervor. Hingegen legen Schlangen[62] jeden Sommer Ketten von Eiern in meinen Melonenbeeten, ungeachtet aller Vorkehrungen, die meine Leute treffen, um es zu unterbinden; und diese Jungen schlüpfen erst im darauffolgenden Frühjahr, wie ich mehrmals beobachtet habe. Etliche kundige Leute versichern mir, die Viper dabei beobachtet zu haben, wie sie bei plötzlichen Gefahren ihre hilflosen Jungen durch den geöffneten Rachen wieder in sich aufnimmt, so wie das weibliche Stachelschwein seine Jungen in ähnlichen Fällen in seinen Bauchbeutel nimmt; die Londoner Vipernfänger hingegen beharren gegenüber Mr. Barrington darauf, dass solches nie geschehe. Die Schlangen fressen artgemäß, so glaube ich, nur einmal im Jahr oder vielmehr nur zu einer Jahreszeit. Beim Landvolk ist oft von einer Wasserschlange die Rede, jedoch, da bin ich mir sicher, ohne jeden Grund; die gemeine Schlange nämlich *(Coluber natrix)* findet großes Vergnügen daran, sich im Wasser aufzuhalten, vielleicht um Frösche und andere Nahrung zu erbeuten.

Ich kann mir nicht recht denken, wie Ihr auf Eure zwölf Spezies Reptilien kommen möchtet, es sei denn, es handle sich um die verschiedenen Spezies oder vielmehr Varianten unserer *Lacerti,*[63] von denen Ray fünf aufzählt. Ich habe noch keine Gelegenheit gehabt, mich dessen zu vergewissern, erinnere mich jedoch gut daran, auf den sonnigen Sandböschungen bei Farnham in Surrey mehrere schöne grüne Eidechsen erspäht zu haben, und Ray zufolge kommen diese auch in Irland vor.

BRIEF XVIII

Selborne, den 27. Juli 1768

Verehrter Herr,
Ich erhielt Euren freundlichen und an Mitteilungen reichen Brief vom 28. Juni, während ich auf Besuch im Hause eines Herren weilte, wo ich weder Bücher hatte, um etwas nachzuschlagen, noch die Muße, mich hinzusetzen und Euch Erwiderung auf Eure vielen Fragen zu geben, welche ich auf die beste mir mögliche Art und Weise beantworten wollte.

Jemand hat auf meine Anweisung hin unsere Bäche abgesucht, ohne jedoch einen Fisch wie den *Gasterosteus pungitius*[64] zu entdecken, den *Gasterosteus aculeatus* hingegen fand er in großer Menge. Heute Morgen habe ich in einem Korb einen kleinen irdenen Topf mit nassem Moos gefüllt und darin einige Stichlinge gesammelt, weibliche und männliche, die Weibchen dick vom Laich; auch einige Flussneunaugen, doch mit Elritzen konnte ich nicht aufwarten. Dieser Korb wird noch vor acht Uhr heute Abend in der Fleet Street sein, und ich hoffe, Mazel wird die Fische morgen früh frisch und rein erhalten. Ich habe in einem Brief einige Anweisungen bezüglich der Einzelheiten gegeben, auf welche der Stecher bei der Wiedergabe insbesondere zu achten habe.

Anlässlich eines Besuches fand ich mich in annehmbarer Entfernung von Ambresbury und entsandte einen Diener in jene Stadt, um lebende Exemplare von Schmerlen zu beschaffen, welche selbiger Diener auch unbeschadet und geschwind in einem Glasgefäße brachte. Man hatte sie in den Tümpeln gefangen, die zum Bewässern der Wiesen gestochen worden waren. Zu diesen Fischen, welche zwei bis vier Zoll lang waren, fertigte ich die folgende Beschreibung an:

»Die Schmerle ist allgemein äußerlich betrachtet milchig durchscheinend: Der Rücken ist gefleckt mit unregelmäßigen Häufungen kleiner schwarzer Punkte, welche bis knapp unterhalb der *Linea lateralis* reichen, ebenso zeigen sich die Rücken- und Schwanzflossen; eine schwarze Linie verläuft von jedem der beiden Augen bis zur Nase; der Bauch hat ein silbriges Weiß, der obere Kiefer ragt über den unteren vor und ist mit sechs Fühlern ausgestattet, drei auf jeder Seite; die Brustflossen sind groß, die Bauchflossen wesentlich kleiner; die Flosse hinter dem Anus ist klein, die Rückenflosse groß und mit acht Stacheln ausgestattet; der Schwanz ist da, wo er an die Schwanzflosse stößt, bemerkenswert breit, ohne jede Verjüngung, wie es für diese Art typisch ist; die Schwanzflosse ist breit und läuft eckig aus. Der Breite und Muskelstärke des Schwanzes nach zu urteilen scheint es ein aktiver und wendiger Fisch zu sein.«

Bei meinem Besuch war ich nicht weit von Hungerford und vergaß nicht, einige Nachforschungen zu der wundersamen Methode der Krebsheilung mittels Kröten anzustellen. Etliche kundige Menschen, sowohl im Landadel als auch in der Geistlichkeit, schenken dem, was in den Zeitungen behauptet wurde, viel Glauben, wie ich feststelle, und ich selbst speiste mit einem Geistlichen, der gar überzeugt war, dass es sich bei den Berichten um Tatsachen handele; während ich seiner Darstellung lauschte, schienen mir allerdings Umstände zur Sprache zu kommen, welche die Glaubwürdigkeit der Geschichte der Frau vom Ursprung ihrer Fähigkeiten nicht wenig minderten. Ihrer eigenen Erzählung zufolge ist sie, selbst unter einem bösen Krebs leidend, in eine Kirche gegangen, wo sich eine ungeheure Menschenmenge befand; als sie sich in eine Kirchenbank setzte, habe ein fremder Geistlicher sie angesprochen und, nach Bezeugungen des Mitleids hinsichtlich ihres Zustandes, erklärt, nach der erwähnten Anwendung lebender Kröten werde sie genesen. Kann es denn nun wahrscheinlich sein, dass dieser unbekannte Herr so viel Mitgefühl für eine einzelne Leidende zum Ausdruck bringe und keines für die vielen Tausend, welche Tag für Tag an dieser schrecklichen Krankheit siechen? Hätte er nicht vielmehr zur eigenen Bereicherung Gebrauch von diesem unschätzbaren Mittel gemacht oder zumindest, auf dem Wege einer

Veröffentlichung oder dergleichen, selbiges zum Wohle der Menschen zugänglich machen wollen? Kurzum, jener Frau erscheint es bei der Verfolgung ihres Zieles, sich als Krebsheilerin zu etablieren, offenbar geziemend, das Land mit dieser obskuren und geheimnisvollen Darstellung zu unterhalten.

Der Wassermolch hat, jedenfalls soweit ich es ausmachen kann, keinerlei Anzeichen von Kiemen und dieser Mangel bewirkt, dass er regelmäßig an die Wasseroberfläche steigen muss, um frische Luft zu schnappen. Ich habe in der Tat ein prallbäuchiges Exemplar geöffnet und stellte fest, dass es voller Laich war. Dieser Umstand jedoch dient keinesfalls zur Widerlegung der Behauptung, dass dies Larven sind, denn auch die Larven der Insekten sind voller Eier, welche sie von sich geben, sobald sie in die nächste Entwicklungsphase eintreten. Der Wassermolch ist ständig dabei, über den Rand des Gefäßes, in welchem wir ihn im Wasser halten, zu steigen, um davonzuwandern; und jeden Sommer sehen Leute Molche in großer Zahl aus den Tümpeln hervorkommen, in welchen sie schlüpften, und die trockenen Uferränder hinaufkriechen. Es gibt mehrere Varianten, die sich in der Farbe unterscheiden, manche haben Flossen an Schwanz und Rücken, andere nicht.

BRIEF XIX

Selborne, den 17. August 1768

Verehrter Herr,
Ich habe nun zweifelsfrei drei unterschiedliche Spezies des Laubsängers *(Motacillae trochili)* bestimmt, welche dauernd und ohne Abweichung unterschiedliche Tonfolgen benutzen. Doch gleichzeitig muss ich gestehen, dass ich nichts von Eurer Weidenlerche* weiß. In meinem Brief vom 18. April versicherte ich Euch nachdrücklich, dass ich den Vogel kenne, ihn nur noch nicht gesehen habe; doch wie ich Gelegenheit hatte, ihn mir zu beschaffen, stellte sich heraus, dass es in jeder Hinsicht genau ein *Motacilla trochilus* war; nur ist dieser größer als die beiden anderen und das Gelbgrün des ganzen oberen Körpers ist lebhafter, auch hat der Bauch ein reineres Weiß. Ich habe Exemplare aller drei Sorten nun vor mir liegen und

---

* *Brit. Zool.* edit 1776, octavo p. 381.

kann zwischen drei Größen differenzieren; dazu kann ich sagen, dass der kleinste Vogel schwarze Beine hat und die anderen beiden fleischfarbene. Der gelbeste ist der beträchtlich größte, die Federn seiner Oberflügeldecken und Unterflügeldecken haben alle weiße Spitzen, wie es die anderen beiden nicht haben. Letzterer hält sich nur in den Baumwipfeln in hochstämmigen Buchenholzungen auf und gibt ab und zu in kurzen Abständen einen sirrenden Grashüpferlaut von sich, dazu bebt er ein wenig mit den Flügeln beim Gesang und ist, daran kann ich keinen Zweifel mehr hegen, der *Regulus non cristatus* von Ray, welcher, wie dieser sagt, »cantat voce stridula locustae«[65]. Jedoch hat dieser große Ornithologe nie vermutet, dass es drei Arten des Vogels gebe.

BRIEF XX

Selborne, den 8. Oktober 1768

In der Zoologie verhält es sich, wie ich feststelle, so wie in der Botanik: Die ganze Natur bietet eine solche Fülle, dass jener Bezirk die größte Vielfalt aufweist, welcher am genauesten untersucht wird. Mehrere Vögel, von denen es heißt, sie gehören nur in den Norden, sind, wie mich dünkt, häufig im Süden. Ich habe in diesem Sommer drei Spezies Vögel bei uns entdeckt, welche Verfasser von Naturgeschichten als nur in den nördlichen Grafschaften vorkommend beschreiben. Der Erste, den man mir brachte (am 14. Mai) war der Flussuferläufer *Tringa hypoleucos:* Es war ein männlicher Vogel, welcher sich an den Ufern einiger Teiche nahe am Dorf umherbewegte und zweifellos auch, da er eine Gefährtin hatte, in der Nähe dieser Gewässer zu nisten beabsichtigte. Außerdem hat der Besitzer mich inzwischen unterrichtet, dass er, so er sich recht entsinnt, auch in vergangenen Sommern bereits Vögel dieser Art um seine Teiche gesehen hat.

Der nächste Vogel, welchen ich mir beschaffen konnte (am 21. Mai), war ein männlicher Neuntöter, *Lanius collurio.*[66] Mein Nachbar, welcher ihn schoss, berichtet, er hätte leicht seiner Aufmerksamkeit entgehen können, hätten nicht die Aufschreie und das Gezeter der Dorngrasmücken und anderer kleiner Vögel seine Obacht auf den Busch gelenkt, in welchem sich der Würger aufhielt: Sein Kropf war angefüllt mit den Beinen und Flügeln von Käfern.

Die nächsten seltenen Vogelexemplare (welche man mir in der letzten Woche beibrachte) waren einige Ringdrosseln, *Turdi torquati.*

In dieser Woche sind es genau zwölf Monate, seit sich ein Herr aus London, welcher sich bei uns aufhielt, mit seiner Flinte vergnügte und an einer alten Eibenhecke, an der sich Beeren befanden, einige Vögel mit weißer Ringzeichnung um den Hals vorfand; ein benachbarter Ackerbauer beobachtete Gleiches um ebendiese Zeit, doch da keine Exemplare beschafft wurden, schenkte man der Sache weiter keine Beachtung. Ich habe den Umstand selbst in meinem Brief vom 4. November 1767 an Euch erwähnt (Ihr jedoch mögt dem, was ich schrieb, wenig Bedeutung beigemessen haben, da ich die Vögel nicht mit eigenen Augen gesehen hatte). Doch in der letzten Woche sah der obgenannte Ackerbauer einen großen Schwarm von zwanzig oder dreißig Vögeln ebendieser Art und schoss zwei männliche und zwei weibliche Exemplare. Bei näherem Nachdenken, so sagt er, habe er sich erinnert, diese Vögel im vergangenen Frühjahr wieder gesehen zu haben, um Mariä Verkündigung, als sie wohl auf dem Weg zurück nach Norden waren. Nun mag es sein, dass diese Ringdrosseln nicht die aus dem Norden Englands sind, sondern in die weiter entfernt gelegenen Teile des nördlichen Europa gehören und vor der äußersten Strenge des dortigen Frosts weichen, doch zum Brüten im Frühling, bei Nachlassen der Kälte, zurückkehren. Sollte dies der Fall sein, wäre damit ein neuer Winterzugvogel entdeckt, hinsichtlich dessen Reise die Verfasser schweigen; sollten sich jedoch die Ringdrosseln als Zugvögel aus dem Norden Englands erweisen, so hätten wir damit eine Vogelwanderung innerhalb unseres eigenen Königreiches aufgedeckt, welche nie zuvor vermerkt worden ist. Es ist noch nicht klar, ob sie über die Grenzen unserer Insel hinaus weiter nach Süden reisen, doch ist es sehr wahrscheinlich, dass sie dies für gewöhnlich tun, andernfalls nämlich müsste man die unwahrscheinliche Annahme treffen, dass sie in den südlichen Grafschaften so lange unbemerkt geblieben wären. Die obgenannte Drossel ist größer als eine Amsel und ernährt sich von Hagedornbeeren, doch im letzten Herbst (als es keine Hagedornbeeren gab) ernährte sie sich von Eibenbeeren; im Frühjahr ernährte sie sich von Efeubeeren, welche nur in dieser Jahreszeit, nämlich in März und April, reifen.

Ich darf es nicht versäumen, Euch zu sagen, (da Ihr Euch kürzlich mit dem Studium von Reptilien befasst habt), dass meine Leute in der letzten Zeit dann und wann mit dem Wasser aus meinem 63 Fuß tiefen Brunnen eine große, schwarze, warzige Eidechse heraufbringen, sie hat einen Flossenschwanz und einen gelben Bauch.[67] Wie die Tiere in diese Tiefe gelangt sind und wie sie hätten jemals ohne Hilfe von dort hinausgelangen können, vermag ich keinesfalls zu sagen.

Ich schulde Euch großen Dank für Eure Mühe und Sorgfalt bei der Untersuchung eines Rammlerkopfes. So weit wie Eure Entdeckungen derzeit gediehen sind, stützen sie allem Anschein nach meine Vermutungen, und ich hoffe, Mr. ...[68] mag Grund genug sehen, zu meinen Gunsten zu entscheiden; und sodann können wir, wie mich dünkt, diese außerordentliche Vorkehrung der Natur als einen weiteren Beleg für die Weisheit Gottes in der Schöpfung zum Ausdruck bringen.

Bislang habe ich meine Geschichte des *Oedicnemus* oder Triel noch nicht ganz abgeschlossen; ich werde nämlich von einem Herrn in Sussex, in Nähe dessen Hauses selbige Vögel sich im Herbst zu riesigen Schwärmen sammeln, erbitten, dass er genau beobachte, wann sie diesen Ort verlassen (wenn sie ihn denn verlassen) und wann sie im Frühjahr zurückkehren; jüngst weilte ich bei jenem Herrn und sah mehrere vereinzelte Vögel dort.

BRIEF XXI

Selborne, den 28. November 1768

Verehrter Herr,
Mit Bezug auf den *Oedicnemus* oder Triel habe ich die Absicht, sehr bald an meinen Freund bei Chichester zu schreiben, denn in der Gegend seines Hauses gibt es allem Anschein nach selbige Vögel in größter Zahl; und ich werde ihn drängen, mit besonderer Aufmerksamkeit zu vermerken, wann sie sich dort sammeln, und sie sodann genauestens zu beobachten, ob sie sich nicht im tiefen Winter an einen anderen Ort zurückziehen. Wenn ich Auskunft bezüglich dieser Umstände habe, werde ich meine Geschichte des Triel beenden können, und ich hoffe, selbige wird zu Eurer Zufriedenheit ausfallen,

wird sie doch, wie ich versichern kann, der Wahrheit sehr nahe kommen. Besagter Herr besitzt ein großes Gut, welches er bewohnt, er ist von früh bis spät draußen unterwegs und empfiehlt sich somit außerordentlich zum Ausspähen nach den Bewegungen jener Vögel; zudem habe ich ihn bewogen, das *Naturalists' Journal* zu beziehen und zu führen (welches ihm größtes Vergnügen bereitet)[69], sodass ich mit sehr exakten Angaben seinerseits rechne.

Es ist, wie Ihr anmerkt, ganz außerordentlich, dass ein Vogel, der so häufig bei uns vorkommt, sich nie zu Euch verirrt.[70]

An dieser Stelle nun bietet es sich, da ich bereits bei dem Thema bin, bestens an, eine Anekdote zu erwähnen, welche obgenannter Herr mir erzählte, als ich zuletzt bei ihm zu Hause zu Gast war; nämlich in einem Gehege, welches an sein Anwesen grenzt, bauen etliche Dohlen *(Corvi monedulae)* Nester in den Gängen unter der Erde. Als er und sein Bruder noch Jungen waren, pflegten sie diese Nester auszuheben, indem sie zuerst an der Öffnung der Löcher lauschten, und wenn sie die Jungen rufen hörten, drehten sie die Nester mit Hilfe einer Astgabel aus dem Loch heraus. Einige Wasservögel (etwa die Papageientaucher) nisten auf diese Art und Weise, indessen hätte ich nie vermutet, dass die Dohlen in Löchern im ebenen Boden Nester bauen.

Ein weiterer wenig wahrscheinlicher Ort wird von den Dohlen gern zum Brüten genutzt, nämlich Stonehenge. Diese Vögel setzen ihre Nester in die Zwischenräume zwischen den aufrechten und den querliegenden Steinen jenes staunenswerten Werkes aus dem Altertum: Dieser Umstand allein verweist schon auf die wundersame Höhe der aufrechten Steine, die groß genug sind, um besagte Nester vor den Zudringlichkeiten der Hütebuben zu bewahren, welche sich an jenem Ort stets müßig die Zeit vertreiben.

Am vergangenen Samstag, dem 26. November, sah einer meiner Nachbarn eine Mehlschwalbe in einer geschützten Senke: Die Sonne schien gar warm und der Vogel jagte eilig nach Fliegen. Ich bin mir jetzt ganz gewiss, dass nicht alle im Winter diese Insel verlassen.

Ihr urteilt ganz recht, meine ich, indem Ihr Euch mit Zurückhaltung und Vorsicht zu den von Kröten bewirkten Kuren äußert, ist es doch so, dass Leute zu solchen Themen vorbringen mögen, was sie wollen; es gibt indessen einen solchen Hang in der Menschheit zum Betrügen und Betrogenwerden, dass man aus gemeinem Bericht, erst recht in gedruckter Form, gar nichts ohne einen gewissen Grad von Zweifel und Argwohn schließen kann.

Eure Billigung hinsichtlich meiner neuen Entdeckung der Wanderschaft der Ringdrossel erfüllt mich mit Genugtuung, und ich stelle fest, dass Ihr mit mir einer Meinung darin seid, dass dies fremde Vögel seien, welche bei uns als Gast weilen und durchziehen. Ihr werdet, so hoffe ich, es gewisslich nicht versäumen zu erkunden, ob die Ringdrosseln bei Euch die Felsen im Herbst verlassen. Was mich am meisten verwundert, ist der sehr kurze Aufenthalt, den sie bei uns hier nehmen, nach rund drei Wochen nämlich sind sie alle fort. Ich warte mit Neugier darauf, ob ich im Frühling wieder werde verzeichnen können, dass sie uns ihren Besuch abstatten, so wie sie es im vergangenen Jahr taten.

Hinsichtlich der Ichthyologie möchte ich mich gerne kundiger machen. Hätte das Schicksal mir einen Platz am Meer zugewiesen oder in der Nähe eines großen Flusses, hätte meine natürliche Neigung mich bald dazu bewogen, mich mit dem Verhalten und Vorkommen der Fische bekannt zu machen. Doch da ich zumeist in inländischen Gegenden gelebt habe und dazu noch in höhergelegenen Orten, reicht mein Wissen über sie kaum weiter als bis zu diesen geläufigen Arten, welche unsere Bäche und Seen hervorbringen.

Ich verbleibe, etc.

BRIEF XXII

Selborne, den 2. Juli 1769

Verehrter Herr,
Was die Besonderheit der Dohlen angeht, welche bei uns im Wildgehege unterirdisch ihre Nester anlegen, habt Ihr zum Teil den Grund ganz recht erfasst: In der Tat nämlich gibt es hier im ganzen Land kaum Türme oder Kirchtürme. Und vielleicht sind Hampshire und Sussex, mit Ausnahme von Norfolk, die am spärlichsten mit Kirchen ausgestatteten Grafschaften des ganzen Königreiches. Wir haben etliche Pfründe von zwei- oder dreihundert Pfund Sterling im Jahr, deren Gotteshäuser kaum ansehnlicher wirken als Taubenschläge. Bei meiner ersten Reise in Northamptonshire, Cam-

bridgeshire und Huntingdonshire und in den Fenns von Lincolnshire war ich erstaunt ob der Menge von Kirchtürmen, welche sich dem Blick in jede Richtung bieten. Als Bewunderer von Ansichten und Ausblicken habe ich wohl Grund, diesen Mangel in meinem eigenen Lande zu beklagen, denn solche Gegenstände sind sehr notwendige Elemente in einer vornehmen Landschaft.

Was Ihr mit Bezug auf die eingefangenen Kröten sagt, weckt meine Neugierde. Ein alter Verfasser, wiewohl kein Naturkundler, hat sehr treffend Folgendes bemerkt, nämlich: »Jede Art Tier, Vögel und Schlangen und Dinge im Meer, alles wird von der Menschheit gezähmt und ist gezähmt worden.«* Es stimmt mich sehr zufrieden, dass man Euch tatsächlich eine grüne Eidechse in Devonshire beschafft hat, denn dies stützt meine Entdeckung eines ebensolchen Exemplars vor vielen Jahren auf einer sonnigen Sandböschung bei Farnham in Surrey. Ich bin mit den Weilern im Süden von Devonshire sehr vertraut und kann mir gut denken, dass diese Gegend dank ihrer südlichen Lage die rechte Umgebung für solche Tiere in ihren schönsten und stärksten Farben ist.

Da die Ringdrosseln auf Euren gewaltigen Bergen diese gewiss nicht zum Winter verlassen[71], haben unsere Vermutungen, nach welchen jene, die diese Gegend um Michaeli aufsuchen, keine englischen Vögel seien, sondern solche, die vor den Frösten der höher im Norden gelegenen Teile Europas fliehen, noch mehr Gewicht und Grund; und es wird Eurer Mühe wert sein, zu versuchen herauszufinden, woher sie sind, und zu erkunden, warum sie nur so kurzen Aufenthalt nehmen.

In Eurer Darstellung von Eurem Irrtum in Bezug auf die beiden Spezies von Reihern habt Ihr mir beiläufig großes Vergnügen bereitet, indem Ihr den Reihersitz bei Cressi-hall beschrieben habt, dieser ist eine Besonderheit, welche ich zu sehen nie Gelegenheit hatte. Vier Dutzend Nester eines solchen Vogels auf einem Baum ist eine Seltenheit, um derentwillen ich sicher die Hälfte dieser Zahl an Meilen reiten würde, um sie mit eigenen Augen zu sehen. Bitte seid doch so gut und schreibt mir im nächsten Brief, wem der Ansitz Cressi-hall gehört und in der Nähe welcher Stadt er liegt.** Ich habe mir oft gedacht, dass diese ungeheure Weite der Fenns nie ausreichend erkundet worden ist. Wenn ein halbes Dutzend Herren, ausgestattet mit einer

---

* *Brief des Jakobus*, 3,7.

** Cressi-hall liegt bei Spalding in Lincolnshire.

braven Meute Wasserspaniel, selbige eine Woche lang Fährte aufnehmen lassen würden, würden sie sicher noch mehr Spezies finden.

Es gibt, glaube ich, keinen Vogel, dessen Verhaltensweisen ich näher studiert habe als den *Caprimulgus* (den Ziegenmelker), denn dieser ist eine wundersame und Neugier erregende Kreatur; doch habe ich immer festgestellt, dass er, auch wenn er im Flug manchmal schrillt, wie ich es ja kenne, seinen schnurrenden Ton auf einem Zweig sitzend von sich gibt, und ich habe ihn manch halbe Stunde beobachtet, wie er da saß, unter Beben des unteren Kiefers, ganz besonders in diesem Sommer. Er sitzt gewöhnlich hoch oben auf einem kahlen Zweig auf Warte, wobei er den Kopf tiefer hält als den Schwanz, eine Haltung, welche Euer Zeichner in dem Folioband *British Zoology* so gut zum Ausdruck gebracht hat. Dieser Vogel beginnt sein Lied mit höchster Pünktlichkeit genau zum Ausklang des Tages: Ja in der Tat so genau, dass ich ihn es ein- oder zweimal exakt zu dem Zeitpunkt habe anstimmen hören, wie auch die Abendsalve der Kanone in Portsmouth abgefeuert wurde, welche man hier bei sehr ruhigem Wetter vernehmen kann. Es erscheint mir außerhalb allen Zweifels, dass ein organischer Impuls seine Noten bildet, die Kräfte seiner Luftröhre, die für diesen Klang gemacht sind, so wie Katzen schnurren. Ihr werdet mir, so hoffe ich, Glauben schenken, wenn ich Euch erzähle, dass meine Nachbarn in einer Hütte an einem steilen Hügel, wo wir uns zum Tee einzufinden pflegen, Zeugen wurden, wie eine solche Schnurrschwalbe herbeigeflogen kam, sich auf dem First des kleinen Strohbaus niederließ und zu schnurren begann und diesen Ton viele Minuten lang hielt; dabei frappierte es uns alle wie ein Wunder, dass die Organe dieses kleinen Tieres, einmal in Gang gesetzt, das ganze Hüttengebilde spürbar in Beben versetzten. Derselbe Vogel gibt auch gelegentlich ein kleines Quieken von sich, das vier- oder fünfmal hintereinander erfolgt, und ich habe beobachtet, dass dies dann geschieht, wenn der männliche Vogel das Weibchen im neckischen Spiel durch Baumkronen verfolgt hat.

Es wäre überhaupt nicht seltsam, wenn die Fledermaus, welche Ihr beschafft habt, sich als neue Spezies erweisen sollte, denn in einem benachbarten Königreich haben sich fünf Spezies gefunden. Die große Art, welche ich erwähnte, ist mit Sicherheit noch nicht beschrieben: Ich sah in diesem Sommer bloß eine, und diese zu ergreifen hatte ich keine Möglichkeit.

Euer Bericht über das Sorghastrum war unterhaltsam. Ich bin selbst kein Angler, doch wie ich jenen, die Angler sind, die Frage stellte, aus was dieser Teil ihres Angelzeugs bestehen sollte, erwiderten sie: »Aus den Innereien einer Seidenraupe.«

Ich darf mich keiner großen Fähigkeit als Entomologe rühmen, doch kann ich mich auch nicht als ganz unkundig auf diesem Gebiete darstellen: dann und wann darf ich Euch vielleicht ein wenig Wissenswertes vermitteln.

Die schweren Regenfälle gingen hier bei uns etwa um dieselbe Zeit zu Ende wie bei Euch, und seither haben wir mildes Wetter. Mr. Barker, welcher seit über dreißig Jahren den Regenfall misst, schreibt mir kürzlich in einem Brief, dass in diesem Jahr mehr Regen gefallen ist, als er je verzeichnet hat, wenngleich zwischen Juli 1763 und Januar 1764 mehr Regen fiel als in jedem Siebenmonatszeitraum dieses Jahres.

BRIEF XXIII

Selborne, den 28. Februar 1769

Verehrter Herr,
Es ist nicht unwahrscheinlich, dass die Guernsey-Eidechse und unsere grüne Eidechse derselben Spezies angehören; ich weiß in Hinsicht darauf allein dies: Vor Jahren wurden etliche Guernsey-Eidechsen in den Gärten des Pembroke College der Universität Oxford ausgesetzt, diese lebten lange und schienen guter Dinge, indes pflanzten sie sich nie fort. Ob dieser Umstand ein Für und Wider belegen kann, möchte ich mir nicht anmaßen zu sagen.

Ich danke Euch sehr für Eure Darstellung von Cressi-hall, dabei erinnere ich mich nicht ohne Bedauern, dass ich im Juni 1746 eine ganze Woche in Spalding als Gast weilte, ohne dass mir jemals einer davon sprach, dass eine solche Merkwürdigkeit dort gleich bei der Hand war. Ich bitte Euch, gebt mir doch, wenn Ihr das nächste Mal schreibt, Bescheid, welche Art Baum es ist, der eine solche Menge von Reihernestern enthält, und ob der Reihersitz aus einem ganzen Hain oder Gehölz besteht oder nur einigen Bäumen.

Es gibt mir Genugtuung, dass wir hinsichtlich des *Caprimulgus* einer Meinung sind.

Was ich nachzuweisen bestrebt war, war allein der Umstand, dass er oft im Sitzen seine Laute von sich gibt und nicht nur im Fliegen; und aus diesem Grunde ist das Geräusch ein willentlich geäußertes und stammt aus organischem Impuls, und es ist nicht das Ergebnis des Widerstands von Luft gegen seine Mund- und Kehlenhöhlung.

Wenn ich je einen tatsächlichen Vogelzug gesehen habe, dann war dies Michaeli des vergangenen Jahres. Ich war auf Reisen und schon früh am Morgen unterwegs: Anfangs herrschte arger Nebel, doch wie ich wohl sieben oder acht Meilen von meinem Zuhause in Richtung Küste gelangt war, brach die Sonne hervor und der Tag wurde mild und warm. Wir waren zu diesem Zeitpunkt auf einer großen Heide oder einem Gemeindeanger und im Verfliegen der Nebelschwaden konnte ich eine große Anzahl Rauchschwalben *(Hirundines rusticae)* ausmachen, welche sich auf den krüppligen Büschen und Sträuchern ballten, als hätten sie dort die ganze Nacht schlafend verbracht. Sobald die Luft klar und lieblich wurde, waren sie alle sogleich in der Luft und in gelassenem und leichtem Fluge bewegten sie sich in südliche Richtung aufs Meer zu davon; danach sah ich keine Schwärme mehr, nur noch den einen oder anderen vereinzelten Nachzügler.

Ich kann jenen nicht zustimmen, die behaupten, die Vögel dieser Schwalbenart zögen sich nach und nach zurück, so wie sie auch nach und nach eintreffen; die meisten von ihnen nämlich scheinen doch alle auf einmal davonzuziehen; nur einzelne Nachzügler bleiben noch lange zurück und, wie man mit bestem Grunde annehmen kann, verlassen sie diese Insel wohl nie. Schwalben scheinen sich an einem warmen Tag auf den Weg zu machen und auch an einem solchen wieder einzutreffen, so wie es Fledermäuse stets an warmen Abenden tun, auch wenn sie wochenlang verschwunden gewesen sind. Ein Herr von hohem Ansehen versicherte mir, dass er auf einem Spaziergang mit Freunden eines bemerkenswert warmen Mittags entweder in der letzten Dezemberwoche oder der ersten Januarwoche an der Mauer des Merton College entlang gehend drei, vier Schwalben erspähte, welche sich auf dem Gesims eines der Fenster besagten Kollegs aneinanderdrängten. Ich habe des Öfteren darauf hingewiesen, dass sich Schwalben in Oxford später blicken lassen als andernorts; liegt dies an den riesigen massigen Gebäuden jenes Ortes oder an den vielen Gewässern im Umkreis oder hat es einen sonstigen Grund?

Wenn ich im vergangenen Herbst des Morgens aufstand und die Rauchschwalben und Mehlschwalben sah, welche sich auf den Kaminen und den Strohdächern der umliegenden Katen drängten, ergriff mich unweigerlich eine heimliche Freude, gemischt mit einem gewissen Grad an Verlegenheit: Die Freude erwuchs daraus, dass ich beobachten konnte, mit wie viel Eifer und Pünktlichkeit diese armen kleinen Vögel dem starken Drang nach der Wanderung oder der Verborgenheit gehorchten, welchen der große Schöpfer ihnen eingeprägt hatte; der gewisse Grad von Verlegenheit hingegen erwuchs aus dem Gedanken, dass wir nach all unseren Bemühungen und allen Anstrengungen immer noch nicht sicher sein können, in welche Gegenden sie ziehen; und noch verlegener werden wir, wenn wir feststellen, dass einige eigentlich überhaupt nicht fortziehen.

Diese Überlegungen haben sich auf meine Vorstellungskraft so stark ausgewirkt, dass unter ihrem Eindruck eine Komposition entstand, welche Euch vielleicht eine Viertelstunde lang die Zeit vergnüglich vertreiben kann, wenn ich das nächste Mal die Ehre habe, Euch zu schreiben.

BRIEF XXIV

Selborne, den 29. Mai 1769

Verehrter Herr,
Den *Scarabaeus fullo*[72] kenne ich sehr gut, denn ich habe ihn in Sammlungen gesehen, habe indessen nie einen in der Wildnis und in seinem natürlichen Zustand entdeckt. Mr. Banks[73] sagte mir, seiner Meinung nach könne man einen solchen an der Küste finden.

Am 13. April ging ich auf die Schafstrift, wo die Ringdrosseln gesichtet werden, wenn sie im Frühling und Herbst erscheinen, und ich war hocherfreut, drei Vögel an der gewohnten Stelle zu sehen. Wir schossen einen männlichen und einen weiblichen Vogel, sie waren rundlich und in bester Verfassung. Das Weibchen hatte nur ganz kleine Ansätze von Eiern im Innern, was beweist, dass sie spät brüten; die Spezies der Drosseln, die das ganze Jahr über bei uns bleiben, haben um diese Zeit schon flügge Junge. In ihren Kröpfen befand sich nichts klar zu Bestimmendes, nur etwas, was wie fast verdaute Grashalme wirkte. Im Herbst ernähren sie sich von Hagedorn- und Eibenbeeren und im Frühjahr von den Beeren des Efeu. Ich bereitete einen der Vögel zu und fand das Fleisch saftig und gut im Geschmack. Es ist bemerkenswert, dass sie im Frühjahr nur einen Aufenthalt von wenigen Tagen einlegen, aber um Michaeli beinah zwei Wochen verweilen. Nach den Beobachtungen über drei Frühlinge und zwei Herbste zu urteilen, sind sie höchst pünktlich in ihrer Rückkehr und zeigen eine neue Zugrichtung, welche die Verfasser gar nicht bemerkt haben, als sie anmerkten, dass sie sich nie in den südlichen Grafschaften sehen lassen.

Ein Nachbar brachte mir jüngst einen neuen *Salicaria* [74], von welchem ich erst annahm, er sei Euer Weidenlaubsänger*, doch bei näherer Untersuchung entsprach er vielmehr der Beschreibung jener Spezies, welche Ihr in Revesby in Lincolnshire geschossen habt. Meinen Vogel beschreibe ich nun folgendermaßen: »Er ist an Größe geringer als der Feldschwirl, Kopf, Rücken und Oberflügeldecken haben ein dunkles Braun, doch ohne die Flecken des Feldschwirls. Über jedem Auge zieht sich ein milchweißer Streif, Kinn und Kehle sind weiß und der Bauch gelblichweiß, der Rumpf ist rötlichbraun und die Schwanzfeder spitz zulaufend; der Schnabel ist dunkelgrau und scharf und die Beine sind dunkelgrau, die Hinterklauen lang und gebogen. Derjenige, welcher den Vogel geschossen hatte, berichtete, dieser habe so sehr wie eine Rohrammer gesungen, dass er ihn für eine gehalten habe, und zudem habe er die ganze Nacht gesungen; doch diese Darstellung verlangt nach weiteren Nachforschungen. Ich für meinen Teil vermute, es handelt sich um eine zweite Art des Schwirls, wie Dr. Derham in Rays *Letters*, Seite 108, andeutet.

Die Frage, die Ihr mit Hinsicht auf jene Arten von Tieren stellt, welche Amerika eigen sind, nämlich wie diese dorthin gelangt sind, ist mir zu rätselhaft, um eine Antwort darauf geben zu können, und dennoch ist diese Frage selbst so offensichtlich, dass sie mich oft beschäftigt hat. Betrachtet man das, was Verfasser zu diesem Thema geschrieben haben, so wird man wenig Befriedigendes erfahren. Einfallsreiche Männer werden rasch dabei sein, plausible Argumente vorzulegen, welche jedwede Theorie belegen sollen, der anzuhängen ihnen beliebt. Doch das Missliche dabei ist, dass eines

---

* Zu besagtem *Salicaria* siehe den Brief vom 30. August 1769.

jeden Hypothese so viel taugt wie jede beliebige andere, weil sie alle auf Mutmaßung beruhen. Die jüngeren Verfasser dieser Art, bei denen sich, wie ich mich erinnere, all die Argumente derer wiederfinden, welche vorher an der Reihe waren, bevölkern Amerika von der afrikanischen Küste und dem Süden Europas her und lassen dann den Isthmus einstürzen, welcher sich über den Atlantik streckte. Doch das heißt, dass man sich der Einmischung einer gewaltigen Maschinerie bedient: Es ist ein Hindernis, welches einer göttlichen Einwirkung würdig ist! »Incredulus odi.«[75]

DES NATURKUNDLERS SOMMERABEND-SPAZIERGANG

... equidem credo, quia sit divinitus illis
Ingenium Virg. Georg.[76]

Wenn des Tages Neige einen sanftern Schimmer leiht,
Die Eintagsfliege* über stillen Wasserspiegeln steigt,
Die leise Eule den Rand von Hain und Wiese streift
Und bang der Hase sich bei seiner Futtersuche zeigt;
Dann ist die Stunde für den leisen Gang ins Tal
Zu belauschen des Vaganten-Kuckucks** Schlag
Und des Trieles*** Lockruf nach dem Paar
Oder die Wachtel, die stillen Schmerz beklagt,
Die Schwalbe zu sehn, die durch den Dämmer schießt,
Spät schon, zur Brut, die sie im Neste zieht;
Der Blick des Mauerseglers Schwindelkreisen folgt,
Rings um den Turm im Flug die Schwingen unbesorgt:
Ihr Vögel, heiter – sagt, in welch Versteck
Zieht ihr bei bittrem Frost und Sturm hinweg?
Woher kehrt ihr unfehlbar spürend hier zurück,
Wenn Frühling, sanft, mild und blühend uns entzückt?

---

* Die gemeine Eintagsfliege oder Braune Maifliege des Anglers, *Ephemera vulgata Linn.*, tritt aus ihrer Verpuppung und steigt etwa um sechs Uhr abends aus dem Wasser auf und stirbt gegen elf Uhr nachts, hat also eine Lebensspanne von fünf bis sechs Stunden. Die Maifliegen erscheinen in der Regel um den 4. Juni und halten sich ohne Unterbrechung etwa zwei Wochen lang. Vgl. Swammerdam, Derham, Scopoli etc.

** Vaganten-Kuckuck, weil ihn keine Brutzeit und keine Fürsorge für die Ernährung der Jungen beschwert, er zieht ganz ungebunden umher.

*** *Charadrius oedicnemus*

Solch baffes Suchen höhnt des Menschen Forscherstolz,
Der GOTT der NATUR ists, dem ihr heimlich folgt!

Wenn tiefe Schatten über des Tages Antlitz wehn,
Wolln wir zu jener Bank im Laubesobdach gehn,
Bis verschwimmend jedes Ding dem Blick entweicht
Und schwindend alle Landschaft nun die Nacht erreicht;
Zu hören, wie die Hummel im müden Taumelflug
Mit den Flügeln surrt, die Grille* schrillend ruft;
Die Fledermaus zu sehn, die zwischen Bäumen huscht,
Dem Wasser zu lauschen, das von ferne rauscht,
Indessen überm Fels die Nachtschwalbe nun erwacht,
Durchs stille Dunkel bebend ihre Gurrelaute macht;
Und im Flug verharrend, wo sie niemand sieht,
Singt in der Höh die Heidelerche sanftes Liebeslied:
All dies, Werk der NATUR, ergreift den Geist,
Der wissen will und wehmutssanfte Freude auch verleiht:
Wie alles Denken sich erwärmt, huscht sanftes Weh
Übers Gesicht, der leise Puls geschwinder geht!
Jeder Ausblick mischt sich mit Klang und Duft,
Der Schafe Glöcklein und der Kühe warmer Dunst;
Die Luft erfüllt des frisch gemähten Grases Hauch
Und von den Hütten weht der Herdstatt Rauch.
Kühl fällt der Tau der Nacht: nun geht man gut,
Schau: Leuchtkäfer entzünden schon die Liebesglut!**
Kaum hat das Tuch der Nacht den Himmel halb bedeckt,
Da hat die Magd voll Ungeduld das Licht schon angesteckt:
Dem Zeichen folgend, von der Liebe Stern gezeigt
Ist Leander schon zu Heros*** Lager rasch geeilt.

Ich verbleibe, etc.

---

* *Gryllus campestris*

** Das Licht des weiblichen Leuchtkäfers, der oft an einem Grashalm emporkriecht (um besser sichtbar zu sein), ist ein Signal für das Männchen, einen schlanken dunklen *Scarabaeus*.

*** Siehe die Geschichte von Hero und Leander.

BRIEF XXV

Selborne, den 30. August 1769

Verehrter Herr,
Es bereitet mir große Genugtuung, dass meine Darstellung des Zugs der Ringdrosseln Euer Gefallen findet. Ihr habt eine sehr verzwickte Frage gestellt, indem Ihr von mir erfahren wollt, wie ich denn wisse, dass sie im Herbst nach Süden ziehen? Wären nicht Aufrichtigkeit und Offenheit das Leben selbst in der Naturkunde, würde ich wohl diese Frage übergehen, so wie der listige Kommentator die verzwickte Passage bei einem Klassiker übergeht, doch ganz gewöhnliche Ehrlichkeit zwingt mich, nicht ohne eine gewisse Scham zu gestehen, dass ich in diesem Fall nur aus Analogie argumentiert habe. Denn so wie alle andern Herbstgäste unter den Vögeln vom Norden zu uns ziehen, um unsere milden Winter zu genießen, und bei Nachlassen der strengeren Kälte wieder in Richtung Norden zurückkehren, habe ich geschlossen, ebenso halten es die Ringdrosseln, so wie auch ihre Verwandten, die Wacholderdrosseln; und ganz besonders deshalb, weil Ringdrosseln sich bekanntlich in kalten gebirgichten Ländern aufhalten; jedoch habe ich inzwischen guten Grund zu vermuten, dass sie von Westen her zu uns kommen mögen, denn ich habe aus sehr berufenem Munde erfahren, dass sie auf Dartmoor brüten und dass sie jene wilde Gegend etwa um dieselbe Zeit verlassen, um in unserer als Gäste zu erscheinen und erst im späteren Frühjahr wieder zurückzukehren.

Ich habe nun etliche Mühen hinsichtlich Eurer *Salicaria* und meiner aufgewandt, jener mit dem weißen Augenstreif und dem rötlichbraunen Rumpf. Ich habe sie im lebenden und im toten Zustand begutachtet und etliche Exemplare besorgen lassen und ich selbst bin nun vollends überzeugt (sowie auch zuversichtlich, dass Ihr Euch bald meiner Meinung anschließen werdet), dass es nicht mehr und nicht weniger ist als der bei Ray als *Passer arundinaceus minor* bezeichnete Vogel. Dieser Vogel ist, aus welchem Grund auch immer, in der *British Zoology* allem Anschein nach völlig ausgelassen, und ein Grund dafür mag wohl der gewesen sein, dass er bei Ray so eigenartig eingeordnet ist, denn er führt es unter den *Picis affines*. Es hätte jedoch zweifellos unter seinen *Aviculae cauda unicolore* geführt werden müssen und von Euch unter den schmalschnäbligen kleinen Vögeln derselben Klasse. Linnaeus mag ihn ganz richtig der Gattung der *Motacilla* zugeordnet haben, und die *Motacilla salicaria* seiner *Fauna Suecica* scheint dem am nächsten zu kommen. Es ist kein seltener Vogel, er hält sich an den Ufern von Teichen und Flüssen auf, wo es Gehölzdeckung gibt, und auch im Röhricht und Schilf der Moore. Während der Brutphase singt er unaufhörlich bei Tag und bei Nacht und imitiert indessen die Tonfolgen von Spatz, Schwalbe, Feldlerche, doch sein Gesang verrät dabei eine sonderbare Eile. Meine Exemplare entsprechen höchst detailliert der Beschreibung Eures *Salicaria* von den Fenns, der bei Revesby geschossen wurde. Mr. Ray liefert eine ausgezeichnete Beschreibung, indem er sagt: »Rostrum et pedes in hac avicula multo majores sunt quam pro corporis ratione.«[77] Siehe auch meinen Brief vom 29. Mai 1769.

Ich habe ein Ei eines *Oedicnemus*, oder Triel, für Euch, welches in einer Feldfurche von der bloßen Erde aufgesammelt wurde, es waren zwei Eier da, doch der Finder zertrat eines versehentlich, bevor er die Eier wahrnahm.

Ich wünschte, als ich Euch im vergangenen Jahr zu den Reptilien schrieb, ich hätte nicht eine Eigenart der Schlangen zu erwähnen vergessen, nämlich, dass sie *se defendendo* Gestank von sich geben. Ich kannte einen Herrn, welcher eine zahme Schlange hielt, die von Person her so reizend war wie ein jedes Tier, wenn es bei guter Laune ist und ohne Furcht; doch sobald ein Fremder oder eine Katze oder ein Hund eintraten, verlegte sie sich aufs Zischen und erfüllte den ganzen Raum mit einer so üblen Ausdünstung, dass es sich kaum aushalten ließ. Ähnlich ist auch das »Squnck« oder das »Stoncktier« aus Rays *Synop. Quadr.* ein unauffälliges und reizendes Tier, doch setzen ihm Hunde und Menschen zu, kann es so pesthauchigen und üblen Gestank und Ausscheidungen von sich geben, dass sich nichts Widerwärtigeres vorstellen lässt.

Ein Herr sandte mir kürzlich ein prächtiges Exemplar des *Lanius minor cinerascens cum macula in scapulis alba, Raii*[78], einen Vogel, welchen Ihr, wie ich bemerke, bei Veröffentlichung Eurer ersten der beiden Bände der *British Zoology* noch nicht gesehen hattet. Ihr habt ihn nach Edwards Zeichnung gut beschrieben.

BRIEF XXVI

Selborne, den 8. Dezember 1769

Verehrter Herr,
Ich war sehr hocherfreut ob Eures mitteilungsreichen Briefes anlässlich Eurer Rückkehr von Schottland, wo Ihr, wie mich dünkt, eine beträchtliche Zeit verbrachtet und Euch viel Raum gewährt habt, die natürlichen Besonderheiten dieses ausgedehnten Reiches zu erkunden, und zwar sowohl auf den Inseln wie auch in den Highlands. Für gewöhnlich ist die Hast der Fluch einer jeden solchen Expedition; selten gewähren Menschen sich auch nur die Hälfte der Zeit, die sie nötig hätten; vielmehr legen sie einen Tag für ihre Rückkehr fest und reisen dann von Ort zu Ort, eher so, als wären sie auf einer Reise, die rasches Fortkommen erfordert, denn als Philosophen, welche die Werke der Natur erforschen. Ihr werdet sicher und ohne Zweifel viele Entdeckungen gemacht haben und einen guten Fundus an Materialien für eine zukünftige Ausgabe der *British Zoology* zusammengetragen haben; und Ihr werdet keinen Grund haben zu bereuen, dass Ihr so viel Zeit und Mühe auf einen Teil Großbritanniens verwendet habt, welcher vielleicht noch nie zuvor so eingehend erkundet wurde.

Es hat mich immer in Erstaunen versetzt, dass Wacholderdrosseln, welche doch gemeinen Drosseln und Amseln so verwandt sind, sich nie herbeilassen, in England zu brüten, und dass ihnen nicht einmal die Highlands kalt und nördlich und wild genug erscheinen, dünkt mich noch merkwürdiger und erstaunlicher. Die Ringdrossel, haben Sie bemerkt, bleibt das ganze Jahr über in Schottland, somit haben wir Grund anzunehmen, dass die Zugvögel, die uns jeden Herbst auf kurze Zeit besuchen, nicht von dort kommen.

An dieser Stelle dünkt es mich angebracht zu bemerken, dass jene Vögel auch in diesem Herbst wieder höchst pünktlich waren, wie auch sonst erschienen sie um den 30. September. Doch die Schwärme waren größer als sonst, und ihr Aufenthalt währte ebenso lange wie sonst. Kämen sie, um den ganzen Winter bei uns zuzubringen, wie es einige ihrer Artgenossen tun, und verließen sie uns dann, wie es gewöhnlich der Fall ist, im Frühling, sollte es mich nicht so wundernehmen, denn das wäre ähnlich wie bei anderen Zugvögeln, welche bei uns Wintergäste sind; doch wenn ich sie zwei Wochen um

Michaeli sehe und danach wiederum etwa eine Woche lang um die Mitte des April, dann nimmt mich das doch wunder und ich verlange danach, Kunde zu erhalten, woher diese Reisenden kommen und wohin sie ziehen, da sie unsere Hügel nur als Nahrungspause oder Raststation benutzen.

Eure Darstellung des Bergfinken ist sehr unterhaltsam; und seltsam ist es, dass ein so kurzflügeliger Vogel sich an so gefahrvollen Reisen über den nördlichen Ozean ergötzen kann! Einige Landleute haben mir in der Winterszeit gelegentlich erzählt, sie hätten in unserem Hügelland zwei, drei weiße Lerchen gesehen, doch wenn ich es recht bedenke, kommt mir die Vermutung, dass es sich um Nachzügler jener Vögel handelt, von welchen hier die Rede ist, und dass einige von ihnen womöglich so weit nach Süden schweifen.

Es freut mich zu erfahren, dass in den Bergen Schottlands weiße Hasen so häufig anzutreffen sind, und insbesondere auch, da Ihr mich in Kenntnis setzt, dass es sich um eine eigene Spezies handelt; denn der Vierfüßer sind in Großbritannien so wenige, dass jede neue Spezies eine große Bereicherung ist.

Der Uhu[79] ist ein sehr majestätischer Vogel, und könnte er bei uns als heimisch nachgewiesen werden, wäre er eine Zierde unserer Fauna. Ich habe nie zuvor erfahren, wo Wildgänse brüten.

Ihr seid mit mir, wie ich sehe, einer Meinung hinsichtlich meiner erfolgreichen Bestimmung Eures Fenn-*Salicaria*, nämlich dass es sich bei diesem um die kleine Rohrammer nach Ray handelt; mich dünkt, Ihr könnt der Richtigkeit meiner Bestimmung gewiss sein, habe ich doch große Mühe aufgewandt, um diese Frage zu klären. Ich hatte wohl einige schöne Exemplare, doch da sie nicht gut präpariert wurden, sind sie bereits verwest. Ihr werdet dies gewisslich in Eurer nächsten Ausgabe am rechten Platz einfügen. Die weiteren gestochenen Abbildungen werden Euer Werk sehr aufwerten.

De Buffon hat, wie ich weiß, die Wasserspitzmaus bereits beschrieben, dennoch freut es mich, dass Ihr sie selbst in Lincolnshire entdeckt habt, und zwar aus demselben Grund, den ich in dem Artikel zum weißen Hasen genannt habe.

Ein Nachbar pflügte kürzlich ein trockenes, kreidiges Feld, weit von allem Wasser gelegen, und dabei brachte er eine Wasserratte zum Vorschein, sie lag merkwürdigerweise in einem *Hibernaculum*, welches kunstvoll aus

Gras und Blättern gefertigt war. An einem Ende des Gangs lag gut eine Gallone Kartoffeln, welche gleichsam als richtiger Vorrat angelegt war; von diesem hatte die Ratte den Winter hindurch sich wohl ernähren wollen.[80] Doch was mir nicht in den Kopf will, ist, warum dieses *Amphibius mus* dazu kam, sein Winterlager so weit entfernt vom Wasser anzulegen. Hatte es sich für diesen Platz nur aufgrund der zufällig vorgefundenen Kartoffeln entschieden, die dort abgelegt waren, oder ist es die Gewohnheit der Wasserratte, in den kälteren Monaten die Nähe des Wassers aufzugeben?

Wiewohl mir das analoge Begründen wenig Freude macht, weil ich weiß, wie trügerisch dies in der Naturkunde sein kann, kann ich doch im folgenden Fall nicht umhin, zu der Ansicht zu neigen, auf diesem Wege ließe sich die Erklärung eines Problems finden, welches ich schon zuvor erwähnt habe, nämlich bezüglich der unfehlbar eintretenden Rückkehr des *Hirundo apus* oder Mauerseglers, welche unweigerlich viel früher erfolgt als die seiner Artgenossen, und dies gilt nicht nur für unsere Gegenden, sondern ist auch in Andalusien der Fall, wo sie ebenfalls am Anfang des August bereits beginnen fortzuziehen.

Die große Fledermaus* (welche, nebenbei erwähnt, derzeit in England noch nicht beschrieben ist und welche zu beschaffen mir noch nie gelungen ist) zieht früh im Sommer fort. Sie schweift auch sehr hoch auf der Nahrungssuche und ernährt sich in einer anderen Luftregion, und das ist der Grund, weshalb ich noch nie habe eine beschaffen können. Dies gilt in ebensolchem Maße für die Mauersegler, denn auch diese ernähren sich in einer höheren Region als andere Spezies, und man sieht sie ganz selten dicht am Boden auf Fliegenfang gehen oder über der Wasseroberfläche. Daraus würde ich schließen, dass diese *Hirundines* wie auch die großen Fledermäuse von hochfliegenden Mücken, Käfern oder *Phalaenae* leben, welche nur kurze Zeit vorhanden sind, und dass der kurze Aufenthalt dieser Gäste durch Mangel an Nahrung bedingt ist.

Meinem Tagebuch zufolge riefen die Triele bis zum 31. Oktober, und seither habe ich keinen mehr gesehen oder gehört. Schwalben habe ich bis zum 3. November beobachtet.

---

* Die kleine Fledermaus kommt beinah jeden Monat des Jahres vor, doch habe ich die großen nie vor Ende April und nie später als Juli gesehen. Am häufigsten sieht man sie im Juni, doch nie in Menge, sie sind eine seltene Spezies bei uns.

BRIEF XXVII

Selborne, den 22. Februar 1770

Verehrter Herr,

Igel gibt es in Menge in meinen Gärten und Feldern. Die Art, in der sie in meinen Graswegen die Wurzeln der Platanenschösslinge fressen, ist kurios: Mit ihrem Oberkiefer, welcher viel länger ist als der untere, bohren sie sich unter die Pflanze und essen so die Wurzel von unten nach oben, wobei sie das Büschel Blätter ganz unberührt lassen. In dieser Hinsicht sind sie nützlich, weil sie ein sehr lästiges Unkraut zerstören, doch entstellen sie die Pfade dabei auch in gewisser Weise, indem sie kleine kreisrunde Löcher graben. Dem Dung nach zu schließen, welchen sie auf dem Rasen hinterlassen, hat es den Anschein, dass Käfer einen nicht unwesentlichen Bestandteil ihrer Nahrung ausmachen. Im vergangenen Juni besorgte ich einen Wurf von vier oder fünf Igeljungen, welche wohl um die fünf oder sechs Tage alt sein mochten. Ich konnte feststellen, dass sie, wie Welpen, blind geboren werden, sie konnten noch nicht sehen, als sie in meine Hände kamen. Zweifellos sind ihre Stacheln bei der Geburt weich und biegsam, sonst hätte das arme Muttertier wohl beim Austritt selbst einiges auszustehen; doch ist es offensichtlich, dass sie bald hart werden, diese kleinen »Schweinchen« nämlich hatten Rücken und Seiten mit so harten festen Stacheln besteckt, dass ohne besondere Vorsicht beim Umgang gewisslich Blut geflossen wäre. Die Stacheln sind in diesem Alter noch recht weiß, und die Jungen haben kleine Schlappohren, welche ich mich nicht erinnere bei den ausgewachsenen Tieren beobachtet zu haben. In diesem Alter können sie die Haut teilweise über ihr Gesicht ziehen, sind jedoch noch nicht in der Lage, sich zu einer Kugel zusammenzurollen, wie sie es als ausgewachsene Tiere zum Zweck der Selbstverteidigung tun. Ich nehme an, der Grund dafür ist der, dass der besondere Muskel, welcher es dem Geschöpf gestattet, sich zu einer Kugel zusammenzurollen, noch nicht seine volle Stärke und Festigkeit erreicht hat. Igel richten mit Moos und Blättern ein tiefes, warmes *Hibernaculum* her, in welchem sie sich den ganzen Winter über verkriechen und verborgen halten; ich konnte allerdings nie eine Anlage von Wintervorräten ausmachen, wie es gewiss die Gewohnheit mancher anderer Vierfüßer ist.

Ich habe eine Anekdote zur Wacholderdrossel *(Turdus pilaris)* entdeckt, welche mich recht bemerkenswürdig dünkt: Dieser Vogel sitzt zwar tagsüber auf Bäumen und beschafft sich den größten Teil der Nahrung von Weißdornhecken; ja er baut seine Nester in sehr hohen Bäumen, wie man in der *Fauna Suecica* sehen kann, doch bei uns scheint er immer dicht am Boden die Nacht zu verbringen. Die Wacholderdrosseln lassen sich in Schwärmen beobachten, welche unmittelbar vor Einbruch der Dunkelheit eintreffen und sich dann im Heidekraut unseres Forstes niederlassen und einbetten. Und die Vogelfänger, welche nachts ihre Netze spannen, fangen sie überdies auch häufig in den Weizenstoppeln, die Stockjäger[81] hingegen, die in den Hecken viele Rotdrosseln fangen, haben niemals diese Spezies in ihren Netzen. Warum diese Vögel eine andere Art des Nachtlagers nutzen als alle ihre Artgenossen und zudem eine, welche ihrem Verhalten bei Tage widerspricht, ist ein Umstand, den ich beim besten Willen nicht zu erklären weiß.

Ich habe noch etwas über den Elch zu berichten, doch im Allgemeinen begegne ich sehr selten fremdländischen Tieren; meine Kundigkeit, die nicht sehr groß ist, beschränkt sich auf die enge Sphäre meiner heimischen Beobachtungen.

BRIEF XXVIII

Selborne, März 1770

An Michaeli 1768 sollte ich die Elchkuh in Augenschein nehmen, welche dem Fürst von Richmond in Goodwood gehört; ich war jedoch sehr enttäuscht, bei meiner Ankunft an besagtem Ort erfahren zu müssen, dass sie am Morgen zuvor verendet war, nachdem sie länger schon vor sich hin siechte. Da die Elchkuh jedoch, wie ich erfuhr, noch nicht gehäutet war, unternahm ich es, diesen seltenen Vierfüßer zu untersuchen: Ich fand das Tier in einem alten Gewächshaus vor, stehend, doch von Seilen um Bauch und Hals gehalten; obwohl sie erst seit so kurzer Zeit verendet war, befand sie sich bereits in einem solchen Zustand des Zerfalls, dass der Gestank kaum erträglich war. Der große Unterschied zwischen diesem Wildtier und jeder anderen Spezies, welche ich jemals vor meinen Augen hatte, bestand in der sonderbaren Länge der Beine, auf welchen es ähnlich wie Vögel der Familie *Grallae* schräg stand. Ich maß den Leib, so wie man Pferde misst, und stellte fest, dass es vom Boden bis zum Widerrist nur fünf Fuß und vier Zoll maß, eine Höhe, die genau sechzehn Faustbreit entspricht, und somit ein Maß, welches wenige Pferde erreichen, doch bei dieser Beinlänge wiederum war der Hals bemerkenswert kurz, kaum mehr als zwölf Zoll, sodass es, auf einem Fuß vorwärts und dem anderen rückwärts gesetzt balancierend, nur mit Schwierigkeiten auf ebenem Boden zwischen seinen Beinen grasen konnte: Die Ohren waren riesig und schlapp, dazu lang wie der Hals, die Länge des Kopfes betrug etwa zwanzig Zoll und er hatte Ähnlichkeit mit dem des Esels, er wies eine derartige Überfülle an Oberlippe auf, wie ich es noch nie gesehen hatte, und riesige Nüstern. Diese Lippe, so berichten Reisende, erachtet man in Nordamerika als erlesenes Gericht. Es ist mit sehr gutem Grund anzunehmen, dass sich besagtes Geschöpf vornehmlich durch Knabbern an Bäumen ernährt und durch das Fressen von Wasserpflanzen beim Waten, bei welchen Arten der Nahrungssuche die Länge der Beine und die Größe der Lippe gewisslich von hohem Nutzen sind. An einer Stelle habe ich einmal gelesen, dass der Elch mit genüsslicher Vorliebe die *Nymphaea* frisst, nämlich die Seerose. Von den Vorderfüßen bis zum Bauch hinter der Schulterlinie maß das Tier drei Fuß und sieben Zoll; die Länge sowohl der Hinter- als auch der Vorderbeine bestand zum großen Teil aus dem Schienbein, welches befremdlich lang war, doch in meiner Hast, aus dem Gestank hinauszugelangen, vergaß ich, diesen Knochen genau nachzumessen. Der Wedel schien etwa einen Zoll lang, von grauer Farbe und mit Schwarz durchsetzt, die Mähne war etwa vier Zoll lang, die Vorderhufe standen aufrecht und waren wohlgeformt, die hinteren Hufe hingegen flach und gespreizt. Im voraufgegangenen Frühjahr war das Tier erst zwei Jahre alt gewesen, also war es sicher noch nicht voll ausgewachsen. Was für ein ungeheures Riesentier muss der ausgewachsene Elchhirsch sein! Ich habe mir sagen lassen, dass einige bis zu zehneinhalb Fuß hoch werden. Dieses arme Geschöpf hatte anfangs eine weibliche Gefährtin derselben Spezies, welche im voraufgegangenen Frühling verendet war. In demselben Park war ein junger Hirsch, ein Rotwildtier, und man hatte gehofft, zwischen diesem und der Elchkuh möge es zu einer Fortpflanzung kommen, doch muss ihre Ungleichheit in der Körpergröße indes stets ein Hindernis für jedwede

Art amourösen Umgangs gewesen sein. Ich hätte gerne Zähne, Zunge, Lippen, Hufe und dergleichen in allen Einzelheiten untersucht, doch der Verwesungsgestank erstickte alle weitere Neugier. Das Tier, so berichtete mir der Heger, hatte sich offenbar im extremen Frost des vergangenen Winters am wohlsten gefühlt. Im Haus zeigte man mir das Geweih eines männlichen Elches, welcher keine vorderen Enden hat, sondern nur eine breite Schaufel mit einigen Auswüchsen am Rand. Der vornehme Besitzer des toten Elchtiers erklärte, aus den Knochen ein Skelett anfertigen lassen zu wollen.

Ich bitte Euch, mich wissen zu lassen, ob mein weiblicher Elch dem entspricht, was Ihr zu Gesicht bekommen habt, und ob Ihr immer noch der Meinung seid, dass der amerikanische und der europäische Elch das gleiche Geschöpf sind?

Ich verbleibe
mit vorzüglicher Hochachtung, etc.

BRIEF XXIX

Selborne, den 12. Mai 1770

Verehrter Herr,
Im letzten Monat hatten wir eine solche Kette von ungestümen Wettern, eine solche dauernde Folge von Frost und Schnee und Hagel und Sturm, dass der reguläre Vogelzug oder das Erscheinen der Sommervögel mit großen Unterbrechungen erfolgte. Manche ließen sich erst Wochen nach ihrer gewöhnlichen Ankunftszeit blicken (oder zumindest hören), so zum Beispiel die Mönchsgrasmücke und Dorngrasmücke, und einige sind bislang noch ganz ausgeblieben wie etwa der Feldschwirl und der Fitis. Was den Fliegenschnäpper betrifft, so habe ich ihn noch nicht gesichtet; er ist in der Tat einer der Letzten, sollte aber etwa um diese Zeit jetzt auftauchen; und dennoch, inmitten all dieses äußersten Tosens und Tobens der Elemente entdeckten zwei Schwalben einander bereits am 11. April, in Eis und Schnee, doch sie zogen sich bald zurück und ließen sich viele Tage lang nicht blicken. Mehlschwalben, welche immer etwas später eintreffen als Rauchschwalben, waren erst mit Einzug des Mai zu beobachten.

Unter den monogamen Vögeln sind nun nach der inzwischen erfolgten Paarungszeit einige anzutreffen, welche noch allein sind, und zwar Vögel beiderlei Geschlechts; doch lässt sich nicht so leicht entdecken, ob dieser zölibatäre Zustand auf Wahl oder Notwendigkeit beruht. Wenn die Hausspatzen meine Mehlschwalben um ihre Nester bringen, und ich sodann einen schießen lasse, fand sich der andere auf der Stelle sein Paar, und zwar tun dies sowohl die Männchen als auch die Weibchen und dies auch mehrere Male in Folge.

Ich weiß von einem Taubenschlag, in welchem sich ein Paar weißer Eulen einnistete und unter den jungen Tauben große Verheerung anrichtete: Eine der Eulen wurde bei erster Gelegenheit geschossen, doch der überlebende Vogel fand rasch wieder sein Paar, und das Übel nahm kein Ende. Nach einiger Zeit wurden beiden Eulen getötet und das Problem war somit beseitigt.

Ich erinnere mich auch noch an den Fall eines Jägers, dessen Bestreben nach Vermehrung seines Wildbestands größer war als seine Menschlichkeit, denn nach der Paarungsphase schoss er regelmäßig den Hahn eines jeden Rebvogelpaares auf seinen Ländereien, weil er glaubte, die Konkurrenz unter zu vielen sei beim Brüten hinderlich. Er sagte dann gern, er habe zwar ein und dieselbe Henne mehrmals zur Witwe gemacht, doch stets finde er sie wieder mit einem neuen Liebsten vor, welcher sie aber nicht aus ihrem gewöhnlichen Bezirk fortführe.

Und noch etwas: Ich kannte einen Liebhaber der Vogeljagd, einen alten Jäger, der mir erzählte, dass er nach der Ernte oft kleine Verbände von Rebhähnen erjagte, nur männliche Vögel, die er liebenswert als alte Junggesellen bezeichnete.

Gemeine Hauskatzen haben eine bestimmte Neigung, die mich sehr bemerkenswürdig dünkt, nämlich ihre heftige Vorliebe für Fisch, welcher ihre liebste Speise zu sein scheint, und dennoch hat dem Anschein nach die Natur in diesem Falle ihnen ein Gelüst eingegeben, welches sie ohne Hilfe nicht würden stillen können; von allen Vierfüßern nämlich haben Katzen doch die größte Abneigung gegen Wasser und werden, so sie es vermeiden können, auch nicht eine Pfote benetzen, vom Eintauchen in dieses Element einmal ganz zu schweigen.

Vierfüßer, die Fisch erjagen, sind amphibisch wie der Otter, welcher von der Natur so gut zum Tauchen ausgestattet ist, dass er unter den Wasserbewohnern stets große Verheerung anrichtet. Da ich dergleichen Tiere nie in unseren Bächen vermutet hatte, war ich doch höchsterfreut, einen männlichen Otter gebracht zu bekommen; er wog einundzwanzig Pfund und war am Ufer des Baches unterhalb der Abtei geschossen worden, da, wo das Fließ die Pfarre Selborne von Hateley-Wood trennt.

BRIEF XXX

Selborne, den 1. August 1770

Verehrter Herr,
Mich dünkt, die Franzosen legen im Allgemeinen in ihren naturkundlichen Schriften eine sonderliche Langatmigkeit an den Tag. Was Linnaeus im Hinblick auf Insekten sagt, gilt für jeden anderen Bereich: »Verbositas praesentis saeculi, calamitas artis.«[82]

Sagt mir doch, was haltet Ihr von Scopolis neuem Werk? Da ich ein Bewunderer der *Entomologia*[83] bin, verlangt es mich sehr, dies neue Werk zu sehen.

In meinem letzten Brief vergaß ich zu erwähnen (und es im vorhergehenden unterzubringen hatte ich nicht den Platz), dass der männliche Elch in der Brunftzeit den Elchkühen nachstellend in den Seen und Flüssen Nordamerikas von Insel zu Insel schwimmt. Mein Freund, der Kaplan, sah, wie ein solches Tier, unterwegs in dergleichen Umtrieben, im Sankt-Lorenz-Strom getötet wurde; es war ein ungeheures Tier, wie er mir berichtete, doch nahm er kein Maß.

Als ich das letzte Mal in der Stadt war, hatte Mr. Barrington die große Freundlichkeit, mich zu etlichen Stellen zu führen, wo es Kuriositäten zu sehen gab. Da Ihr zu jener Zeit damals mit ihm eine Korrespondenz über Hörner führtet, brachte er mich zu einer Reihe seltener und wundervoller Exemplare. Bei Lord Pembroke in Wilton, wenn ich mich recht entsinne, gibt es ein Hornzimmer, in welchem sich mehr als dreißig Paar finden, doch habe ich jenes Haus schon länger nicht besucht.

Mr. Barrington zeigte mir etliche staunenswerte Sammlungen ausgestopfter und lebender Vögel aus allen Gegenden der Welt. Nachdem ich die Letzteren eine Zeitlang studiert hatte, bemerkte ich, dass beinah jede Spezies aus fernen Gegenden wie Südamerika, der Küste von Guinea und dergleichen dickschnäbelige Vögel der Arten *Loxia* und *Fringilla* seien, doch dass man keine *Motacillae* oder *Musicapae* antreffe. Bei näherer Betrachtung liegt der Grund dafür indessen auf der Hand: Ernähren sich die hartschnäbeligen Vögel doch von Körnern, welche man leicht genug an Bord mitführen kann; die Nahrung der weichschnäbeligen besteht indes aus Würmern und Insekten oder, als ihr *Succedaneum*, frischem rohem Fleisch, und weder das eine noch das andere kann ihnen auf langwierigen Reisen zur Verfügung stehen. Und es wird an diesem Mangel an Nahrung liegen, dass unsere Sammlungen (so interessant sie auch sein mögen) ihre Mängel an Exemplaren haben, und so bleiben uns auf diese Weise einige der schönsten und lebhaftesten Arten vorenthalten.

Ich verbleibe, etc.

BRIEF XXXI

Selborne, den 14. September 1770

Verehrter Herr,
Ihr habt, wie ich feststelle, die Ringdrosseln wieder in ihren heimischen Felsklüften gesehen und seid weiters versichert, dass sie in jenen kalten Regionen das ganze Jahr über verbleiben. Von woher jedoch kommen unsere Ringdrosseln dann so regelmäßig jeden September gezogen und erscheinen wieder, gleichsam auf der Rückreise, jeden April? In diesem Jahr sind sie früher als üblich, denn einige wurden schon am 4. dieses Monats bei dem Hügel gesichtet, wo sie sich aufzuhalten pflegen.

Ein Beobachter aus Devonshire weiß mir zu berichten, dass sie in einigen Regionen auf Dartmoor zu verweilen pflegen und dort auch brüten, doch sie verlassen ihre Verweilorte in jener Gegend zum Ende September oder am Anfang des Oktober und kehren gegen Ende März wieder zurück.

Eine andere kundige Person versichert mir, dass sie in großer Zahl auf den Bergesgipfeln in Derby brüten, wo man sie »Tor-Drosseln«[84] heißt; sie ziehen im Oktober und November davon und kehren im Frühling zurück. Diese Nachricht wirft einiges Licht auf meine neue Ansicht vom Vogelzug.

Scopolis' neues Werk *(welches ich mir gerade besorgt habe) hat seine Vorzüge, indem es viele Vögel von Tirol und der karinthischen Gegenden bestimmt. Monografen, ganz gleich aus welcher Richtung sie kommen, haben, wie mich dünkt, allen Grund, ein rechtes Maß an Ansehen und Beifall von den Liebhabern der Naturkunde einzufordern; es kann ja kein Mensch allein all die Werke der Natur erforschen; diese aufs Einzelne gerichteten Verfasser mögen, jeder auf seinem Gebiete, in ihren Entdeckungen viel genauer sein und von Irrtümern freier als die allgemeineren Verfasser und mögen so mit ihren Werken nach und nach den Weg zu einer universaleren korrekten Naturgeschichte bereiten. Nun wendet Scopoli allerdings auf Leben und Verhalten seiner Vögel nicht all die Mühe und Aufmerksamkeit auf, die ich mir wünschen würde, er macht auch einige falsche Behauptungen zu Fakten wie etwa, wenn er von der *Hirundo urbica* sagt: »pullos extra nidum non nutrit.«[85] Von dieser Behauptung weiß ich, dass sie falsch ist, nachdem ich im Sommer etliche Beobachtungen angestellt habe: Mehlschwalben füttern ihre Jungen im Flug, wiewohl man zugeben muss, dass es bei ihnen nicht so häufig vorkommt wie bei der Rauchschwalbe; und der Vorgang selbst erfolgt auf so geschwinde Weise, dass er dem beiläufigen Beobachter gar nicht sichtbar ist. Er legt auch einiges als Fakten vor, was ich als unwahrscheinlich bezeichnen würde, so etwa wenn er von der Waldschnepfe sagt: »pullos rostro portat fugiens ab hoste.«[86] Doch die Redlichkeit verbietet mir zu sagen, dass irgendeine Tatsache absolut falsch sei, nur weil ich nie Zeuge einer solchen geworden bin. Ich habe nur zu bemerken, dass der lange plumpe Schnabel der Schnepfe vielleicht in der gesamten geflügelten Schöpfung derjenige ist, welcher für ein solches Kunststück natürlicher Fürsorge am wenigsten geeignet erscheint.

Ich verbleibe, etc.

---

* *Annus Primus Historico Naturalis.*

BRIEF XXXII

Selborne, den 29. Oktober 1770

Verehrter Herr,

Nach einer ergebnislosen Suche bei Linnaeus, Brisson etc. beginne ich, den Verdacht zu hegen, dass ich meines Bruders *Hirundo hyberna* in Scopolis neu entdeckter *Hirundo rupestris* auf Seite 167 ausmache.[87] Seine Beschreibung: »Supra murina, subtus albida; retrices macula ovali alba in latere interno; pedes nudi, nigri; rostrum nigrum; remiges obscuriores quam plumae dorsales; retrices remigibus concolores; cauda emarginata, nec forcipata«[88] trifft den besagten Vogel sehr gut, doch wenn er sich zu der Behauptung versteigt: »statura hirundinis urbicae« und sagt: »definitio hirundinies ripariae Linnaei huic quoque convenit«[89], macht er alles Festgestellte in gewisser Weise wertlos, zumindest zeigt er sogleich, dass er die Vögel nur aus der Erinnerung mit diesen Spezies vergleicht: Ich nämlich habe sie selbst miteinander verglichen und stelle fest, dass sie in jeder Hinsicht, also an Gestalt, Größe und Farbe verschieden sind. Da Ihr jedoch gewiss auch ein Exemplar habt, werde ich mich freuen zu hören, was in dieser Frage Euer Urteil ist.

Ob meinem Bruder bezüglich seines noch immer unbeschriebenen Exemplars jemand zuvorgekommen sei oder nicht, er wird stets für sich verbuchen können, dass er zuerst entdeckt hat, wie diese Schwalben ihre Winter im Schutze der warmen und sicheren Ufer von Gibraltar und den Barbareskenländern zubringen.

Die Bestimmungen seiner *Ordines* und *Genera* sind klar, richtig und aussagekräftig und sehr im Geiste von Linnaeus. Diese wenigen Bemerkungen sind das Ergebnis meiner ersten Lektüre von Scopolis *Annus Primus*.

Es ist ein Gift in unsrer Wissenschaft, wenn der Vergleich des einen Tieres mit einem anderen nach dem Gedächtnis vorgenommen wird. Da er auf diesem Gebiet nicht die rechte Vorsicht walten lässt, verfällt Scopoli in Irrtümer: Er ist hinsichtlich des Verhaltens seiner einheimischen Vögel nicht so ausführlich, wie man es sich wünschen würde; wie Ihr jedoch richtig bemerkt: Sein Latein ist leicht, elegant und voll Ausdruck und dem von Kramer* sehr überlegen.

---

* Siehe dessen *Elenchus vegetabilium et animalium per Austriam inferiorem etc.*

Erfreut nehme ich zur Kenntnis, dass meine Beschreibung des Elches der Euren so sehr entspricht.

Ich verbleibe, etc.

BRIEF XXXIII

Selborne, den 26. November 1770

Verehrter Herr,

Ich war hocherfreut, im Gebinde der Vögel aus Gibraltar auch einige der kurzflügeligen englischen Zugvögel des Sommers zu finden, hinsichtlich deren Aufbruch wir so viele Nachforschungen angestellt haben. Wenn nun diese Vögel in Andalusien gefunden werden, wo sie auf dem Zug von und nach dem Barbareskenland haltmachen, dann ist leicht anzunehmen, dass jene, welche zu uns kommen, auch zurück auf den Kontinent ziehen und die Winter in den wärmeren Gegenden Europas verbringen. Soviel ist gewiss: Viele der weichschnäbeligen Vögel, welche nach Gibraltar kommen, sind dort nur im Frühling und im Herbst anzutreffen und ziehen bereits als Paare weiter nordwärts, um dort während der Sommermonate zu brüten und zur Neige des Jahres in Gruppen und Sippen sich wieder nach Süden zu begeben; der Felsen von Gibraltar also ist der große Treffpunkt und Beobachtungsposten, von welchem aus sie Jahr für Jahr in beiderlei Richtung, nach Europa oder nach Afrika, aufbrechen. Es ist daher, möchte ich behaupten, keine geringe Entdeckung, wenn wir feststellen, dass unsere kleinen kurzflügeligen Sommerzugvögel im Frühling und Herbst am äußersten Rand Europas zu finden sind, und es ist hinreichender Beweis ihrer Wanderbewegungen.

Mir scheint, Scopoli hat die *Hirundo melba*[90], den großen Gibraltarischen Mauersegler, in Tirol angetroffen, ohne diesen jedoch zu erkennen. Denn was kann die *Hirundo alpina* anderes sein als obgenannter Vogel in anderen Worten? »Omnia prioris«, sagt er (und meint den Segler), »sed pectus album; paulo major priore«. Ich halte das für keine neue Spezies. Das »nidificat in excelsis Alpium rupibus«[91] gilt auch für die *Melba*.

Mein Freund in Sussex, ein Mann mit Beobachtungsgabe und gutem Verstand, jedoch kein Naturkundler, an welchen ich mich wegen des Triels, *Oe-*

dicnemus, gewandt hatte, sendet mir folgende Darstellung: »Ich gehe durch mein Tagebuch der Naturerscheinungen für den Monat April und stelle fest, dass der Triel am 17. und 18. zum ersten Mal Erwähnung findet, ein Datum, welches mir recht spät vorkommt. Verbringen diese Vögel doch den ganzen Frühling und Sommer bei uns und schicken sich eingangs des Herbstes zum Abschiednehmen an, indem sie sich zu Schwärmen versammeln. Mich dünkt, es handelt sich um einen Zugvogel, welcher sich in ein trockenes, hügeliges Gebiet im Süden begibt, wahrscheinlich nach Spanien, nämlich wegen der Fülle an Schaftriften in jenem Lande, denn auch die Sommer verbringt er bei uns in Gegenden, die eine solche Beschaffenheit aufweisen. Diese Vermutung wage ich anzustellen, denn ich bin noch nie jemandem begegnet, welcher sie im Winter in England angetroffen hätte. Ich glaube, es behagt ihnen nicht, dem Wasser zu nahe zu kommen, indessen ernähren sie sich von Regenwürmern, welche sich auf Schaftriften und Grashügeln häufig finden. Sie legen Eier und brüten auf Brachen und Wintersaatfeldern mit vielen moosbedeckten Kieselsteinen, welche in der Farbe große Ähnlichkeit mit ihren Jungen haben und zwischen denen selbige Jungen sich ducken und verbergen. Sie bauen keine Nester, sondern legen ihre Eier auf den bloßen Boden, in der Regel jeweils zwei. Es gibt allen Grund zu glauben, dass ihre Jungen bald nach dem Schlüpfen laufen und dass die Alten sie nicht füttern, sondern sie nur zur Fütterzeit umherführen, was meistenteils in der Nacht geschieht.« Soweit mein Freund.

Im Verhalten dieses Vogels ist etwas ganz Analoges zur Trappe, welcher der Triel auch auf gewisse Weise im Äußeren und Bau sowie im Aufbau der Füße gleicht.

Schon lange habe ich meinen Verwandten[92] gebeten, nach diesen Vögeln in Andalusien Ausschau zu halten, und nun schreibt er mir im Brief, dass er zum ersten Mal einen solchen gesehen hat, besagter Vogel lag am 3. September tot auf dem Markt.

Beim Fliegen streckt der *Oedicnemus* die Beine gerade nach hinten aus wie ein Reiher.

Ich verbleibe, etc.

BRIEF XXXIV

Selborne, den 30. März 1771

Verehrter Herr,
Wir haben hier ein Insekt, insbesondere in Gegenden mit kreidigem Grund, welches sehr lästig ist und den ganzen Spätsommer über plagt, indem es den Menschen unter die Haut gerät, insbesondere den Frauen und Kindern, und Geschwulste hervorbringt, welche unerträglich jucken. Dieses Tier (welches wir den Erntekäfer nennen)[93], ist winzig klein, dem bloßen Auge kaum erkennbar, es hat eine hellrote Farbe und gehört zum Genus *Acarus*. Diese finden sich im Garten auf roten Bohnen oder jeder anderen Art Hülsenfrucht, doch kommen sie nur in den heißen Sommermonaten vor. Wildheger auf den kreidigen Hügeln, so hat man mir berichtet, sind stark davon befallen, dort schwärmen diese Insekten in solchem Übermaß, dass sie die Netze der Heger verfärben und ihnen einen rötlichen Hauch verleihen, die Männer indessen werden von ihnen so gebissen, dass sie das Fieber packt.

Es gibt eine kleine, lange, glänzende Fliege[94] in dieser Gegend, welche der Hausfrau sehr lästig ist, denn sie dringt durch den Kamin ein und legt ihre Eier in den Speck, welcher zum Dörren aufgehängt ist; aus selbigen Eiern gehen Maden hervor, die sogenannten Hüpfer, welche sich in Schinken und dem besten Teil des Schweinefleisches einnisten und selbiges bis auf den Knochen zerfressen und dabei großen Schaden anrichten. Ich vermute in dieser Fliege eine Abart der *Musca putris* von Linnaeus; man sieht sie im Sommer in den Küchen der Bauernhäuser auf den Speckgittern und um die Kaminsimse und an den Decken.

Das Insekt, welches Rüben und vieles andere im Garten Angebaute (und oft ganze Felder mit keimendem Grün) zunichtemacht, ist ein Tier, welches besser erforscht sein will. Die Landleute hier nennen es Rübenfliege und Erdfloh[95], doch ich erkenne darin eine Art der *Coleoptera*, die *Chrysomela oleracea, saltatoria, femoribus posticis crassissimis*. In sehr heißen Sommern treten sie in erstaunlichen Mengen auf und beim Gehen durch Feld oder Garten hört man sie wie Regentropfen prasseln, indem sie auf die Blätter der Rüben oder Kohlköpfe springen.

Es gibt einen *Oestrus*, den hier in der Gegend jeder Bauernjunge kennt, welcher jedoch, da Linnaeus ihn auslässt, auch von späteren Verfassern übergangen wird, und das ist die *Curvicauda* des alten Mouffet, von Derham in seiner *Physico-theology* auf S. 250 erwähnt; ein Insekt, welches bemerkt zu werden verdient, denn es legt seine Eier auf gar geschickte Weise im Fluge auf den Beinen und Flanken von Weidepferden ab.[96] Doch dann irrt Derham, indem er annimmt, sein *Oestrus* sei das Elternteil jener wunderbaren sternschwänzigen Made, welche er später erwähnt; modernere Entomologen nämlich haben entdeckt, dass dieses einzigartige Wesen aus dem Ei der *Musca chamaeleon* stammt, siehe Geoffroy, t. 17, f. 4.

Eine umfassende Geschichte schädlicher Insekten, verderblich für Feld, Garten und Haus, sowie sämtliche bekannten und möglichen Mittel zu ihrer Vernichtung wäre ein nützliches und wichtiges Werk für das Publikum. Alles Wissen dieser Art, welches es gibt, existiert verstreut und bedarf einer Sammlung, große Verbesserungen wären notwendig die Folge. Eine Kenntnis der Eigenschaften, Ernährung, Fortpflanzung, kurzum des Lebens und Verhaltens dieser Insekten ist ein wichtiger Schritt für uns bei der Findung einer Methode, ihren Schäden vorzubeugen.

Insofern ich ein Urteil aussprechen kann: Nichts würde die Entomologie mehr befördern und empfehlen als einige exakte Stahlstiche, welche die generischen Unterscheidungen der Insekten nach Linnaeus zum Ausdruck bringen; bin ich doch überzeugt, dass viele sich dem Studium der Insekten widmen würden, könnten sie sich mit einer angemesseneren Vorstellung der Unterschiede ans Werk machen, als sie vorerst nur die Worte vermitteln können.

BRIEF XXXV

Selborne, 1771

Verehrter Herr,
Anlässlich eines Besuches bei den Pfauenvögeln meines Nachbarn konnte ich nicht umhin zu gewärtigen, dass die Federschleppen jener herrlichen Vögel mitnichten ihr Schwanz sind, diese langen Federn nämlich wachsen nicht aus ihrem *Uropygium,* sondern quer über ihren Rücken. Eine Reihe

kurzer, starrer, brauner Federn von je rund sechs Zoll Länge, die im *Uropygium* sitzen, bilden den echten Schwanz, welcher als Stütze dient, um die Schleppe aufrecht zu halten, denn diese ist lang und kippt leicht, wenn die Federn aufgestellt sind. Wenn das Federrad geschlagen ist, sieht man von vorn nichts von dem Vogel als Kopf und Hals; steckten jedoch diese langen Federn nur im Rumpf, wäre das nicht der Fall, wie man am Truthahn sehen kann, wenn er in Gockelhaltung geht. Durch starke Muskelvibration können diese Vögel die Schäfte ihrer langen Federn wie die Schwerter eines Schwerttänzers rasseln lassen, dann trampeln sie ganz schnell mit den Füßen auf den Boden und laufen rückwärts auf die Weibchen zu.

Ich muss Euch auch berichten, dass ich einen ungewöhnlichen *Calculus aegrogopila*[97], habe, welcher dem Magen eines fetten Ochsen entnommen ist; er ist vollkommen rund und hat etwa die Größe einer großen Blutorange; mich dünkt, solche sind im Allgemeinen flach.

BRIEF XXXVI

September 1771

Verehrter Herr,

Über den Sommer habe ich nur zweimal Exemplare jener großen Spezies der Fledermaus gesichtet, welche ich *Vespertilio altivolans*[98] nenne, aufgrund ihrer Eigenart, hoch in der Luft ihre Nahrung zu finden. Ich habe eine solche beschaffen können und daran festgestellt, dass es sich um ein männliches Tier handelte; da es aber zwei gemeinsam gewesen waren, hatte ich keinen Zweifel, dass das zweite Tier weiblich sei. Wie ich jedoch ein oder zwei Abende später das andere Tier ebenfalls beschaffen konnte, war ich sehr enttäuscht festzustellen, dass es vom selben Geschlecht war. Jener Umstand sowie die große Seltenheit dieser Art, zumindest in diesen Breiten hier, lässt mich doch Zweifel daran hegen, dass es sich wirklich um eine Spezies handelt, und ich frage mich, ob wir es hier nicht mit dem männlichen Teil der bekannteren Spezies zu tun haben, von welchen einer etliche weibliche Tiere befruchten kann, wie wir es auch bei den Schafen kennen und auch bei einigen anderen Vierfüßern. Dieser Argwohn jedoch lässt sich nur durch weitere Untersuchung anderer Exemplare – unter besonderer Beachtung ihrer Geschlechtszugehörigkeit – aus dem Weg räumen. Alles was ich gegenwärtig weiß, ist: Meine beiden Exemplare waren großzügig mit Fortpflanzungsorganen ausgestattet, welche starke Ähnlichkeit mit denen eines Wildschweins hatten. Die Spannweite ihrer Flügel betrug vierzehneinhalb Zoll und der Abstand von der Nase bis zur Schwanzspitze viereinhalb Zoll; ihre Köpfe waren groß, die Nasenlöcher zweilappig, die Schultern breit und muskulös und der gesamte Körper fleischig und gedrungen. Nichts könnte weicher und geschmeidiger sein als ihr Fell, welches von heller Kastanienfarbe ist; den Schlund hatten sie voller Nahrung, jedoch so klein zerkaut, dass die Beschaffenheit nicht mehr auszumachen war: Sie hatten große Lebern, Nieren, Herzen, ihre Därme waren mit Fett bedeckt. Jede für sich und noch unangetastet wog eine volle Unze und eine Drachme. Ihr Gehörgang hat einen absonderlichen Aufbau, welchen ich nicht ganz verstand, doch hiermit dem wissbegierigen Anatomen zur Betrachtung anempfehle. Diese Geschöpfe geben einen sehr scharfen und üblen Geruch von sich.

BRIEF XXXVII

Selborne, 1771

Verehrter Herr,
Am 12. Juli hatte ich die günstige Gelegenheit, die Bewegungen des *Caprimulgus* oder der Nachtschwalbe zu betrachten, da dieser dabei war, eine große Eiche zu umspielen, an der es von *Scarabei solstitialis* oder Laubkäfern wimmelte. Die Kraft seiner Flügel war herrlich und übertraf möglicherweise noch die verschiedenen Drehungen und raschen Haken der Schwalbenart. Doch der Umstand, welcher mir die größte Freude bereitete, war dieser: Ich konnte genau erkennen, wie er mehr als einmal im Fluge das kurze Bein ausstreckte und sich mit einer Drehung des Kopfes etwas in den Schnabel steckte. Wenn er einen Teil der Beute mit dem Fuß fängt – und ich habe nun mehr als guten Grund anzunehmen, dass er so diese Laubkäfer erjagt –, dann erstaune ich mich nicht mehr über die Verwendung seiner mittleren Zehe, welche so merkwürdig mit einer gerillten Klaue versehen ist.

Mich dünkt, die Rauchschwalben sowie die Mehlschwalben, jedenfalls der größte Teil von ihnen, haben uns in diesem Jahr früher verlassen als gewöhnlich; am 22. September nämlich gaben sie sich ein großes Stelldichein im Walnussbaum eines Nachbarn, wo sie aller Wahrscheinlichkeit nach rasten wollten. Mit dem Morgendämmer des folgenden Tages, der mit Nebel anbrach, erhoben sie sich alle in riesiger Zahl und verursachten ein solches Rauschen vom Streifen der Flügel gegen die dunstige Luft, dass man es beträchtlich weit hören konnte. Seither hat sich kein Schwarm mehr bei uns blicken lassen, nur noch ein paar vereinzelte Nachzügler.

Einige Mauersegler sind bis spät geblieben, bis zum 22. August – eine Seltenheit, ziehen sie doch für gewöhnlich während der ersten Woche davon.

Am 24. September erschienen zum ersten Mal in dieser Saison drei oder vier Ringdrosseln auf meinen Feldern. Wie pünktlich sind diese Besucher auf ihrem Zug im Herbst und im Frühjahr.

BRIEF XXXVIII

Selborne, den 15. März 1773

Verehrter Herr,
Meinem Tagebuch des vergangenen Herbstes nach zu urteilen dünkt mich, dass die Mehlschwalben sehr spät gebrütet haben und sich bis sehr spät in diesem Landstrich hier aufgehalten haben, den 1. Oktober nämlich sah ich fast flügge junge Mehlschwalben im Nest, und dann hatten wir am 21. Oktober im Nachbarhaus ein Nest voll junger Mehlschwalben, welche gerade flügge geworden waren, während die Alten mit großer Lebhaftigkeit nach Insekten jagten. Am folgenden Morgen verließen die Jungen ihr Nest und flogen im Dorf umher. Von besagtem Tag an sah ich bis zum 3. November keine Schwalbenartigen mehr; an diesem Tag vergnügten sich zwanzig, vielleicht gar dreißig Mehlschwalben den ganzen Tag über am Waldhang und über meinen Feldern. Würden diese kleinen, schwachen Vögel, deren einige zwölf Tage vorher noch Nestküken gewesen waren, ihre Wohnung so spät im Jahr noch auf die andere Seite des nördlichen Wendekreises verlegen? Oder wäre es nicht wahrscheinlicher, dass die nächstgelegene Kirche, Ruine,

Felsenklippe, steile Holzung oder vielleicht auch eine Sandbank, ein See, ein Tümpel (wie ein Naturkundler aus dem höheren Norden sagen würde) ihr *Hibernaculum* würde, welches ihnen einen bereiten und verfügbaren Rückzugsort böte?

Mit jeder Woche nun erwarten wir den Frühlingszug der Ringdrosseln. Glaubwürdige Personen versichern mir, Ringdrosseln seien zu Weihnachten 1770 im Forst von Bere, am südlichen Rand dieser Grafschaft gesichtet worden. Daraus können wir schließen, dass ihr Wanderzug nur inländisch ist und sich nicht in den Süden des Kontinents erstreckt, vorausgesetzt an erster Stelle, sie kommen überhaupt aus den nördlichen Gegenden dieser Insel allein und nicht allgemein aus dem Norden Europas. Ganz gleich, woher sie kommen, an ihrem furchtlosen Gleichmut gegenüber Menschen und Flinten lässt sich klar ersehen, dass sie kaum an Orte mit viel Verkehr gewöhnt sind. Seefahrer berichten, dass Vögel auf der Insel Ascension und anderen menschenleeren Gegenden dieser Art so wenig Bekanntschaft mit der menschlichen Gestalt haben, das sie sich auf der Schulter eines Mannes ohne Weiteres niederlassen und vor Schiffsleuten ebenso wenig Furcht haben, wie sie vor einer grasenden Ziege haben würden. Ein junger Mann in Lewes in Sussex hat mir versichert, dass es im Herbst vor sieben Jahren in seiner Stadt eine solche Fülle von Ringdrosseln gab, dass er an einem einzigen Nachmittag allein sechzehn erlegte. Weiters setzte er hinzu, dass seither jeden Herbst einige erscheinen, doch hatte er nie davon reden hören, dass vor jener Saison, in welcher er so viele schoss, die Vögel in solcher Menge in jener Gegend erschienen seien. Ich selbst habe diese Vögel im Herbst von Chichester bis Lewes im ganzen Sussexer Hügelland, wo es Gebüsch und Gestrüpp gab, in kleinen Gruppen angesiedelt gesehen, ganz besonders im Herbst des Jahres 1770.

Ich verbleibe, etc.

BRIEF XXXIX

Selborne, den 9. November 1773

Verehrter Herr,
Eurem Wunsch folgend, ich möge Euch meine Beobachtungen so, wie sie sich gerade ergeben, zukommen lassen, erlaube ich mir die folgenden Bemerkungen, auf dass Ihr, je nach Eurem Urteil, ob ich im Recht oder im Unrecht mit meiner Meinung sei, meine hiesigen Berichte für Eure beabsichtigte neue Ausgabe der *British Zoology* gutheißen oder verwerfen möget.

Der Fischadler wurde vor etwa einem Jahr bei Frinsham Pond geschossen, einem großen See wohl sechs Meilen von hier; der Vogel saß auf dem Handgriff eines Pfluges und war dabei, einen Fisch zu verschlingen; er pflegt sich vornüber ins Wasser zu stürzen und die Beute zu überraschen.

Ein großer aschgrauer Würger[99] wurde im letzten Winter im Tisted Park geschossen und ein Rotrückenwürger hier in Selborne; sie sind »rarae aves«[100] in diesem Lande.

Krähen bilden das ganze Jahr Paare.

Cornische Alpenkrähen[101] gibt es in Scharen, sie brüten auf Beachy-head und allen anderen Felsklippen der Küste von Sussex.

Die gemeine Wild- oder Hohltaube ist ein Durchzieher im Süden Englands und erscheint selten vor Ende November; meistens ist sie der letzte Winterzieher. Bevor unsere Buchenwälder so zerstört wurden, hatten wir sie in Mengen, in Ketten von einer Meile Länge flogen sie morgens auf Futtersuche aus. Sie verlassen uns früh im Frühjahr – wo brüten sie?

Die Leute in Hampshire und Suffolk nennen die Misteldrossel »Sturmhahn«, weil sie früh im Frühjahr im scharfen windigen Wetter singt, ihr Gesang beginnt oft mit dem Jahr, bei uns baut sie viel Nester in Obstgärten.

Ein Herr berichtet mir, er habe auf Dartmoor Nester von Ringdrosseln gesammelt, diese bauen sie im Ufer längs der Bäche.

Lerchenpieper[102] singen nicht nur lieblich, wenn sie auf dem Baum sitzen, sondern auch, wenn sie im Flug spielen und sich vergnügen, insbesondere im absteigenden Flug und auch, wenn sie auf dem Boden stehen.

Adamsons Zeugnis dünkt mich ein sehr magerer Nachweis dafür, dass unsere europäischen Schwalben während des hiesigen Winters nach Senegal ziehen: Er spricht keineswegs wie ein Ornithologe; und wahrscheinlich hat er nichts anderes gesehen denn die Schwalben jenes Landes, von welchen ich weiß, dass sie in Gouverneur O'Haras Innendiele an der Decke bauen. Wäre er mit europäischen Schwalben vertraut, hätte er nicht die Spezies genannt?

Die Rauchschwalbe wäscht sich, indem sie im Fluge im Wasser untertaucht: Diese Spezies erscheint gewöhnlich etwa eine Woche vor der Mehlschwalbe und etwa zehn oder zwölf Tage vor dem Mauersegler.

1772 fanden sich bis zum 23. Oktober Mehlschwalbenjunge im Nest.

Der Mauersegler erscheint etwa zehn oder zwölf Tage später als die Rauchschwalbe, das heißt um den 24. oder 26. April.

Braunkehlchen und Schwarzkehlchen bleiben das ganze Jahr über bei uns.[103]

Einige Schmätzer harren auch den Winter über bei uns aus.

Alle Arten Stelzen bleiben den ganzen Winter über bei uns.

Gimpel, welche Hanfsamen zum Futter bekommen, werden oft ganz schwarz.

Den ganzen Winter über haben wir große Scharen Buchfinkenweibchen mit kaum einem Männchen darunter.

Wenn Ihr sagt, die Schnepfenhähne machten zur Brutzeit einen blökenden Laut, und ich sage, einen trommelnden Laut (vielleicht hätte ich besser gesagt: einen summenden Laut), dann haben wir, so vermute ich, ein und denselben Laut im Sinn. Wenn sie sich im Fluge vergnügen hingegen, machen sie eindeutig ein lautes Flötgeräusch mit dem Mund; ob jenes Blöken oder Summen jedoch aus den Innereien kommt oder von der Bewegung ihrer Flügel stammt, vermag ich nicht zu sagen. Was ich hingegen weiß, ist, dass sich der Vogel bei diesem Ton stets im absteigenden Flug befindet und seine Flügel in heftiger Bewegung begriffen sind.

Bald nachdem die Kiebitze mit dem Brüten fertig sind, sammeln sie sich, verlassen Moore und Marschland und begeben sich ins offene Hügelland und auf die Schaftriften.

Im vergangenen Frühjahr vor zwei Jahren wurde ein kleiner Alkenvogel lebendig und unversehrt gefunden, jedoch flügelschlagend und dabei außerstande, sich zu erheben; das war auf einem Feldweg wenige Meilen von Alresford entfernt, wo ein großer See liegt; eine Zeitlang wurde der Vogel am Leben erhalten, doch dann verendete er.

Anfang des vergangenen Juli sah ich, wie junge Krickenten und auch Wildenten in den Teichen im Wolmer-Forst lebendig eingefangen wurden.

Auf einer Seite im Buch steht betreffs des Mauerseglers: »Sein Trank ist der Tau«, hingegen sollte es heißen: Er trinkt im Fluge, denn alle Schwalbenartigen schlucken Wasser, indem sie über die Oberfläche von Teichen oder Flüssen streifen; wie die Bienen bei Vergil, so trinken sie fliegend: »flumina summa libant«[104]. Diese Art zu trinken mag jener Familie ganz eigen sein.

Vom Schilfohrsänger beliebt zu sagen, dass er den größten Teil der Nacht über singt; sein Gesang geht rasch, doch nicht unangenehm, und er imitiert dabei etliche Vögel, so den Spatz, die Schwalbe, die Lerche. Bleibt er still in der Nacht, so reicht es, einen Stein oder einen Klumpen Erde in die Richtung des Gebüsches zu werfen, wo er sitzt, so lässt er sich augenblicklich zum Singen bringen oder, in anderen Worten: Zuweilen mag er wohl schlummern, jedoch sobald er erwacht, nimmt er seinen Gesang wieder auf.

BRIEF XL

Selborne, den 2. September 1774

Verehrter Herr,
Bevor noch Euer Brief eintraf und ganz aus eigenem Antriebe, hatte ich schon damit begonnen, den Schwanz der männlichen und der weiblichen Schwalbe zu beschreiben und zu vergleichen, und dies bevor noch Junge erschienen sind, sodass es keine Gefahr gab, die Muttertiere mit ihren *pulli* zu verwirren; zudem waren sie immer in Paaren und sehr mit dem Vorgang des Nestbaus beschäftigt, sodass es keine Verwechslung zwischen den Geschlechtern gab und ebenso wenig zwischen den einzelnen Exemplaren der verschiedenen Schornsteine. Bei all meinen Beobachtungen ist es mir stets so vorgekommen, dass beiderlei Geschlecht jene langen Federn im Schwanze hat, welche ihm diese gegabelte Gestalt verleihen, mit dem einen Unterschied, dass diese Federn im Schwanz des Männchens länger sind als in dem des Weibchens.

Wenn die Nachtigallenjungen anfangs das Nest verlassen und noch ganz hilflos sind, machen sie ein klagendes und kreischendes Geräusch und geben auch eine Art Knacken oder Klacken von sich, wenn sie durch die Hecken hinter vorbeiwandelnden Menschen herlaufen, diese letzteren Geräusche scheinen wohl Drohung und Abwehr auszudrücken.

Der Streifenschwirl zirpt im Hochsommer die ganze Nacht hindurch.

Schwäne werden im zweiten Jahr weiß und brüten im dritten.

Wiesel lauern dem Anschein nach Maulwürfen auf, was man daran erkennt, dass sie zuweilen in Maulwurfsfallen festsitzen.

Der Sperber nistet zuweilen in alten Krähennestern und der Turmfalke in Kirchen und Ruinen.

An der Insel Ely gibt es dem Vernehmen nach zwei Sorten Aale. Die gelegentlich in Aalen entdeckten Fäden sind vielleicht ihre Jungen; die Fortpflanzung der Aale liegt geheimnisvoll im Dunkeln.[105]

Kornweihen brüten am Boden und scheinen sich nie auf Bäumen niederzulassen.

Wenn der Gartenrotschwanz den Schwanz schüttelt, bewegt er diesen horizontal so wie Hunde beim Wedeln: Der Schwanz einer Stelze in Bewegung wippt auf und ab wie der eines alten Kleppers.

Heckenbraunellen haben zur Brutzeit ein ganz bemerkenswürdiges Spiel mit den Flügeln; sobald die Morgen frostig werden, geben sie einen sehr flötend-klagenden Ton von sich.

Viele Vögel, welche um Mittsommer still werden, nehmen ihren Gesang im September wieder auf, so etwa die Drossel, die Amsel, die Lerche, der Fitis und dergleichen. Daher ist der August der bei Weitem stummste Monat von Frühling, Sommer und Herbst.

Fühlen sich Vögel wieder zum Singen angeregt, weil der Herbst im Temperament dem Frühling gleicht?

Linnaeus stellt Pflanzen in eine geografische Ordnung: Palmen sind in den Tropen heimisch, Gräser in den gemäßigten Zonen und Moose und Flechten in den Polarkreisen; es ist außer Zweifel, dass sich auch Tiere mit einigem Recht so klassifizieren lassen.

Der Haussperling baut sein Nest im Dachgiebel im Frühling, indem das Wetter heißer wird, kommt er der Kühle wegen hervor und nistet in Pflaumen- und Apfelbäumen. Man hat diese Vögel auch schon in Saatkrähennestern nisten sehen und manchmal in Astgabeln unterhalb von Krähennestern.

Als mein Nachbar eine Raufe unter Dach und Fach brachte, beobachtete er, dass seine Hunde all die kleinen roten Mäuse fraßen, derer sie habhaft werden konnten, an den gemeinen Mäusen jedoch kein Interesse hatten, dass seine Katzen hingegen die gemeinen Mäuse fraßen und die roten verschmähten.

Rotkehlchen singen den ganzen Frühling, Sommer und Herbst hindurch. Man nennt sie aus dem Grunde Herbstsänger, weil ihre Stimmen während der ersten beiden Jahreszeiten im allgemeinen Chor untergehen und verloren gehen; im Herbst jedoch wird ihr Gesang erkennbar.

Viele Herbstsänger scheinen die jungen Rotkehl-Männchen des betreffenden Jahres zu sein; ungeachtet all der ihnen gewogenen Vorurteile richten sie doch an den Sommerfrüchten im Garten argen Schaden an.*

Jene Meise, welche früh im Februar beginnt, ihre zwei schrägen Töne von sich zu geben, welche sich wie das Wetzen einer Säge anhören, ist die Sumpfmeise.[106] Die Kohlmeise singt in drei freudigen, jubelnden Tönen und beginnt etwa zur selben Zeit.

Zaunkönige singen das ganze Jahr über, außer bei Frostwetter.

Mehlschwalben trafen in diesem Jahr sowohl in Hampshire als auch in Devonshire bemerkenswert spät ein: Spricht dieser Umstand für oder gegen einerseits ein Versteck, andererseits die Migration?

Die meisten Vögel trinken, indem sie ab und zu kleine Schlucke nehmen, nur Tauben trinken in einem langen, durchgehenden Zug wie Vierfüßer.

Meiner Behauptung in einem früheren Briefe zum Trotz: Graue Krähen[107] sind nie auf Dartmoor brütend gesichtet worden, das war mein Fehler.

Der *Scarabaeus solstitialis* oder gerippte Brachkäfer[108] tritt zu Anfang des Monats Juli auf und verschwindet gegen Ende selbigen Monats. Diese Skarabäen sind das Dauerfutter des *Caprimulgus* bzw. der Nachtschwalbe in diesem ganzen Zeitraum. Sie treten im kreidigen Grashügelland und in sandigen Gegenden in großer Menge auf, nicht jedoch in Gegenden mit Lehmboden.

Im Garten des Gasthauses Black Bear in der Stadt Reading verläuft ein Bach oder Kanal unter den Pferdeställen und hinaus in die Felder auf der anderen Seite der Straße. In diesem Gewässer befinden sich viele Karpfen, welche sich dort für jedermann sichtbar tummeln, sie werden von Reisenden gefüttert, welche ihnen Brot zuwerfen. Sobald jedoch das Wetter strenger wird, sind diese Fische nicht mehr zu sehen, sie verziehen sich unter die

---

* Sie fressen auch die Beeren des Efeus, des Geißblatts und des *Eunonymos* oder Spindelbaums.

Ställe, wo sie bis zur Rückkehr des Frühlings ausharren. Liegen sie dort in Winterstarre? Wenn nicht – wie ernähren sie sich?

Die Tonfolge der Dorngrasmücke, welche sie ständig wiederholt und häufig mit seltsamen Gestikulierungen im Flug begleitet, ist scharf und unangenehm. Diese Vögel scheinen kämpferisch veranlagt, denn sie singen mit aufgestelltem Kamm und mit einem Ausdruck von Rivalität und Trotz; zur Brutzeit sind sie scheu und wild, meiden die Nähe der Wohnungen der Menschen und schweifen an einsamen Wegen und offenen Weiden umher, ja selbst oben auf den Kämmen des Sussexer Hügellands, wo Gebüsch und Gehölze stehen, doch im Juli und August bringen sie ihre Jungen in Gärten und Obstwiesen und richten große Verheerung unter den Sommerfrüchten an.

Die Mönchsgrasmücke hat im Allgemeinen ein volles, liebliches, tiefes, lautes und ungezähmtes Flöten, doch sind diese Äußerungen von kurzer Dauer und ihre Bewegungen dazu sind flüchtig, doch wenn dieser Vogel still sitzt und sich ernsthaft dem Gesang hingibt, dann entströmt ihm eine sehr liebliche, doch verhaltene Melodie und er bringt eine breite Vielfalt weicher und sanfter Modulationen hervor, die vielleicht allen unseren Sängern mit Ausnahme der Nachtigall überlegen ist.[109]

Die Mönchsgrasmücke streift vornehmlich in Gärten und Obstwiesen umher, beim Gesang ist ihre Kehle ganz wundersam gebläht.

Der Gesang des Gartenrotschwanzes ist dem der Dorngrasmücke ein wenig ähnlich, doch an Gefälligkeit überlegen; manche Vögel haben einige Noten mehr als andere. Sehr zufrieden oben im Wipfel eines Baumes im Dorf sitzend singt das Männchen vom Morgen bis zum Abend; es sucht die Nähe menschlicher Wohnungen und meidet die Einsamkeit und baut gerne die Nester in Obstgärten und der Nähe von Häusern, bei uns sitzt er auf der Warte hoch oben auf der Wetterfahne eines hohen Maimasts.

Der Fliegenschnäpper ist von all unseren Sommervögeln der stummste und der vertrauteste, zudem, wie mich dünkt, auch der letzte von allen. Er baut die Nester in Rankwein oder auch in wilden Kletterrosen an der Hauswand oder in einem Mauerloch oder am Ende eines Balkens oder einer Holzplatte und häufig auch dicht am Türpfosten, wo Menschen den ganzen Tag ein und aus gehen. Dieser Vogel macht nicht die geringsten Anstalten zum Gesang[110], doch bringt er einen kleinen verhaltenen Jammerton hervor, wenn er seine Jungen durch eine Katze oder ein anderes Ärgernis in Gefahr sieht; er brütet nur einmal im Jahr und zieht früh fort.

Die Pfarre Selborne allein kann mit mehr als der Hälfte der Vögel aufwarten, welche in ganz Schweden vorkommen, und hat dies auch schon getan: Hier sind mehr als einhundertzwanzig Arten belegt und hervorgebracht worden, in Schweden nur zweihundertundeinundzwanzig. Auch möchte ich hinzufügen, dass diese Pfarre knapp die Hälfte aller Spezies aufgewiesen hat, welche je in Großbritannien* gesichtet[111] wurden.

Rückblickend stelle ich fest, dass mein langer Brief einen etwas altmodischen und lehrerhaften Ton hat und sehr sentenziös klingt; doch da mir in Erinnerung ist, dass Ihr Knappheit und Anekdotales erwünschtet, hege ich die Hoffnung, Ihr werdet mir der möglichenfalls enthaltenen Information wegen die belehrende Manier verzeihen.

BRIEF XLI

Es bedarf einer forschenden Erkundung, der Art und Weise auf den Grund zu kommen, auf welche sich jene Spezies weichschnäbliger Vögel, welche den Winter über bei uns bleiben, in den toten Monaten ernähren. Die Schwächlichkeit der Veranlagung eines Vogels scheint nicht der einzige Grund für sie zu sein, die Strenge unserer Winter zu meiden; der robuste Wendehals nämlich (welcher der hartgesottenen Rasse der Spechte so ähnlich scheint) zieht davon, während das zarte kleine Goldhähnchen, jener Schatten eines Vogels, unseren strengsten Frösten trotzt, ohne die Nähe von Häusern oder Dörfern zu suchen, in welche sich die meisten unserer Wintervögel in der bitteren Jahreszeit drängen, stattdessen bleibt es allein für sich in Feld und Wald, doch vielleicht ist das der Grund, weshalb so viele von ihnen umkommen und warum sie beinah so selten sind wie kaum ein anderer uns vertrauter Vogel.

Es kann für mich keinen Zweifel daran geben, dass die weichschnäbeligen Vögel, welche bei uns überwintern, sich hauptsächlich von Insekten in ihrem Verpuppungszustand ernähren. Alle Spezies der Stelzen halten sich

---

* Schweden: 221; Großbritannien: 252.

bei harschem Wetter nah am Quellpunkt seichter Bäche auf, wo diese nie gefrieren, und watend picken sie die Puppen der Phryganeae-Arten und dergleichen auf.*

Heckenbraunellen suchen bei harschem Wetter Gruben und Rinnsteine auf, wo sie Krümel und andere Abfälle aufpicken, und bei mildem Wetter beschaffen sie sich Würmer, welche sich in jedem Monat des Jahres regen, wie ein jeglicher sehen kann, so er sich nur die Mühe macht, in einer milden Winternacht mit der Kerze an einen Flecken Gras zu treten. Rotkehlchen und Zaunkönige schweifen im Winter in Schuppen, Ställen und Scheunen umher, wo sie Spinnen und Fliegen finden, welche sich vor der kalten Jahreszeit dorthin zurückgezogen haben. Doch die Hauptnahrungsquelle für die weichschnäbeligen Vögel im Winter ist jener unerschöpfliche Vorrat an *Aureliae* der *Lepidoptera ordo*, welche an den Zweigen und Stämmen der Bäume, an den Zäunen und Wänden von Gärten und Gebäuden festgemacht sind; sie finden sich in jeder Ritze und Spalte von Fels oder Schutt und sogar in der Erde selbst.

Jede Meisenart überwintert bei uns; sie haben einen Schnabel, welchen ich als ein Zwischending zwischen hart und weich bezeichnen würde, zwischen den Linnaeischen Familien der *Fringilla* und der *Motacilla*. Eine einzige Spezies verbringt ihre ganze Zeit in Wald und Feld und sucht auch in den härtesten Jahreszeiten nicht die Nähe von Behausungen und menschlichen Wohnstätten zur Stärkung auf, und das ist die zarte Schwanzmeise mit ihren langen Stoßfedern, welche beinah so winzig ist wie das Goldhähnchen; die Blaumeise jedoch *(Parus caeruleus)*, die Tannenmeise (*Parus ater*), die große schwarzköpfige Kohlmeise (*Fringillago*) und die Sumpfmeise *(Parus palustris)* suchen alle zeitweise die Nähe von Gebäuden, insbesondere bei strengem Wetter. Die Kohlmeise hält sich, von harscher Witterung getrieben, viel an Häusern auf und bei tiefem Schnee habe ich diesen Vogel schon dabei beobachtet, wie er (zu meiner nicht geringen Freude und Bewunderung) mit dem Rücken nach unten hängend aus dem Giebel eines strohgedeckten Hauses der Länge nach Strohhalme zog, um die dazwischen verborgenen Fliegen zu ergattern, und zwar in solchen Mengen, dass sie das Strohdach recht verdarben und ihm ein struppiges Aussehen verliehen.

---

* Siehe Derhams *Physico-theology*, S. 235.

Die Blaumeise hat eine große Vorliebe für Häuser und ist ein Allesfresser. Neben Insekten schätzt sie auch Fleisch, denn oft pickt sie an Knochen, welche sie auf Dunghaufen findet, sie hat große Neigung zu Talg und treibt sich gern um Schlachterläden herum. Als ich ein Junge war, fand man des Morgens zuweilen bis zu zwanzig Blaumeisen vor, welche sich in talggespickten Schnappfallen für Mäuse hatten fangen lassen. Auch pickt die Blaumeise Löcher in vom Baum gefallene Äpfel, die auf dem Boden liegen geblieben sind, und die Samen im Kopf einer Sonnenblume bieten ihr einiges Vergnügen. Die Blau-, Sumpf- und Kohlmeisen rupfen in sehr strengen Wintern Gersten- und Haferhalme aus den Seiten von Schobern.

Wie sich der Schmätzer und das Braunkehlchen im Winter ernähren, lässt sich nicht so leicht nachprüfen, denn sie verbringen ihre Zeit auf wildem Heideland und in Forsten, insbesondere Ersterem, wenn es dort Steinbrüche gibt; am wahrscheinlichsten ist, dass sie ihre Nahrung auch mit *Aureliae* der *Lepidoptera ordo* bestreiten, welche ihnen in der Wildnis eine üppige Tafel bereiten.

Ich verbleibe, etc.

BRIEF XLII

Selborne, den 9. März 1775

Verehrter Herr,
Einen möglichen zukünftigen Fauna-Erforscher, einen Mann mit Vermögen werden, wie ich hoffe, seine Erkundungen auch in das Königreich Irland führen; ein neues Feld und ein dem Naturkundler wenig bekanntes Land. Er wird, so wünscht man sich, diese Reise nicht ohne die Begleitung eines Botanikers antreten, sind doch die Berge dort kaum ausreichend erkundet und die südlicheren Gefilde einer so milden Insel mögen wohl Pflanzen aufweisen, mit welchen im Britischen Königreich schwerlich zu rechnen ist.[112] Ein denkender Mensch mag auch zu den modernen Errungenschaften jenes Landes einiges Gescheite zu sagen wissen, sowohl hinsichtlich der Künste als auch der Landwirtschaft, wo Prämien schon lange galten, als man bei uns erst von ihnen hörte. Das Gebaren der wilden Ureinwohner, ihre Aber-

gläubischkeiten, ihre Vorurteile, ihre elende Lebensart, das alles wird ihm etliche nützliche Überlegungen abgewinnen. Er sollte auch einen fähigen Zeichner mitnehmen, denn keinesfalls darf er die edlen Schlösser und Ansitze auslassen, die ausgedehnten und malerischen Seen und Wasserfälle und die hohen atemberaubenden Berge, so wenig bekannt und so anregend für die Fantasie, wenn sie auf lebhafte Weise beschrieben und dargestellt sind: Ein solches Werk würde wohl gute Aufnahme finden.

Da ich keine moderne Landkarte von Schottland gesehen habe, kann ich mir nicht anmaßen zu sagen, wie genau oder detailliert eine solche sein könnte; so viel weiß ich jedoch, dass die besten Karten jenes Königreiches sehr mangelhaft sind.

Der große und offensichtliche Mangel, welchen ich in allen Landkarten von Schottland bemerkt habe, welche mir vor Augen gekommen sind, ist das Fehlen einer farbigen Linie oder eines Strichs, um die rechten Grenzen jenes Bezirks zu bezeichnen, den man Highlands heißt. Ebenso wollen alle Wege zu jenem gebirgichten und sagenhaften Land gut markiert sein. Die Militärstraßen, welche General Wade angelegt hat, sind ein so großes Unterfangen römischen Ausmaßes, dass sie wohl Aufmerksamkeit verdienen. Meine alte Landkarte, Moll's Map, vermerkt Fort William, doch verweist sie auf keine der anderen Festungsanlagen, welche doch schon seit Langem dort errichtet sind, daher sollte eine gute Darstellung der Kette von Festungsanlagen nicht versäumt werden.

Der gerühmte Zickzackweg den Coryarich hinauf darf auch nicht übergangen sein. Moll vermerkt Hamilton und Drumlanrig und dergleichen große Sitze mehr, doch eine neue Übersicht sollte jeden Ansitz und jedes Schloss aufführen, welche ein großes Ereignis bemerkenswert gemacht oder welche für ihre Gemälde Berühmtheit erlangt haben und dergleichen. Lord Breadalbanes Ansitz und die schöne Parkanlage sind zu bemerkenswürdig und außergewöhnlich, um nicht auch Erwähnung zu finden.

Der Sitz der Grafen von Eglingtoun bei Glasgow verdient Aufmerksamkeit. Die Nadelbaumanpflanzungen dieses Adligen sind sehr groß und ausgedehnt.

Ich verbleibe, etc.

BRIEF XLIII

Verehrter Herr,
Im Sommer 1780 hat sich ein Wespenbussardpaar, *Buteo apivorus, sive vespivorus Raii*[113], auf einer hohen schlanken Buche nahe der Mitte des Selborner Gehänges ein flaches Nest gebaut, bestehend aus Zweigen und ausgelegt mit welkem Buchenlaub. Mitte Juni erklomm ein kühner Junge, dem steilen und schwindelerregenden Standort zum Trotz, diesen Baum und brachte ein Ei herab, das einzige im Nest, welches schon einige Zeit bebrütet worden war und den Embryo eines Vogels enthielt. Das Ei war kleiner und nicht so rund wie das des Mäusebussards, an beiden Enden war es mit kleinen roten Flecken bedeckt und in der Mitte mit einem breiten blutroten Streifen umgeben.

Das Bussardweibchen wurde geschossen und entsprach genau Mr. Rays Beschreibung dieser Spezies; es hatte schwarze Wachshaut, kurze dicke Beine und einen langen Stoß. Im Flug lässt sich diese Spezies durch ihre habichtartige Erscheinung leicht vom Mäusebussard unterscheiden: der kleine Kopf, die weniger stumpfen Flügel, der längere Stoß. Diese Spezies enthielt im Kropf einige Froschgliedmaßen und viele graue Schnecken ohne Schale. Die Iriden der Augen dieses Vogels hatten eine schöne, helle gelbe Farbe.

Um den 10. Juli desselben Sommers brütete ein Sperberpaar in einem alten Krähennest auf einer niedrigen Buche in selbigem Gehänge. Doch ihre zahlreichen Jungen wurden im Heranwachsen so waghalsig und beutelustig, dass sie zum Schrecken aller Damen wurden, welche in unserem Dorfe Hühner- und Entenküken aufzogen. Ein Junge erklomm den Baum und fand die Jungen so flügge vor, dass sie ihm sämtlich entkamen, doch er fand das Haus wohlbestellt: Die Speisekammer war gut gefüllt, denn er brachte eine junge Amsel mit herunter, einen Eichelhäher und eine Mehlschwalbe, alle fein abgenagt oder halb verschlungen. Die Altvögel hatte man dabei beobachtet, wie sie unter den gerade flügge gewordenen Rauch- und Mehlschwalben traurige Verwüstung anrichteten, denn diese, kaum dem Nest entwachsen, hatten noch nicht die Kraft und Geschicklichkeit im Flug, die sie in reiferem Alter befähigt, solchen Feinden zu trotzen.

BRIEF XLIV

Selborne, den 3. November 1780

Verehrter Herr,
Jeder Anlass zur Wiederaufnahme unserer Korrespondenz wird mir stets erfreulich und willkommen sein.

Was die wilden Ringeltauben betrifft, die *Oenas* oder *Vinago* nach Ray, bin ich ganz Eurer Meinung und ich sehe keinen Grund, sie als Ursprung der gemeinen Haustaube anzusehen, nehme jedoch an, dass jene, welche diese Annahme vortragen, durch eine andere Benennung in die Irre geführt wurden, die häufig auf die *Oenas* angewendet wird, nämlich die der Hohltaube.[114]

Keine Spezies erscheint weniger zur Zähmung und Eignung als Haustaube geeignet als die Hohltaube, es sei denn, ihr Sommerverhalten unterscheide sich außerordentlich von ihrem Winterverhalten. Ganz selten sehen wir die Haustaube auf Bäumen sitzen, auch streift sie nie in Gehölzen umher; die Hohltaube jedoch lebt für die ganze Dauer ihres Aufenthalts bei uns, also von November bis vielleicht zum Februar, ein ebensolches wildes Leben wie die Ringeltauben, *Palumbus torquatus*; sie hält sich in Hainen und Gehölzen auf, ernährt sich vornehmlich von Mast[115] und zieht sich für die Nacht mit Vorliebe auf die höchsten Buchen zurück. Ließe sich herausfinden, wie Hohltauben Nester bauen, würde sich mein Zweifel sicher umgehend zerstreuen, vorausgesetzt sie bauten wie die Ringeltauben auf Bäumen, wie ich stark vermute.

Ihr berichtet davon, im vergangenen Frühjahr eine Hohltaube aus Sussex erhalten zu haben; man hat Euch Kunde gegeben, dass sie in dieser Grafschaft gelegentlich brütet. Doch warum hat Euer Korrespondent nicht die Art des Nistplatzes angegeben, also ob auf Felsen, Klippen oder Bäumen? Wenn er kein kundiger Ornithologe ist, würde ich Zweifel an der Behauptung anmelden, denn bei uns verwechselt man ständig die Hohltaube mit der Ringeltaube.

Was mich selbst betrifft, so stimme ich Euch bereitwillig zu in der Annahme, dass die Haustaube von der kleinen blauen Felsentaube abstamme, und zwar aus mehrerlei Gründen. An erster Stelle ist die wilde Hohltaube entschieden größer als die gemeine Haustaube, was aller Regel widerspricht, nach welcher eine jede Art durch Domestizierung an Größe zunimmt. Dann haben wir die beiden auffälligen schwarzen Flecken auf den Flugfedern beider Flügel der Hohltaube, welche so kennzeichnend für die Spezies sind, sie würden gewisslich durch eine Zähmung nicht ganz verloren gehen und auch in Abkömmlingen immer wieder zum Vorschein kommen.

Was jedoch hundert Argumente aufwiegt, ist das Beispiel, welches Ihr anhand von Sir Roger Mostyns Haustauben in Caernarvonshire anführt; ungeachtet aller Versuchung durch üppige Nahrung und freundliche Behandlung können diese nicht bewogen werden, in ihrem Taubenschlag ganz ansässig zu werden, und sobald die Brutzeit beginnt, begeben sie sich an die Steilheiten von Ormshead und legen ihre Jungen in der Sicherheit der unzugänglichen Höhlen und Klüfte jenes atemberaubenden Felsvorsprungs ab.

Naturam expellas furca ... tamen usque recurret.[116]

Ich habe den Rat eines Jägers, welcher nun in seinem achtundsiebzigsten Jahr ist, eingeholt, und selbiger hat mir berichtet, vor fünfzig oder sechzig Jahren, als die Buchenwälder noch viel ausgedehnter waren als jetzt, habe es eine erstaunliche Menge an Ringeltauben gegeben und er habe oft zwanzig am Tag geschossen; mit einem langen Flintenlauf für Wildvögel habe er sieben oder acht auf einen Schlag im Fluge geholt, während sie über seinem Kopf ihre Kreise zogen. Er hat auch noch hinzugesetzt, es habe unter ihnen – ein Umstand, dessen ich nie gewärtig war – auch immer kleine Gruppen zarterer blauer Tauben gegeben, welche er »rockiers« nennt, Felsler. Die Nahrung dieser zahllosen Emigranten waren Bucheckern und einige Eicheln und insbesondere Gerste, welche sie zwischen den Stoppeln sammelten. Doch in jüngeren Jahren und seit dem ungeheuren Zuwachs an Rübenanbau stellt diese Pflanze einen großen Teil ihrer Nahrung bei harscher Witterung und die Löcher, die sie in die Wurzeln picken, fügen dem Erntegut großen Schaden zu. Von dieser Ernährung hat ihr Fleisch einen strengen Geschmack bekommen, welche feinere Gaumen und Zungen, die sie zuvor als Köstlichkeit schätzten, veranlasst, sie zu verschmähen. Sie wurden nicht nur bei der Nahrungssuche in diesen Feldern, insbesondere bei Schneewetter, geschossen, sondern auch zu Einbruch der Dunkelheit, wenn Männer, die an den Hainen und Gehölzen im Anschlag lagen, sie bei der Heimkehr zur Nachtruhe töteten.*

---

* Einige ältere Jäger berichten, der größte Teil jener Schwärme pflegte fortzuziehen, sobald die harten Weihnachtsfröste vorüber waren.

Dies sind die wesentlichen Umstände mit Hinsicht auf diesen wunderbaren inländischen Vogelzug, welcher bei uns gegen Ende November stattfindet und mit dem frühen Frühjahr endet. Den vergangenen Winter hatten wir im Selborner Hochwald rund hundert dieser Tauben, doch in früheren Zeiten waren die Schwärme nicht nur bei uns, sondern im ganzen Bezirk so ungeheuer groß, sie zogen wie Saatkrähen in Ketten von einer Meile Länge durch die Luft. Wenn sie sich so hier zu Tausenden ihr Stelldichein gaben, nachdem sie plötzlich des Abends von ihren Rastbäumen aufgeschreckt worden waren:

> Ihr Steigen all zugleich war wie der Klang
> von Donner der von ferne rollt …

Es wird vom anstehenden Zwecke nicht abgelegen sein, Folgendes zu erwähnen: Ich hatte einen Verwandten in der Nachbarschaft, welcher es sich eine Zeitlang zur Gewohnheit machte, wann immer er der Eier einer Ringeltaube habhaft werden konnte, diese einem brütenden Taubenpaar in seinem eigenen Taubenhaus unterzuschieben. Er hatte dabei wohl die Hoffnung, eine Vereinigung herbeizuführen, um seine eigene Zucht zu vergrößern und seinen Tauben so beizubringen, sich auch in die Wälder zu schlagen und sich eigenständig dort von Mast zu ernähren. Es war wohl ein plausibler Plan, jedoch geschah immer etwas, was den Erfolg unterbrach, denn wiewohl die Vögel meist schlüpften und manchmal auch bis zu ihrer halben Größe heranwuchsen, erreichte keiner je die Reife. Ich selbst habe gesehen, wie diese Findlinge im Nest eine gar befremdliche Wüstheit an den Tag legten, sodass man es kaum mitansehen mochte, wie sie zur Drohung mit den Schnäbeln schnappten. Kurzum, sie gingen immer ein, vielleicht aus Mangel an der rechten Nahrung: Der Besitzer jedoch befand, durch ihr wüstes und wildes Gebaren machten sie den Ziehmüttern Angst und diese ließen sie deshalb verhungern.

Vergil beschreibt, zum Zwecke eines Vergleiches, wie es so oft in seinen Schriften auftritt, eine Taube, welche in einer Felsenhöhle umherschweift, und er tut dies auf so einnehmende Weise, dass ich es nicht unterlassen will, diesen Abschnitt zu zitieren:

Qualis spelunca subito commota columba,
Cui domus, et dulces latebroso in pumice nidi,
Fertur in arva volans, plausumque exterrita pennis
Dat tecto ingentem – mox aere lapsa quieto,
Radit iter liquidum, celeres neque commovet alas.

Aenaeis Buch V 213–218
Wie die Taube, die plötzlich aus ihrer
Nische verjagt wird / In verborgener
Kluft, da wohnt sie und nistet traulich. /
Aber nun fliegt sie verschreckt ins offene
Feld, und gewaltig / Schlagen die
Schwingen. Doch bald im ruhigen
Luftbereich zieht sie, / Ohne die schnellen
Flügel zu regen, auf heiteren Bahnen

Ich verbleibe, etc.

Briefe an Daines Barrington

BRIEF I

Selborne den 30. Juni 1769

Verehrter Herr,
Als ich vergangenen Monat in der Stadt weilte, verpflichtete ich mich gleichsam, mir bei Gelegenheit die Ehre zu geben, Euch zu Fragen der Naturgeschichte zu schreiben; nun bin ich umso bereiter, mein Versprechen zu erfüllen, als ich in Euch einen Herrn von großer Aufrichtigkeit erblicke, welcher Nachsicht üben wird, zumal und insbesondere, da der Verfasser sich dazu bekennt, dass er ein Naturgeschichtler im freien Felde ist, einer, welcher seine Beobachtungen am Gegenstand selbst gewinnt und nicht aus den Schriften anderer.

Folgendes ist eine Liste der Sommervögel, welche ich in dieser Gegend hier gesichtet habe, aufgeführt etwa in der Reihenfolge ihres Erscheinens:

	RAII NOMINA	ERSCHEINT ETWA
1. Wendehals	*Jynx, sive torquilla*	Mitte März, rauer Ton
2. Kleinster Laubsänger	*Regulus non cristatus*	23. März, zirpt bis September
3. Mehlschwalbe	*Hirundo domestica*	13. April
4. Rauchschwalbe	*Hirundo rustica*	dito
5. Uferschwalbe	*Hirundo riparia*	dito
6. Mönchsgrasmücke	*Atricapilla*	dito; lieblicher, lauter Gesang
7. Nachtigall	*Luscinia*	Anfang April
8. Kuckuck	*Cuculus*	Mitte April
9. Mittlerer Laubsänger	*Regulus non cristatus*	dito, ein lieblicher, klagender Gesang

10. Dorngrasmücke	*Ficedulae affinis*	Mitte April; blasse Stimme, singt bis September
11. Gartenrotschwanz	Ruticilla	dito, wohlklingendere Stimme
12. Triel	*Oedicnemus*	Ende März, lautes Pfeifen in der Nacht
13. Turteltaube	*Turtur*	
14. Feldschwirl	*Alauda minima ocuste voce*	Mitte April, leise sirrende Stimme, bis Ende Juli
15. Mauersegler	*Hirundo apus*	um den 27. April
16. Minderer Schilfsperling[117]	*Passer arundinaceus minor*	lieblich und polyglott, doch eilig; beherrscht die Tonfolgen vieler Vögel
17. Wachtelkönig	*Ortygometra*	Ein kurzer, rauer Ton: crex crex
18. Größter Laubsänger	*Regulus non cristatus*	*Cantat voce stridula locustae* – Ende April, auf der Spitze hoher Buchen
19. Ziegenmelker oder	*Caprimulgus* (Nachtschwalbe)	Anfang Mai, schnurrt in der Nacht mit einem einzigartigen Ton
20. Fliegenschnäpper	*Stoparola*	12. Mai: ein sehr stummer Vogel. Dieser ist der letzte der Sommerzugvögel.

Diese Sammlung interessanter und unterhaltsamer Vögel gehört zu zehn verschiedenen Familien des Systems nach Linnaeus, und alle gehören sie der Ordnung der *Passeres* an, bis auf *Jynx* und *Cuculus*, welche *Picae* sind, und *Charadrius (Oedicnemus)* und *Rallus (Ortygometra)*, welche *Grallae* sind.

Ihrer Nummerierung nach gehören sie zu den folgenden Gattungen nach Linnaeus:

1: *Jynx*
2, 6, 7, 9, 10, 11, 16, 18: *Motacilla*
3, 4, 5, 15: *Hirundo*
8: *Cuculus*
12: *Cahardrius*
13: *Columba*
17: *Rallus*
19: *Caprimulgus*
14: *Alauda*
20: *Muscicapa*

Die meisten weichschnäbeligen Vögel leben von Insekten und ernähren sich nicht von Körnern und Samen; aus diesem Grund ziehen sie am Ende des Sommers fort, doch die folgenden weichschnäbeligen Vögel sind zwar Insektenfresser, bleiben jedoch das ganz Jahr über bei uns:

	RAII NOMINA
Rotkehlchen	*Rubecula*
Zaunkönig	*Passer Troglodytes*

halten sich in der Nähe menschlicher Wohnungen auf und suchen im Winter gern Schuppen, Scheunen, Ställe auf; fressen Spinnen.

Heckenbraunelle	*Curruca*
	schweifen in der Nähe von Abfallsenken umher, auf der Suche nach Überbleibseln
Weiße Stelze	*Motacilla alba*
Gelbe Stelze	*Motacilla flava*
Bachstelze	*Motacilla cinerea*
	halten sich an seichten Rinnsalen in der Nähe von Quellsprüngen auf, wo das Wasser nie gefriert;

	ernähren sich von den Puppen der *Phryganea*; die kleinsten Laufvögel
Schmätzer	*Oenanthe* einige Vertreter der Gattung bleiben im Winter bei uns
Braunkehlchen	*Oenanthe secunda*
Schwarzkehlchen	*Oenanthe tertia*
Goldhähnchen	*Regulus cristatus* der kleinste britische Vogel, hält sich in den Wipfeln aller Bäume auf, bleibt den Winter über

Eine Liste der Winterzugvögel in dieser Gegend, aufgeführt etwa in der Reihenfolge ihres Erscheinens:

	RAII NOMINA	
1. Ringdrossel	*Merula torquata*	ein neuer Vogelzug, welchen ich kürzlich entdeckt habe, er erfolgt in der Michaeliwoche und dann wieder um den 14. April
2. Rotdrossel	*Turdus iliacus*	um den alten Michaeli
3. Wacholderdrossel	*Turdus pilaris*	tagsüber auf hoher Warte, rastet am Boden
4. Nebelkrähe	*Cornix cinerea*[118]	im grasigen Hügelland am häufigsten
5. Waldschnepfe	*Scolopax*	erscheint etwa um den alten Michaeli
6. Schnepfe	*Gallinago minor*	einige Schnepfen brüten durchgehend bei uns
7. Zwergschnepfe	*Gallinago minima*[119]	
8. Hohltaube	*Oenas*	erscheint in der Regel erst spät, nicht mehr so zahlreich wie früher
9. Wildschwan	*Cygnus ferus*	auf einigen großen Gewässern

10. Wildgans	*Anser ferus*	
11. Wildente	*Anas torquata minor*	
12. Tafelente	*Anas fera fusca*	
13. Pfeifente	*Penelope*	
14. Krickente	*Querquedula*	brütet bei uns im Wolmer-Forst
		(11–14) auf unseren Bächen und Seen
15. Kernbeißer	*Coccothraustes*	
16. Kreuzschnabel	*Loxia*	
17. Seidenschwanz	*Garrulus bohemicus*[120]	
		(15–17) nur Durchzieher, die gelegentlich erscheinen, ohne regelmäßigen Vogelzug

Diese Vögel gehören, nach ihrer Nummerierung aufgeführt, zu den folgenden Gattungen nach Linnaeus:

1, 2, 3	*Turdus*
4	*Corvus*
5, 6, 7	*Scolopax*
8	*Columba*
9, 10, 11, 12, 13, 14	*Anas*
15, 16	*Loxia*
17.	*Ampelis*

Nachtsingende Vögel gibt es nur wenige

Nachtigall	*Luscinia*	»im schattigsten Gehölz verborgen« (Milton)[121]
Heidelerche	*Alauda arborea*[122]	in der Luft stehend
Teichrohrsänger	*Passer arundinaceus minor*[123]	in Schilf und Weidicht

Nun sollte ich zu den Vögeln übergehen, welche nach Mittsommer mit dem Gesang fortfahren, doch da diese sehr zahlreich sind, würden sie den Rahmen dieses Briefes sprengen. Zudem ist es nun gerade die Jahreszeit für weitere Bemerkungen zu diesem Gegenstand und so wird es mir ein Vergnügen sein, meine Beobachtungen einzelner Vögel, bezüglich deren Gesang und seiner Fortdauer ich gegenwärtig noch einigen Zweifel hege, wieder aufzunehmen.

Ich verbleibe, etc.

BRIEF II

Selborne, den 2. November 1769

Verehrter Herr,
Als ich mir gegen Ende des vergangenen Juni die Ehre gab, Euch zum Gegenstand der Naturgeschichte zu schreiben, sandte ich Euch eine Liste der ziehenden Sommervögel, welche ich in dieser Gegend beobachtet habe, sowie auch eine Liste der Wintervögel; ebenso habe ich jene weichschnäbeligen Vögel aufgeführt, welche den Winter über bei uns im Süden Englands bleiben, sowie jene, die sich durch ihren nächtlichen Gesang auszeichnen.

Wie ich bereits angekündigt habe, werde ich jetzt zu jenen Vögeln übergehen (Singvögeln, um sie genau zu bezeichnen), welche über Mittsommer hinaus ihren Gesang ohne Einschränkung pflegen, und ich werde sie in etwa in der Ordnung aufführen, in welcher sie mit Eintreten des Frühlings zu singen beginnen.

	RAII NOMINA	
1. Heidelerche	*Alauda arborea*	im Januar, singt den ganzen Sommer und Herbst hindurch
2. Singdrossel	*Turdus simpliciter dictus*	im Februar bis August, nimmt ihren Gesang im Herbst wieder auf.
3. Zaunkönig	*Passer troglodytes*	das ganze Jahr über, außer bei strengem Frost

4. Rotkehlchen	*Rubecula*	dito
5. Heckenbraunelle	*Curruca*	Anfang Februar bis 10. Juli
6. Goldammer	*Emberiza flava*	Anfang Februar, durchgehend bis 21. August
7. Feldlerche	*Alauda vulgaris*	Februar, durchgehend bis Oktober
8. Rauchschwalbe	*Hirundo domestica*	April bis September
9. Mönchsgrasmücke	*Atricapilla*	Anfang April bis 13. Juli
10. Wiesenpieper	*Alauda pratorum*[124]	Mitte April bis 16. Juli
11. Amsel	*Merula vulgaris*	gelegentlich im Februar und März, dann durchgehend bis 23. Juli, nimmt im Herbst den Gesang wieder auf
12. Dorngrasmücke	*Ficedulae affinis*	im April, weiter bis 23. Juli
13. Stieglitz	*Carduelis*	April, durchgehend bis 16. September
14. Grünling	*Chloris*	den Juli hindurch bis 2. August
15. Teichrohrsänger	*Passer arundinaceus minor*	Mai bis Anfang Juli
16. Bluthänfling	*Linaria vulgaris*	brütet und pfeift bis August; nimmt den Gesang wieder auf, wenn sie im Oktober beginnen, sich zu sammeln, und dann wieder früh, wenn der Schwarm auseinandergeht

Vögel, welche ihren Gesang einstellen und zu oder vor Mittsommer stumm sind:

17. Mittlerer Laubsänger	*Regulus non cristatus*	Mitte Juni; beginnt im April
18. Gartenrotschwanz	*Ruticilla*	Mitte Juni; beginnt im Mai

19. Buchfink	*Fringilla*	Anfang Juni; beginnt im Februar zu singen
20. Nachtigall	*Luscinia*	Mitte Juni; beginnt im April zu singen

Vögel, welche nur kurze Zeit singen, nämlich im frühen Frühjahr:

21. Misteldrossel	*Turdus viscivorus*	2. Januar 1770, im Februar; in Hampshire und Sussex »Sturmhahn« geheißen, da ihr Lied windiges nasses Wetter voraussagen soll; unser bedeutendster Singvogel
22. Kohlmeise	*Fringillago*	im Februar, März, April; nimmt im September ihren Gesang kurz wieder auf

Vögel, welche eine Art Tonfolge oder Strophe haben und doch kaum als Singvögel zu bezeichnen sind:

23. Goldhähnchen	*Regulus cristatus*	die Stimme ist winzig wie die Person; hält sich in den Wipfeln hoher Eichen und Fichten auf; der kleinste britische Vogel
24. Sumpfmeise	*Parus palustris*	streift in großen Wäldern umher; zwei raue scharfe Silben
25. Kleiner Laubsänger	*Regulus non cristatus*	singt im März; bis September
26. Größter Laubsänger	*dito*	»cantat voce stridula locuste«: von Ende April bis August

27. Feldschwirl	*Alauda minima voce locustae*	zirpt die ganze Nacht, von Mitte April bis Ende Juli
28. Rauchschwalbe	*Hirundo agrestis*	die ganze Brutzeit über, von Mai bis September
29. Gimpel	*Pyrrhula*	
30. Ammer	*Emberiza alba*[125]	von Ende Januar bis Juli

Alle Singvögel und solche, die Anstalten machen zu singen, gehören nicht nur in Großbritannien, sondern vielleicht auf der ganzen Welt nach Linnaeus zur Ordnung der *Passeres*.

Die obgenannten Vögel gehören, ihrer Nummerierung nach, zu den folgenden Gattungen nach Linnaeus:

1,7, 10, 27	*Alauda*
2, 11, 21	*Turdus*
3, 4, 5, 9, 12, 15, 17, 18, 20, 23, 25, 26	*Motacilla*
6, 30	*Emberiza*
8, 28	*Hirundo*
13, 16, 19	*Fringilla*
22, 24	*Parus*
14, 29	*Loxia*

An Vögeln, welche im Fluge singen, gibt es nur wenige:

Feldlerche	*Alauda vulgaris*	steigend, in der Luft, absteigend
Wiesenpieper	*Alauda pratorum*	im Sinkflug, auch sitzend auf Bäumen und am Boden im Gehen
Heidelerche	*Alauda arborea*	in der Luft, in warmen Sommernächten die ganze Nacht
Amsel	*Merula*	manchmal von Strauch zu Strauch

Dorngrasmücke	*Ficedulae affinis*	vollführt beim Singen im Flug seltsames Zucken und Gestikulieren
Schwalbe	*Hirundo domestica*	in mildem sonnigem Wetter
Zaunkönig	*Passer troglodytes*	manchmal von Strauch zu Strauch

Vögel, welche in dieser Gegend am frühesten brüten:

Rabe	*Corvus*	Junge schlüpfen in Februar und März
Singdrossel	*Turdus*	im März
Amsel	*Merula*	im März
Saatkrähe	*Cornix frugilega*	baut das Nest Anfang März
Heidelerche	*Alauda arborea*	Junge schlüpfen im April
Ringeltaube	*Palumbus torquatus*	legt Anfang April

Alle Vögel, welche ihren Gesang ungemindert bis nach Mittsommer fortführen, brüten, dünkt mich, mehr als einmal.

Die meisten Vogelarten weisen, so scheint mir, eine gewissermaßen im Verhältnis zu ihrer Körpermasse stehende Neigung zu Scheu und Ungezähmtheit auf. Jedenfalls auf dieser unserer Insel, wo man sie arg verfolgt und ihnen zusetzt. Auf der Insel Ascension indessen haben Seeleute Vögel angetroffen, welche mit der menschlichen Gestalt so wenig vertraut waren, dass sie stillstanden und sich ergreifen ließen, wie etwa Tölpel es tun. Als Beispiel für die obgenannte Ansicht will ich vermerken, dass das Goldhähnchen (der kleinste britische Vogel) ungerührt stillhält, bis man auf wenige Meter herangekommen ist, während die Trappe (*Otis*) im Umkreis von etlichen Dutzend Metern keinen Menschen duldet.

Ich verbleibe, etc.

BRIEF III

Selborne, den 15. Januar 1770

Verehrter Herr,
Es hat mir keine geringe Genugtuung bereitet zu erfahren, dass Ihr mit meinem kleinen *Methodus* der Vögel nicht unzufrieden wart. Wenn dieser kleine Abriss einen Vorzug hat, so ist es die Exaktheit der Daten. Viele Monate lang trug ich in einer Tasche die Liste der Vögel bei mir, zu denen es Bemerkungen einzutragen galt, und, indem ich zu Fuß oder zu Pferde meinen Geschäften nachging, vermerkte ich jeden Tag die Fortsetzung oder das Ausbleiben des Gesangs eines jeden einzelnen Vogels; also bin ich der Gewissheit meiner Angaben so sicher, wie ein Mann es überhaupt von gleichwelchem Vorgang sein kann.

Ich werde nun die Fragen, welche Ihr mir in Euren zwei freundlichen Briefen gestellt habt, so gut, wie ich dazu nur imstande bin, beantworten. Vielleicht ist Eastwick und sein Umland, wo Ihr so sehr wenige Vögel hörtet, kein Waldland und weist daher nicht dergleichen Sänger auf. Wenn Ihr einen Blick auf meinen letzten Brief werft, so werdet Ihr sehen, dass viele Arten noch über den Anfang des Monats Juli hinaus singen.

Der Wiesenpieper und die Goldammer brüten spät, Letztere gar sehr spät, und so ist es kein Wunder, dass sie mit ihrem Gesang fortfahren; ich stelle nämlich für die Ornithologie die Maxime auf, dass die Musik währt, solange noch gebrütet wird. Was das Rotkehlchen und den Zaunkönig betrifft, so ist auch dem gleichgültigsten Betrachter vertraut, dass sie das ganze Jahr über flöten, außer im strengen Frost, insbesondere letzterer Vogel.

Ich hatte keine Gelegenheit, Euch eine Mönchsgrasmücke oder einen Teichrohrsänger oder Schilfrohrsänger lebend zu besorgen. Da Ersterer und, soweit ich es beurteilen kann, auch Letzterer ein Sommervogel ist, würden sie mehr Kundigkeit und Pflege in der Käfighaltung erfordern, als ich ihnen zu geben in der Lage wäre, sie sind beide beachtliche Sänger. Der Gesang des Ersteren hat eine so ungezähmt tönende Lieblichkeit, dass er mich immer an diese Zeilen eines Liedes in *Wie es euch gefällt* denken lässt:

Und stimmt der Kehle Klang
zu lustger Vögel Sang.[126]

Letzterer hat eine überraschende Vielfalt an Tonfolgen, welche dem Gesang anderer Vögel gleichen, was nicht immer zu seinem Vorteil gereicht; dennoch ist er ein empfindsamer Vielsprachler.

Es ist mir neu, dass Gimpel in Käfigen die Nacht hindurch singen; vielleicht ist das nur bei Vögeln in Gefangenschaft so. Ich wusste einmal von einem zahmen Rotkehlchen in einem Käfig, dieses sang, solange Kerzen im Raum brannten, doch wo sie wild vorkommen, nimmt niemand an, dass sie nachts singen.[127]

Ich möchte fest Zweifel an dem Umstand anmelden, dass man so viel weniger Vögel im Juli sehe als in jedem vorhergehenden Monat, wiewohl täglich so viele Junge schlüpfen. Ich weiß gewiss, dass es sich mit der Schwalbenfamilie ganz anders verhält, denn diese vermehren sich zahlreich mit Fortschreiten des Sommers; im selben obgenannten Zeitraum sah ich auch hunderte junger Stelzen am Ufer des Cherwell, der fast die Wiesen bedeckte. Wenn es jedoch, wie Ihr sagt, bei anderen Arten der Fall zu sein scheint, könnte dies nicht dem Umstand geschuldet sein, dass die Weibchen mit dem Bebrüten der Eier befasst sind, während die Jungvögel noch vom Laub verborgen sind?

Viele Male habe ich aus Wissbegier die Mägen von Waldschnepfen und Schnepfen geöffnet, doch nie stieß ich auf einen Fund, der zu einer Erklärung ihrer Nahrung hätte beitragen können. Ich fand immer nur einen weichen Schleim vor, durchsetzt mit vielen durchscheinenden kleinen Steinchen.

Ich verbleibe, etc.[128]

BRIEF IV

Selborne, den 19. Februar 1770

Verehrter Herr,
Eure Beobachtung, nach welcher »der Kuckuck sein Ei nicht unterscheidungslos im Nest des erstbesten Vogels ablegt, auf welches er stößt, sondern nach einer in gewisser Weise artverwandten Amme Ausschau hält, welcher er seine Jungen anvertrauen kann«, ist mir ganz neu und traf mich mit solchem Nachdruck, dass ich natürlicherweise begann, mich in Gedanken zu fragen,

ob dem tatsächlich so sei und was der Grund dafür sein möge. Als ich dann dazu kam, andere zu befragen und mich auf eigene Beobachtungen zu besinnen, stellte ich fest, dass in dieser Gegend hier ein Kuckuck nie in einem anderen Nest gefunden wurde als in dem von Stelzen, Heckenbraunellen, Wiesenpieper, Dorngrasmücke und Rotkehlchen, allesamt weichschnäbelige Insektenfresser. Der vortreffliche Mr. Willughby erwähnt die Nester von *Palumbus* (Ringeltaube) und *Fringilla* (Buchfink), welche sich von Eicheln und Körnern und dergleichen harten Dingen ernährten. Jedoch nennt er sie nicht als Selbstgesehenes aus eigener Erfahrung, hinterher allerdings sagt er, er selbst habe eine Stelze einen Kuckuck füttern sehen. Es dünkt mich gleichsam unmöglich, dass ein weichschnäbliger Vogel sich von derselben Speise sollte ernähren können wie ein hartschnäbeliger.[129] Erstere nämlich haben dünne membranartige Mägen, die der weichen Nahrung angepasst sind, Letztere hingegen, die körnerfressenden, haben starke Muskelmägen, welche wie Mühlen das Geschluckte mit Hilfe kleiner Steine und Kiesel mahlen. Dieses Vorgehen des Kuckucks, seine Eier wie durch Zufall abzulegen, ist ein so ungeheurer Verstoß gegen die mütterliche Zuwendung, die doch eines der obersten Diktate der Natur ist, und tut dem Instinkt eine solche Gewalt an, dass wir es nicht glauben würden, wenn solches von einem Vogel berichtet würde, welcher nur in den Brasilen oder in Peru lebt. Doch sollte es nun weiters so erscheinen, dass dieser einfache Vogel, der natürlichen στοργή[130] ganz begeben, welche die Art allgemeinerweise über sich selbst erhebt und ihr Listen und Trachten in ganz außerordentlichem Maße verleiht, zudem noch mit einer weiteren Fähigkeit begabt sei zu unterscheiden, welche Spezies geeignete und artverwandte Ziehmütter für seine ungewollten Eier und Jungen bereithält, sodass er sie nur in deren Obhut gibt, dann hieße das Wunder mit Wunder vermehren und einen ganz neuen Beweis erbringen, dass die Methoden der Vorhersehung keiner Regel und keinem Gesetz unterliegen, sondern uns in neuem Lichte und verschiedenen wandelbaren Formen der Erscheinung in Erstaunen setzen.

Die Worte eines erhabenen Autors aus dem Altertum bezüglich des Mangels an natürlicher Zuneigung im Straußenvogel mag auch auf den Vogel, welchen wir hier besprechen, Anwendung finden:

»Verhärtet hat er ihre Jungen, dass sie nicht ihr gehören:

Denn Gott hat sie nicht bedacht mit Vorsicht und ihr nichts zugedacht an Einsicht.«*

Frage: Legt jedes Kuckucksweibchen nur ein Ei in der Saison oder legt es, je nach sich bietender Gelegenheit, mehrere in verschiedenen Nestern ab?

Ich verbleibe, etc.

BRIEF V

Selborne, den 12. April 1770

Verehrter Herr,
Im letzten Jahr habe ich noch viele Vogelarten nach Mittsommer singen hören, ausreichend viele, um zu beweisen, dass die Sommersonnenwende nicht der Zeitpunkt ist, welcher der Musik des Waldes Einhalt gebietet. Die Goldammer fährt mit größerer Beständigkeit fort denn jede andere, doch die Heidelerche, der Zaunkönig, das Rotkehlchen, die Schwalbe, die Dorngrasmücke, der Distelfink, der Bluthänfling, sie alle sind zweifelsohne Beispiele für die Wahrheit meiner These.

Wenn die derzeitige strenge Jahreszeit die Regelmäßigkeit des Sommerzuges nicht unterbricht, wird die Mönchsgrasmücke in zwei, drei Tagen hier eintreffen. Ich wünschte, es stünde in meiner Macht, Euch einen solchen Sänger zu beschaffen, doch bin ich kein Vogelfänger und zudem so wenig vertraut mit Vögeln im Käfig, dass ich fürchte, ein so Gefangener würde bald an meiner mangelnden Fähigkeit, ihn recht zu füttern, eingehen.

War Euer Rohrsänger, welchen Ihr im Käfig hieltet, der dickschnnäbelige Rohrsänger[131] auf Seite 320 der *Zoology* oder war es der kleine Rohrsänger bei Ray, der Schilf-Vogel auf Seite 16 in Herrn Pennants letzter Veröffentlichung?

Was den Umstand angeht, dass langschnäbelige Vögel bei mäßigem Frost dicker werden, so habe ich für mich zweifellos einen Grund im Sinn. Das Gedeihen zu dieser Jahreszeit scheint mir insgesamt daraus zu erwachsen, dass die Kälte der unwillkürlichen Perspiration eine Hemmung auferlegt.

---

* Hiob 39,16–17.

Das ist ebenso der Fall bei Amseln und dergleichen. Bauern und Wildheger beobachten erstens, dass ihre Schweine sich zu solchen Zeiten lieber mästen lassen, und zweitens, dass Kaninchen nie so gut im Futter sind wie bei leichtem Frost. Doch wenn der Frost streng ist und lang andauert, ist die Lage bald eine andere, denn dann fällt der Mangel an Nahrung stärker ins Gewicht als die füllende Wirkung der gehemmten Perspiration. Zudem habe ich auch beobachtet, dass manche Menschen ähnlich veranlagt sind, indem sie im Winter zu größerer Fülligkeit neigen als im Sommer.

Wenn Vögel durch strengen Frost leiden, sind es, wie mich dünkt, die rotgeflügelten Wacholderdrosseln, welche als Erste zugrunde gehen, und dann die Singdrosseln.

Ihr wundert Euch mit gutem Grund, dass eine Heckenbraunelle und dergleichen überhaupt Veranlassung sieht, sich auf das Ei des Kuckucks zu setzen, ohne vor der ungeheuer unverhältnismäßigen Größe des untergeschobenen Eis zurückzuschrecken.[132] Die tumbe Kreatur hat, so nehme ich an, kaum eine Vorstellung von Größe, Farbe oder Anzahl. Weiß ich doch, dass die gemeine Henne, hat sie die Brütewut einmal überkommen, auf einem einzelnen unförmigen Stein sitzt anstatt dem Nest voller Eier, das man ihr entzogen hat; und auf gleiche Weise würde auch ein Truthuhn in denselben Umständen auf dem leeren Nest sitzenbleiben, bis er Hungers stürbe.

Ich meine, die Frage, ob ein Kuckuck ein oder zwei Eier in der Saison lege, müsse sich doch leicht entscheiden lassen, indem man ein Weibchen in der Legezeit öffnet. Wenn sich mehr als eines durch die Eileiter gesenkt und zu fortgeschrittener Größe gediehen ist, dann würde sie in diesem Frühling zweifelsohne mehr als eines legen.

Ich werde mich bemühen, eines Kuckucksweibchens habhaft zu werden und es zu untersuchen.

Eure Annahme, es möge eine natürliche Behinderung in Singvögeln geben, während sie stumm sind, und dass der Gesang wieder aufgenommen wird, sobald diese beseitigt ist, dünkt mich neuartig und kühn. Ich wünschte, Ihr könntet einige gute Begründungen für diese Vermutung anführen.

Ich war froh zu erfahren, dass mein Exemplar des *Caprimulgus* oder der Nachtschwalbe Euch erfreut hat; ich stelle fest, dass Ihr mit dem Vogel bereits früher vertraut wart.

Bei unserem Treffen werde ich mich gerne mit Euch über Euren Vorschlag unterhalten, ich solle eine Auflistung der Tiere meiner Gegend erstellen.[133] Eure freundliche Gewogenheit gegenüber meinen geringen Fähigkeiten lässt Euch glauben, wie ich fürchte, ich sei zu mehr imstande, als in meinen Kräften liegt; es ist nämlich kein kleines Unterfangen für einen Mann, allein und ohne Unterstützung eine Naturgeschichte nur auf seine eigene *Autopsia* gestützt zu beginnen! Auch wenn es auf dem Gebiete der Natur, die grenzenlos ist, unendliche Möglichkeiten der Beobachtung gibt, kann doch die Erforschung (wobei ein Mann bestrebt ist, seiner Fakten stets gewiss zu sein) nur langsam voranschreiten, und alles, was man im Laufe vieler Jahre sammeln könnte, würde nur in eine schmale Richtung verlaufen.

Einige Auszüge Eurer geistreichen *Untersuchungen des Unterschieds zwischen der gegenwärtigen Lufttemperatur in Italien* sind mir in die Hände gefallen und bereiten mir viel Genugtuung: Sie haben die Einwände beseitigt, welche sich immer bei mir erhoben, wenn ich an Stellen gelangte, wie Ihr sie zitiert. Gewisslich hätte der umsichtige Vergil beim Verfassen eines Lehrgedichts über die Region Italien niemals auch nur erwogen, zugefrorene Flüsse zu beschreiben, wenn nicht strenges Wetter dieser Art recht häufig vorkäme.

PS: Schwalben erscheinen inmitten von Schnee und Frost.

BRIEF VI

Selborne, den 21. Mai 1770

Verehrter Herr,
Die Rauheit und die Stürme des vergangenen Monats haben den regulären Verlauf des Sommerzuges so unterbrochen, dass einige Vögel sich erst jetzt allmählich zeigen, und andere dünken mich schmäler denn gewöhnlich, so die Dorngrasmücke, die Mönchsgrasmücke, der Gartenrotschwanz, der Fliegenschnäpper. Ich erinnere mich noch gut daran, dass die Sommerzugvögel nach dem strengen Frühling des Jahres 1739/40 sehr spärlich erschienen. Sie gelangen wahrscheinlich mit einem Südostwind hierher oder einem Wind, der zwischen diesen beiden Richtungen weht, doch in diesem widrigen Jahr

wehte der Wind den ganzen Frühling und Sommer hindurch aus der entgegengesetzten Richtung. Und dennoch, inmitten all dieser Widrigkeiten erschienen, wie ich in meinem letzten Brief erwähnte, zwei Schwalben in diesem Jahr bereits um den 11. April bei Frost und Schnee, doch sie verzogen sich wieder für einige Zeit.

Es betrübt mich, dass einige Leute mit Scopolis neuer Veröffentlichung* so wenig zufrieden scheinen; aus den Händen dieses Mannes, der ein guter Naturgeschichtler ist, darf man Großes erwarten und man möchte meinen, dass eine Geschichte der Vögel einer so fernen und südlichen Region wie Carniola[134] neuartig und interessant sei. Ich würde mir das Werk gerne ansehen und hoffe, es mir schicken lassen zu können. Dr. Scopoli ist ein Arzt jener Elenden, welche in den Quecksilberminen der obgenannten Region arbeiten.

Als Ihr davon berichtetet, dass Ihr einen Rohrsänger haltet und ihm Körner als Nahrung gebt, konnte ich nicht umhin, mich zu erstaunen, denn der Rohrsänger, welchen ich Euch erwähnte (*Passer arundinaceus minor Raii*), ist ein weichschnäbeliger Vogel und höchstwahrscheinlich zieht er vor dem Winter von hier fort. Der Vogel indessen, welchen Ihr haltet (*Passer torquatus Raii*), bleibt das ganze Jahr über hier und hat einen dicken Schnabel. Ich würde infrage stellen, dass Letzterer ein rechter Singvogel sei, doch möchte ich mich in dieser Frage besser kundig machen. Ersterer hat eine Vielzahl eiliger Tonfolgen und singt die ganze Nacht hindurch. Ein Teil des Gesanges des Ersteren wird, wie ich vermute, Letzterem zugeschrieben. Wir haben hier eine Fülle der weichschnäbeligen; diese hat Mr. Pennant in seiner *British Zoology* völlig außer Acht gelassen, bis ich ihn auf sein Versäumnis aufmerksam gemacht habe. Siehe die zuletzt erschienene *British Zoology*, Seite 16.**

Ich habe auch noch einige Bemerkungen zu den verschiedenen Flug- und Gangarten der einzelnen Vögel zu machen, doch dies ist ein Gegenstand, den ich noch nicht ausreichend erkundet habe, und zudem ist er so beschaffen, dass er sich nicht auf kleinem Raume unterbringen lässt. Ich werde mich also vorerst nicht weiter dazu äußern.***

Der Grund, weshalb das Geschlecht der Vögel im ersten Gefieder so schwer auseinanderzuhalten ist, liegt zweifelsohne darin, wie Ihr bemerkt,

---

* Dieses Werk nennt er sein *Annus Primus Historico-Naturalis*.

** Siehe Brief XXV an Mr. Pennant.

*** Siehe Brief XLIII an Mr. Barrington.

»dass sie erst im folgenden Frühling zur Paarung und Ausübung ihrer elterlichen Aufgaben bereit sein werden«. Da Farben bei vielen Vögeln die wichtigsten geschlechtlichen Unterscheidungsmerkmale zu sein scheinen, bilden sich diese Färbungen erst dann aus, wenn sich geschlechtliche Bindung entfaltet. Dies ist ebenso bei Vierbeinern der Fall, bei denen in der Jugend kaum ein Unterschied zwischen den Geschlechtern ist, doch indem sie die Reife erreichen, bilden sich Hörner und Zottelmähnen, Bärte und muskulöse Nacken aus, die das Männchen stark vom Weibchen unterscheiden. Sogar in unserer eigenen Spezies können wir Beispiele finden, wo Bart und Merkmale körperlicher Stärke für das männliche Geschlecht typisch sind, doch diese geschlechtliche Unterscheidung findet nicht in der frühen Jugend statt; ein schöner Jüngling kann so sehr wie ein schönes Mädchen aussehen, dass der Unterschied äußerlich nicht festzustellen ist.

Quem si puellarum insereres choro,
Mire sagaces falleret hospites
Discrimen obscurum, solutis
Crinibus, ambiguoque vultu.[135]
(Horaz)

BRIEF VII

Ringmer bei Lewes, den 8. Oktober 1770

Verehrter Herr,
Es freut mich zu hören, dass Kuckalm Euch die Vögel Jamaicas beschaffen wird; der Anblick der *Hirundines* jener heißen, fernen Insel würde mir großes Vergnügen bereiten.

Scopolis *Anni* sind nun in meinem Besitz und ich habe den *Annus Primus* mit Vergnügen gelesen; manche Teile seines Werkes sind zwar schwerlich gutzuheißen, auch stellt er einige irrtümliche Beobachtungen an, die Ornithologie eines so fernen Landes wie Carniola indessen ist ausgesprochen interessant. Solche, die sich nur einer Gegend widmen, sind viel besser bestellt, Wissen von der Natur zu vermitteln, als jene, die nach mehr greifen, als man sich überhaupt in Kenntnis aneignen kann; jedes Königreich, jede Provinz sollte ihren eigenen Monografen haben.

Der Grund, aus welchem er Rays *Ornithology* mit keinem Worte erwähnt, mag an der äußersten Armut und Abgelegenheit seines Landes liegen, in welches die Werke unseres großen Naturgeschichtlers nie den Weg gefunden haben. Ihr habt, wie ich wohl weiß, Eure Zweifel, dass diese Ornithologie echt und tatsächlich das Werk von Scopoli sei; was mich betrifft, so entdecke ich doch starke Anzeichen, die für ein authentisches Werk sprechen: Der Stil entspricht dem seiner Entomologie und viele der Merkmale seiner Ordnungen und Gattungen sind neu, ausdrucksvoll und meisterhaft. Er hat es unternommen, an einigen der Linnaeischen Gattungen mit hinreichenden Begründungen Änderungen vorzunehmen.

Es mag ein schierer Zufall gewesen sein, dass Ihr in Staines so viele Mauersegler und Schwalben gesehen habt; in den langen Jahren meiner Beobachtungen dieser Vögel konnte ich nie auch nur den geringsten Grad von Rivalität oder Feindseligkeit zwischen den beiden Spezies entdecken.

Ray bemerkt, dass Vögel der Ordnung *Gallinae* wie Hähne und Hühner, Fasanen und Rebvögel *Pulveratrices* seien, welche im Staub baden und diese Methode anwenden, um ihr Gefieder zu reinigen und sich von Ungeziefer zu befreien. So weit ich es beobachten kann, gehen viele Vögel, die ein Staubbad nehmen, nie ins Wasser, und früher war ich der Meinung, jene, die sich waschen, würden nie ein Staubbad nehmen, doch da befinde ich mich im Irrtum, denn gemeine Hausspatzen sind große Staubbader, die man allenthalben dabei beobachten kann, wie sie sich im Staub wälzen und suhlen, und doch sind sie auch große Wäscher. Badet die Feldlerche nicht auch im Staub?

Frage: Mag es nicht sein, dass Mohammed und seine Anhänger sich an diesen Staubbadern ein Vorbild für die Reinigung nehmen? Ich höre nämlich von glaubwürdigen Reisenden, dass ein strenger Muselmane auf der Reise in einer Sandwüste, weitab von jedem Wasser, zu festgesetzten Stunden seine Kleider abwirft und seinen Körper höchst sorgfältig mit Sand oder Staub abreibt.

Ein Landmann berichtete mir, er habe im Nest eines kleinen am Boden brütenden Vogels einen jungen Ziegenmelker gefunden, welcher von dem kleinen Vogel gefüttert wurde. Ich machte mich auf, um diese außergewöhnliche Erscheinung mit eigenen Augen zu sehen, und stellte fest, dass es sich um einen jungen Kuckuck handelte, welcher im Nest eines Wiesenpiepers geschlüpft war und viel zu groß für das Nest geworden war. Er schien

> *... in tenui re*
> *Majores pennas nido extendisse ...*[136]

und war sehr wüst und kampfeslustig, er verfolgte meinen Finger, als ich ihn neckte, und teilte Hiebe aus und schlug mit den Flügeln wie ein Kampfhahn. Das hereingelegte Weibchen erschien in einigem Abstand und hielt sich, den Schnabel mit Futter gefüllt, in der Luft und brachte größte Sorge zum Ausdruck.

Im Juli sah ich mehrere Kuckucke, die dicht übers Wasser eines großen Teiches streiften. Nach einigem Beobachten stellte ich fest, dass sie dabei waren, *Libellulae*, die Libellen, zu fressen, deren manche sie auf den Pflanzen sitzend schnappten und andere im Fluge. Dennoch kann ich, auch ungeachtet Linnaeus' Feststellung, mich nicht davon überzeugen, dass sie Raubvögel sein sollten.[137]

Der hiesige Bezirk hat einige Vögel aufzuweisen, von welchen man in Selborne noch nie gehört hat. An erster Stelle sind in diesem Sommer beträchtliche Schwärme von Kreuzschnabeln (*Loxiae curvirostrae*) in den Nadelbaumhainen erschienen. Die Wasserdrossel[138] schweift dem Vernehmen nach an der Mündung des Flusses Lewes bei Newhaven umher und die Cornische Nebelkrähe baut, wie ich weiß, Nester in allen Kreideklippen der Küste von Sussex.

Ich war hocherfreut, Ringdrosseln (welche ich jüngst als Zugvögel erkannt habe) hier und da über das ganze Sussexer Hügelland zwischen Chichester und Lewes verstreut anzutreffen. Ganz gleich, woher sie kommen mögen, es sieht mir doch sehr danach aus, dass sie sich an der Küste entlang in Gruppen aufhalten, um den Ärmelkanal zu überqueren, wenn strenges Wetter naht. Sie besuchen uns wieder im April, wie mich dünkt auf der Rückreise, und im tiefen Winter sieht man sie nirgends. Es ist zu bemerken, dass sie sehr zahm sind und allem Anschein nach keinerlei Gefahr fürchten, wenn sie eine Person mit Flinte sehen. Auf den offenen Senken bei Brighthelmstone gibt es Trappen.[139] Ich habe keinen Zweifel, dass das Sussexer

Hügelland Euch vertraut ist, die Ausblicke und Ausritte rings um Lewes sind außerordentlich hübsch!

Auf einem Ausritt an der Küste entlang hielt ich auf den Pfaden und in den Wäldern angestrengt und unablässig Ausschau in der Hoffnung, ich möge um diese Jahreszeit einige der kurzflügeligen ziehenden Sommergäste sichten, welche in Vorbereitung ihrer Abreise an die Küste drängen: es dünkte mich ganz außergewöhnlich, dass ich jedoch keinen einzigen Gartenrotschwanz, keine Dorngrasmücke, Mönchsgrasmücke, keinen Zaunkönig, Fliegenschnäpper und dergleichen zu Gesicht bekam. Und ich erinnere mich, in vergangenen Jahren denselben Umstand vermerkt zu haben, denn ich komme jedes Jahr etwa um diese Zeit hierher. Die derzeit an der Küste häufigst vorkommenden Vögel sind Schwarz- und Braunkehlchen, Grauammern, Bluthänflinge, einige Schmätzerarten, Wiesenpieper und dergleichen. Rauch- und Mehlschwalben sind auch noch in Scharen hier, das milde, trockene, stille Wetter lädt sie ein, noch zu verweilen.

Eine Landschildkröte[140], welche seit dreißig Jahren nun in einem kleinen, von einer Mauer umgrenzten Hof gehalten wird, welcher zu dem Haus gehört, in dem ich mich aufhalte, verzieht sich etwa Mitte November unter die Erde zurück und erscheint etwa Mitte April wieder. Wenn sie im Frühling hervorgekommen ist, zeigt sie anfangs kaum Neigung zum Essen, im Hochsommer jedoch wird sie gefräßig; mit der Neige des Sommers klingt auch ihr Appetit wieder ab, und so frisst sie während der letzten sechs Wochen vor ihrem Rückzug im Herbst kaum etwas. Milchige Pflanzen, wie etwa Salat, Löwenzahn, Disteln, sind ihre Lieblingsspeisen. In einem Nachbardorf wurde eine Schildkröte gehalten, bis sie, wie es nach der Überlieferung hieß, hundert Jahre alt war. Welch ein Beispiel von Langlebigkeit in einem solchen armseligen Reptil!

BRIEF VIII

Selborne, den 20. Dezember 1770

Verehrter Herr,
Die Vögel, welche ich für Erlenzeisige hielt, waren Rohrsänger (*Passeres torquati*).

Es gibt zweifellos viele heimische Wanderbewegungen der Vögel innerhalb dieses Königreiches, welche besser verstanden sein wollen, wie zum Beispiel jene ungeheuren Schwärme von Buchfinken, welche im Winter bei uns erscheinen und unter denen kaum ein Männchen ist. Auch wenn beide Geschlechter in entsprechender Proportion vertreten wären, käme es einen doch als sehr unwahrscheinlich an, dass ein einziger Bezirk eine solche Anzahl dieser kleinen Vögel hervorgebracht haben sollte, und umso größer ist das Erstaunen, wenn nur die Hälfte der Art erscheint. Daher können wir schließen, dass der *Fringilla coelebs* aus irgendwelchen guten Gründen ein sonderbares Zugverhalten eigener Art hat, bei welchem die Geschlechter sich trennen. Es hat nichts so Erstaunliches, dass der Verkehr der Geschlechter im Winter unterbrochen ist; gibt es doch viele Tiere, insbesondere Rehe und Rehböcke, welche außer in der Jahreszeit, in der Verkehr für die Fortpflanzung der Rasse notwendig ist, in geschlechtergetrennten Herden leben. Zu dieser Frage der Buchfinken siehe *Fauna Suecica*, Seite 85, und *Systema Naturae*, Seite 318. Jeden Winter sehe ich große Schwärme Buchfinkenweibchen, jedoch keine Männchen.

Eure Methode des Nachweises der periodischen Bewegungen der britischen Singvögel oder Flugvögel leuchtet durch ihre Wahrscheinlichkeit ein, denn die Nahrungsfrage ist ein großer Regelstifter der Handlungen und Vorgehensweisen der vernunftlosen Kreatur; der einzige andere Umstand, welcher sich an Wichtigkeit damit messen kann, ist die Liebe. Doch in einer Hinsicht kann ich mich nicht ganz fügen, und das ist bei Eurer folgenden Feststellung: »Wenn sie also sich sattgefressen haben, teilen sie sich wieder in Gruppen von fünf oder sechs auf und suchen sich die beste Nahrung, welche sie in einem Bezirk finden können, ohne sich veranlasst zu fühlen, sich auf die Suche nach frischgepflügter Erde zu machen.« Wenn Ihr damit meint, dass der Vorgang der Zusammenrottung mit dem Abschluss der Weizensaat und bis zur Zeit der Aussaat von Gerste und Hafer ein Ende hat, dann trifft das bei uns nicht zu, denn Lerchen und Buchfinken und insbesondere Bluthänflinge bilden im tiefen Winter ebenso Schwärme und rotten sich zusammen, wie sie es zu der Zeit tun, wenn der Landmann mit Pflug und Egge geht.

Es kann gewiss kein Zweifel daran bestehen, dass uns Waldschnepfen und Wacholderdrosseln im Frühling verlassen, um das Meer zu überqueren und sich in Gegenden zu begeben, welche dem Zweck des Brütens dienlicher sind. Dass Erstere sich vor der Abreise paaren und die Weibchen bereits entwickelte Eier haben, habe ich in meiner Zeit als Jäger vielfach erfahren. Es ist zwar in der Tat nicht zu leugnen, dass wir dann und wann von einem Waldschnepfennest[141] oder von Waldschnepfenjungen hören, welche man am einen oder andern Ort auf dieser Insel entdeckt hat, doch dann finden solche Funde immer als Seltenheit Erwähnung, ein Ding, das außerhalb des normalen Laufs der Dinge liegt; was jedoch Rotdrosseln[142] und Wacholderdrosseln angeht, so hat nach meinem Wissen noch kein Jäger oder Naturgeschichtler jemals angegeben, ein Nest oder Junge dieser Art in gleichwelchem Teil dieses Königreiches entdeckt zu haben. Ich bestaune diesen Umstand als etwas Außergewöhnliches, da sie doch, sollten sie den Sommer über hier verweilen wollen, im Sommer wie im Winter dieselbe Nahrung zur Verfügung hätten, welche auch ihre Artgenossen, die Amseln und Drosseln, erhalten. Daraus lässt sich anscheinend schließen, dass es nicht das Futter allein ist, welches für einzelne Arten von Vögeln den Ausschlag für ihr Bleiben oder Fortziehen gibt. Wacholderdrosseln und Rotdrosseln verschwinden früher oder später, je nachdem, ob das warme Wetter früher oder später eintrifft. Erinnere ich mich doch gut daran, dass nach jenem schrecklichen Winter 1739/40 noch den April und Mai hindurch kalte Nordostwinde wehten und dass diese Vögel (die wenigen, die übrig geblieben waren) nicht um die Zeit wie sonst fortzogen, sondern noch Anfang Juni umherstreifend gesehen wurden.

Die beste Autorität, welche wir für das Nistverhalten obgenannter Vögel haben, ist das Zeugnis der Faunisten, welche, ihrer Profession verschrieben, die Naturgeschichten einzelner Länder verfasst haben. Hinsichtlich der Wacholderdrossel schreibt Linnaeus in seiner *Fauna Suecica*, dass sie »maximis in arboribus nidificat«,[143] und von der Rotdrossel sagt er an gleicher Stelle: »nidificat in mediis arbusculis, sive sepibus: ova sex caeruleo-viridia maculis nigris variis.«[144] Daher können wir versichert sein, dass Rotdrosseln und Wacholderdrosseln in Schweden brüten. Scopoli schreibt in seinem *Annus Primus* von der Waldschnepfe »nupta ad nos venit circa aequinoctium vernale«, und er meint damit das Tirol, aus dem er stammt. Hinterher setzt er hinzu: »nidifcat in paludibus alpinis: ova ponit 3 – 5.«[145] Aus Kramer kann man allem Anschein nach nicht entnehmen, dass Waldschnepfen überhaupt in Österreich brüten, doch er sagt: »Avis haec septentrionalium provinciarum aestivo tempore incola est; ubi plerumque nidificat. Appropinquante hyeme australiores provincias petit: hinc circa plenilunium mensis Octobris plerumque Austriam transmigrat. Tunc rursus circa plenilunium potissimum mensis Martii per Austriam matrimonio juncta ad septentrionales provincias redit.« [146]

Der ganze Abschnitt, welchen ich gekürzt habe, findet sich in *Elenchus*, S. 351. Dies scheint mir ein voller Beweis für den Zug der Waldschnepfe zu sein, wiewohl hinsichtlich des Brutortes wenig nachgewiesen ist.

PS: In der Grafschaft Rutland fielen in drei Wochen bei dem derzeitigen sehr nassen Wetter siebeneinhalb Zoll Regen, und dies ist mehr Regen, als in den vergangenen dreißig Jahren in diesem Teil der Welt jemals über einen Zeitraum vor drei Wochen gefallen ist. Die mittlere Menge für ein Jahr beträgt in dieser Grafschaft zwanzigeinhalb Zoll.

BRIEF IX

Fyfield bei Andover, den 12. Februar 1771

Verehrter Herr,

Ihr seid, ich weiß es wohl, kein großer Freund des Vogelzugs und wohl bezeugte Darstellungen aus verschiedenen Teilen des Königreiches scheinen Euch in Euren Vermutungen zu bestätigen, dass zumindest viele der Schwalbenartigen uns im Winter nicht verlassen, sondern, ähnlich Insekten und Fledermäusen, in eine Art Starrezustand verfallen, um die weniger angenehmen Monate zu verschlafen, bis die Sonne und heitere Wetter sie wieder aufwecken.

Jedoch dürfen wir, wie mich dünkt, den Vogelzug nicht ganz leugnen; existiert doch diese Vogelwanderung ganz gewiss an manchen Orten, wie mein Bruder in Andalusien mich hat ausführlich wissen lassen. Er hat mit eigenen Augen die Bewegungen der Vögel über viele Wochen in Frühjahr und Herbst verfolgen können, in diesen Perioden überqueren Myriaden von Schwalben die Meerengen von Norden nach Süden und von Süden nach

Norden, je nach Jahreszeit. Und diese ungeheuren Züge bestehen nicht nur aus *Hirundines,* sondern aus Bienenfressern, Wiedehopfen, *Oro pendolos* oder Pirolen etc. etc. und auch aus vielen unserer weichschnäbeligen ziehenden Sommergäste; ja zudem noch Vögeln, welche uns nie verlassen wie all die vielen verschiedenen Habichte und Milane. Der alte Belon[147] gibt schon vor zweihundert Jahren eine interessante Darstellung der unglaublichen Armeen von Habichten und Milanen, welche er im Frühling über den Thrakischen Bosporus von Asien nach Europa ziehen sah. Neben den obgenannten beschreibt er auch die Heere von Adlern und Geiern, welche den Zug noch anschwellen ließen.

Nun soll es nicht wundernehmen, dass in Afrika lebende Vögel vor der zunehmenden Sonne davonziehen, um gemäßigtere Regionen aufzusuchen; und ganz besonders Raubvögel, deren Blut vom heißen tierischen Fleisch erhitzt ist, dulden ein schwüles Klima wenig; jedoch kann ich nicht umhin, mich zu fragen, wie es kommt, dass Milane und Habichte und dergleichen abgehärtete Vögel, welche bekanntlich dem strengen Klima Englands und selbst dem Schwedens sowie des ganzen nördlichen Europas widerstehen, vom Süden Europas aus sollten weiter fortziehen wollen und sich nicht mit den andalusischen Wintern zufriedengeben.

Es will mir doch scheinen, dass man die Aufmerksamkeit nicht auf die Schwierigkeiten und Risiken in Gestalt ungeheurer Ozeane, Gegenwinde und dergleichen, welche Vögel im Wanderzuge eingehen, legen sollte; bei näherer Überlegung nämlich kann ein Vogel von Europa bis an den Äquator fliegen, ohne ins Ungewisse aufzubrechen und sich unendlichen Ozeanen auszusetzen, und zwar indem er das Wasser bei Dover überquert und dann wieder bei Gibraltar. Und diesen offensichtlichen Umstand will ich mit umso größerem Vertrauen als Annahme aufstellen, weil mein Bruder stets festgestellt hat, dass einige seiner Vögel, und insbesondere die Schwalbenartigen, sich beim Überqueren des Mittelmeeres so geringer Mühsal wie möglich aussetzen, bei der Ankunft in Gibraltar nämlich verhalten sie sich nicht, wie es bei Milton heißt:

> ... aufgereiht zum Keil formiert sie stoßen
> ... und bewegen

ihre luft'ge Karawane überm Meer
fliegend, und über Land mit einigem Flügelschlag
den Flug sich erleichternd

Vielmehr stoßen sie eilig in kleinen Gruppen von je sechs oder sieben vor und schweifen tief, dicht über der Oberfläche von Land und Wasser, um ihren Weg zum gegenüberliegenden Kontinent über die kürzeste Strecke zu führen, welche sie finden können. Gemeinhin nehmen sie schrägen Kurs über die Bucht nach Südwesten und gelangen so in das gegenüberliegende Tanger, und dies ist allem Anschein nach die schmalste Stelle.

In sonstigen Briefen haben wir die Wahrscheinlichkeit erwogen, dass Waldschnepfen in Nächten mit Mondenschein von Skandinavien kommend den Deutschen Ozean überqueren. Als Beweis, dass auch Vögel mit geringerer Fluggeschwindigkeit diese See, so groß sie auch sei, zu queren imstande sind, will ich die folgende Begebenheit vortragen, welche zwar als schon viele Jahre zurückliegend berichtet wird, jedoch genauestens den Tatsachen entspricht: Im grausigen Winter 1708/09 waren in der Pfarre Trotton in der Grafschaft Sussex einige Leute bei der Jagd und töteten eine Ente mit einem silbernen Halsband*, auf welchem das Wappen des Königs von Dänemark eingraviert war. Dieses Vorkommnis hat der damalige Pastor von Trotton einem meiner nahen Verwandten des Öfteren erzählt, und so mich meine Erinnerung nicht trügt, befand sich das Halsband im Besitz des Rektors.

Derzeit kenne ich niemanden an der Küste, welcher sich der Mühe unterziehen würde festzustellen, zu welcher Phase im Mondkreis die ersten Waldschnepfen eintreffen; lebte ich selbst in der Nähe des Meeres, würde ich Euch bald mehr zu der Frage berichten können. Eine Sache, welche ich als Jäger des Öfteren beobachtet habe, war die, dass Waldschnepfen gelegentlich so träge und schläfrig waren, dass sie, kaum waren sie vom Spaniel aufgestöbert, ja sogar vor dem Lauf einer Flinte, die gerade auf sie abgeschossen worden war, sogleich wieder absanken: Ob diese seltsame Trägheit die Folge einer kürzlichen entkräftenden Reise sein mochte, vermag ich nicht zu sagen.

Nachtigallen gelangen nicht nur niemals bis Northumberland und Schottland, sondern auch nicht bis nach Devon und Cornwall. In den bei-

---

* Eine ähnliche Anekdote habe ich auch über einen Schwan gelesen.

den letzteren Grafschaften können wir nicht annehmen, dass es die fehlende Wärme ist, die sie ausbleiben lässt. Ihr Fehlen im Westen ist vielmehr ein auf Vermutung beruhendes Argument dafür, dass diese Vögel vom Kontinent an der schmalsten Stelle über das Wasser zu uns kommen und es sie nicht so weit nach Westen verschlägt.

Lasst mich doch Eure eigenen Beobachtungen wissen, was das Staubbaden der Feldlerchen angeht. Ich bin der Meinung, sie nehmen Staubbäder, und wenn dem so sei – waschen sie sich auch?

Die *Alauda pratensis* nach Ray[148] war die arme Übertölpelte, die jenes Balg von einem Kuckuck aufzog, welchen ich in meinem Brief vom Oktober erwähnte.

Euer Brief erreichte mich zu spät, als dass ich noch beim herbstlichen Besuch der Ringdrosseln eine solche für Mr. Tunstal hätte beschaffen können; jedoch will ich mich bemühen, eine für ihn zu bekommen, wenn sie uns im April wieder ihren Besuch abstatten. Es freut mich, dass Ihr und jener Herr meine andalusischen Vögel habt gesehen; ich hoffe, sie enttäuschten Eure Erwartungen nicht. Die Royston- oder Nebelkrähen sind Wintergäste, welche etwa um dieselbe Zeit erscheinen wie die Waldschnepfe: Wie Wacholderdrossel und Rotdrossel haben sie keinen offensichtlichen Grund für ihren Zug, denn so wie sie sich im Winter wie ihre Artverwandten ernähren, so könnten sie es allen Anzeichen nach doch auch im Sommer tun. War es nicht Tenant, welcher sich in seiner Jugendzeit geirrt hat? Fand er nicht einer Misteldrossel Nest und hielt es für das einer Wacholderdrossel?

Die Hohl- oder Waldtaube, *Oenas Raii*, ist der letzte ziehende Wintergast, der bei uns erscheint; sie lässt sich nicht vor dem Ende des November blicken. Vor etwa zwanzig Jahren kamen sie in Scharen in die Selborner Gegend, und in ganzen Ketten von einer Meile Länge oder mehr sah man sie des Morgens und des Abends. Seit jedoch die Buchen so viel weniger sind, hat auch ihre Zahl sehr abgenommen. Die Ringeltaube, *Palumbus Raii*, bleibt das ganze Jahr über bei uns, und sie brütet mehrere Male im Sommer.

Bevor ich Euren Brief vom letzten Oktober erhielt, hatte ich gerade in meinem Tagebuch vermerkt, dass die Bäume noch ungewöhnlich grün seien. Dieses ungewöhnliche Laubesgrün hielt sich bei uns bis in den späten November, und es mag auf den späten Frühling oder einen kühlen, feuchten

Sommer zurückzuführen sein; doch insbesondere liegt es wohl an einem riesigen Heer von Laubkäfern, welche mancherorts ganze Wälder kahl und nackt gefressen haben. Diese versehrten Bäume haben um Mittsommer wieder ausgeschlagen und so ihr Laub bis spät ins Jahr behalten.

Mein musikalischer Freund[149], in dessen Haus ich gegenwärtig zu Besuch weile, hatte alle Eulen, welche seine nahen Nachbarn sind, mit einer auf Kammerton gestimmten Stimmpfeife erprobt und festgestellt, dass sie sämtlich in B rufen. Im nächsten Frühjahr will er die Nachtigallen auf die Probe stellen.

Ich verbleibe, etc. etc.

BRIEF X

Selborne, den 1. August 1771

Verehrter Herr,
Aus den weiteren Ausführungen wird hervorgehen, dass allem Anschein nach weder Eulen noch Kuckucke sich bloß an einen einzigen Ton halten. Ein Freund stellt fest, dass viele (die meisten) seiner Eulen in B rufen, doch eine ging fast einen halben Ton tiefer als A. Die Pfeife, welche er zur Anwendung brachte, war eine gewöhnliche Stimmpfeife um eine halbe Crown, so wie Musikmeister sie zum Stimmen eines Cembalos verwenden; es war der übliche Londoner Kammerton.

Ein Nachbar von mir, welcher dem Vernehmen nach ein gutes Gehör hat, bemerkt, dass die Eulen in seinem Dorfe in drei verschiedenen Tonlagen rufen, in Ges oder Fis, in B oder As. Er hörte zwei im Wechselruf miteinander, die eine in As, die andere in B. Frage: Stammen diese verschiedenen Tonlagen von verschiedenen Spezies oder nur von verschiedenen Individuen? Obgenannte Person hat nach Erproben festgestellt, dass die Tonlage des Kuckucks (von welchem es nur eine Spezies gibt) vom einen Individuum zum anderen variiert; im Selborner Wald nämlich riefen sie, wie er feststellte, meist in D; er hörte zwei zusammen rufen, den einen in D, den anderen in Dis, und im Wolmer-Forst riefen einige in C.

Was die Nachtigallen angeht, sagt er, ihre Töne seien so kurz und die Übergänge so eilig, eine Tonlage lasse sich da für ihn nicht feststellen. In einem Käfig und in einem Raum sind ihre Töne möglicherweise besser voneinander zu unterscheiden. Selbige Person hat auch versucht, die Tonlage eines Mauerseglerrufs zu bestimmen sowie auch die anderer kleiner Vögel, doch kommt er zu keiner Ordnung.

Wie ich bereits häufig angemerkt habe, sind die Rotdrosseln die ersten Vögel, welche bei strengem Wetter hier leiden; es erstaunt mich nicht, dass sie vor den skandinavischen Wintern weichen; und mehr noch die Ordnung der *Grallae* (Rallen), welche alle und ausnahmslos die nördlichen Gefilde Europas mit dem Heranziehen des Winters verlassen: »Grallae tanquam conjuratae unanimiter in fugam se conjiciunt; ne earum unicam quidem inter nos habitantem invenire possimus; ut enim aestate in australibus degere nequeunt ob defectum lumbricorum, terramque siccam; ita nec in frigidis ob eandem causam«,[150] sagt Eckmark der Schwede in seiner glänzenden kleinen Abhandlung namens *Migrationes Avium*, welche zu lesen Ihr keinesfalls auslassen solltet, indem Ihr Euch mit dem Thema des Vogelzugs befasst. Siehe *Amoenitates Academicae*, vol. iv, S. 565.

Die Umstände können für Vögel so beschaffen sein, dass sie in ein Land ziehen müssen und in kein anderes. Die Rallen hingegen (welche ihre Nahrung aus Marschland und sumpfigem Boden beziehen) müssen im Winter die nördlichen Breiten Europas verlassen oder an Nahrungsmangel eingehen.

Es freut mich zu hören, dass Ihr Linnaeus in Hinsicht auf die Waldschnepfe zu Rate zieht: Es ist von ihm zu erwarten, dass er über die Bewegungen und Lebensweisen der Tiere seiner eigenen *Fauna* einigen Aufschluss geben kann.

Tierkundler sind, wie Ihr ganz richtig bemerkt, zu sehr dazu geneigt, es bei einer bloßen Beschreibung und einigen Synonymen bewenden zu lassen; der Grund dafür liegt auf der Hand, sind das doch alles Dinge, die sich daheim, im Studierzimmer machen lassen; doch die Erkundung des Lebens und der Verhaltensweisen der Tiere ist ein Anliegen, das mit viel größerer Beschwernis und Mühsal verbunden ist, und es wird nur von den Aktiven und Wissbegierigen bewerkstelligt und von jenen, welche vornehmlich auf dem Lande leben.

Ausländische Systematiken sind, wie ich feststelle, viel zu vage in ihren Unterschiedsmerkmalen; diese bestehen fast überall aus ein oder zwei besonderen Kennzeichen, die übrige Beschreibung hält sich an allgemeine Begriffe. Doch unser Landsmann, der hervorragende Mr. Ray, ist der einzige Beschreiber, welcher in jedem Begriff oder Wort eine ganz genaue Vorstellung vermittelt und so seinen Anhängern und Nachahmern ungeachtet neuer Entdeckungen und neuzeitigem Wissen überlegen bleibt.

Aus dem Abstand von so vielen Jahren bin ich nicht mehr imstande, mich zu erinnern, zu welchen Perioden bei meinen Jagdausflügen die Waldschnepfen träge oder lebhaft waren. Als ich jedoch diesen Umstand einem Freund gegenüber erwähnte, meinte dieser, beobachtet zu haben, dass sie bei schlechtem, schneeigem Wetter bemerkenswert träge waren, wenn dies der Fall sein sollte, erwächst die Unbeholfenheit beim Fliegen nur aus einem Drang nach Nahrung; so wie Schafe Beobachtungen zufolge an stürmischen, nassen Abenden besonders erpicht aufs Grasen sind.

Ich verbleibe, etc. etc.

BRIEF XI

Selborne, den 8. Februar 1772

Verehrter Herr,
Wenn ich beim Ausritt im Winter solch herrliche Schwärme verschiedenartigster Vögel sehe, kann ich nicht umhin, diese Versammlungen zu bewundern, und ich wünschte mir, es sei in meiner Macht, diese der Jahreszeit gleichsam eigenen Erscheinungen zu erklären. Die beiden großen Beweggründe, welche das Vorgehen der dumpfen Kreaturen regeln, sind Liebe und Hunger; Erstere bewegt Tiere dazu, die Art fortzupflanzen, Letzterer bewegt sie dazu, den Einzelnen zu erhalten; ob eines davon die beherrschende Leidenschaft für den Umstand jener Versammlungen sei, wäre zu überlegen. Was die Liebe angeht, so ist diese ausgeschlossen zu einer Jahreszeit, in welcher solch zärtlichen Leidenschaften nicht nachgegeben werden kann; zudem herrscht zur Liebessaison eine solche Eifersucht unter den männlichen Vögeln, dass sie es kaum ertragen, sich in derselben Hecke oder auf

demselben Felde aufzuhalten. Den größten Teil des Antriebs zu Gesang und Hochstimmung jener Jahreszeit scheinen mir Rivalität und das Bestreben nach Übertrumpfung auszumachen, und es ist dieser Geist der Eifersucht, welchem ich im Frühling die gleichmäßige Verteilung der Vögel über das ganze Land zuschreibe.

Was nun die Nahrungssuche angeht: Da diese Tiere vom Instinkt bewegt werden, nach der nötigen Nahrung zu jagen, sollten sie, so will man meinen, sich nicht zu einer Menge zusammenschließen, um zu einer Jahreszeit gemeinsam nach Nahrung zu suchen, in welcher das Scheitern dieser Suche wahrscheinlich ist. Dennoch finden solche Zusammenscharungen hauptsächlich bei strengem Wetter statt und die Menge verdichtet sich mit zunehmender Härte der Witterung. Da ein gewisses Interesse an der eigenen Erhaltung und der Verteidigung der eigenen Existenz zweifellos der Beweggrund für diesen Vorgang ist – könnte dieses Verhalten nicht aus der Hilflosigkeit ihres Zustands in dieser harschen Jahreszeit erwachsen? So wie auch die Menschen sich in Zeiten großer Unbill zusammendrängen, obwohl sie nicht wissen, warum? Vielleicht kann größere Nähe zueinander ein gewisses Maß an Kälte lindern und eine Menge mag auch jedem Einzelnen das Gefühl geben, gegen Raubvögel und andere Gefahren dieser Art besser geschützt zu sein.

Voll Staunen sehe ich also, wie gern die artgleichen Vögel sich zusammenfinden, doch noch ungleich erstaunter bin ich, wenn ich artungleiche Vögel in so enger Freundlichkeit beieinander sehe. Wenn es auch nicht allzu verwunderlich ist, einen Schwarm Saatkrähen gefolgt von einem Zug von Dohlen zu sehen, dünkt es doch seltsam, dass die Ersteren so häufig von einer Wolke Staren umkreist sind. Liegt es daran, dass Saatkrähen einen schärferen Geruchssinn haben als ihr Gefolge und dieses deshalb zu Stellen führen können, die ergiebiger an Nahrung sind? Anatomen behaupten, dass Saatkrähen infolge zweier langer Nerven, welche vom Augenzwischenraum hinab bis in den Oberkiefer verlaufen, empfindsamere Schnäbel haben als andere rundschnäbelige Vögel und so auch nach Nahrung wühlen können, die nicht sichtbar ist. Vielleicht schließen sich also ihre Begleiter ihnen aus Eigeninteresse an, so wie Greyhounds auf die Bewegungen der Stöberer achtgeben und Löwen dem Vernehmen nach auf das Jaulen von Schakalen. Kiebitze und Stare schließen sich zuweilen zusammen.

BRIEF XII

den 9. März 1772

Verehrter Herr,
Den 4. November im vergangenen Jahr spazierten ein Herr und ich unter naturgeschichtlichen Beobachtungen am Meeresufer bei Newhaven, nahe der Mündung des Flusses Lewes, und waren überrascht, drei Mehlschwalben zu sehen, welche sehr eilig an uns vorüberglitten. Es war ein recht kühler Morgen mit Wind aus Nordwest, doch war die allgemeine Neigung des Wetters zuvor mild gewesen, mit bemerkenswert warmen Mittagsstunden. Nach dieser Begebenheit sowie aus wiederholten Berichten, auf die ich gestoßen bin, fühle ich mich zunehmend angehalten zu glauben, dass viele Schwalbenartige diese Insel nicht verlassen, sondern sich in Höhlen und Felsspalten zurückziehen, von welchen sie, wie Insekten und Fledermäuse, bei milder Witterung hervorkommen, um sich danach wieder in ihre *latebrae* zu begeben. Ich habe auch nicht den geringsten Zweifel, dass ich, lebte ich in Newhaven, Seaford, Brighthelmstone oder einer anderen solchen Stadt in Nähe der Kreidefelsen an der Küste von Sussex, bei rechter Beobachtung in solchen Phasen im Winter, wenn die Mittagsstunden warm und belebend sind, Schwalben in Bewegung sähe. Und umso mehr hege ich diese Meinung, als ich schon früher in späten Frühlingen bemerkt habe, dass zwar manche Schwalben etwa um die gewöhnliche Zeit, also am 13. oder 14. April eintrafen, doch sich, so sie auf einen harschen Empfang und böige, kalte Nordostwinde trafen, umgehend wieder zurückzogen und etliche Tage ausblieben, bis das Wetter ihnen größeren Anreiz bot.

BRIEF XIII

den 12. April 1772

Verehrter Herr,
Als ich im vergangenen Herbst in Sussex weilte, hatte ich Wohnung in einem Dorf bei Lewes, von welchem Ort ich seinerzeit das Vergnügen hatte, Euch zu schreiben. Am 1. November vermerkte ich, dass die in einem früheren Brief

bereits erwähnte alte Schildkröte mit dem Scharren in der Erde begann, um ihr *Hibernaculum* anzulegen, nachdem sie diesem einen Platz gleich neben einem großen Büschel *Hepatica* bestimmt hatte. Sie scharrt die Erde mit den Vorderfüßen auf und wirft sie mit den Hinterfüßen über den Rücken nach hinten, doch die Bewegung der Beine ist geradezu lachhaft langsam, kaum schneller als der Stundenzeiger einer Uhr, und recht passend für ein Tier, welches, wie es heißt, einen ganzen Monat auf einen Paarungsakt zubringt. Nichts kann von gewissenhafterem Eifer sein als dieses Geschöpf im Ausheben der Erde bei Tag und bei Nacht und dem Hineinzwängen seines großen Körpers in die entstandene Höhlung; da jedoch die Mittagsstunden dieser Jahreszeit außergewöhnlich sonnig und warm waren, wurde das Tier ständig in seiner Arbeit unterbrochen, wenn die Mittagshitze es von der Verrichtung fort rief; und wiewohl ich bis zum 13. November dort weilte, war das Werk immer noch nicht vollendet. Strengere Witterung und frostige Morgen hätten sein Vorgehen beschleunigt. Nichts in seinem Verhalten frappiert mich so sehr wie die extreme Ängstlichkeit, welche das Tier bei Regen zum Ausdruck bringt; zwar hat es einen Panzer, der es gegen einen vollbeladenen Karren feien würde, doch zeigt es eine Sorge vor dem Regen, wie es eine Dame im feinsten Sonntagsstaat tun würde, indem es bei den ersten dünnen Regensprenkeln davonschlurrt und den Kopf in einer Ecke in Schutz bringt.

Bei rechter Beobachtung erweist es sich als ein ausgezeichneter Wetteranzeiger; denn so es erhoben geht wie auf Zehenspitzen und mit großer Ernsthaftigkeit am Morgen frisst, so gewiss kann man sein, dass es am Abend regnen wird. Es ist ein ganz und gar tagaktives Tier, das nach Einbruch der Dunkelheit keine Regung mehr tut. Die Schildkröte hat ebenso wie andere Reptilien einen äußerst flexiblen Magen und ebensolche Lungen, sie kann das Essen wie auch das Atmen für einen langen Zeitraum einstellen. Wenn sie anfangs nach der Starre erwacht, frisst sie gar nichts, und ebenso im Herbst, bevor sie sich zurückzieht; im Hochsommer hingegen frisst sie mit gewaltigem Appetit und verschlingt alles, dessen sie habhaft werden kann. Ich war sehr von ihrer Klugheit eingenommen, mit welcher sie jene erkannte, die ihr gute Dienste tun; sobald sich nämlich die alte Dame blicken lässt, welche das Tier seit über dreißig Jahren versorgt, watschelt dieses mit unbeholfener Zielstrebigkeit seiner Wohltäterin entgegen, schenkt Fremden hingegen überhaupt keine Beachtung. So kennt nicht nur »der Ochs seinen Eigner und der Esel die Krippe seines Herrn«*, sondern auch das niedrigste Reptil und stumpfeste Wesen erkennt die Hand, die es nährt, und wird von einem Gefühl der Dankbarkeit ergriffen.

Ich verbleibe, etc. etc.

PS: Etwa drei Tage nach meiner Abreise aus Sussex verzog sich die Schildkröte unter die Erde unter der *Hepatica*.

BRIEF XIV

Selborne, den 26. März 1773

Verehrter Herr,
Je mehr ich über das Phänomen der στοργή bei Tieren nachdenke, desto mehr setzen mich seine Auswirkungen in Staunen. Auch ist die Heftigkeit dieser Zuneigung nicht weniger staunenswert als ihre Kürze. So ist jede Henne dem Grad der Hilflosigkeit ihrer Brut entsprechend die Xanthippe ihres Hofes; und sie wird bereit sein, jedem Hund und jeder Sau die Augen auszuhacken, um ihre Küken zu verteidigen, welche sie wenige Wochen später in gnadenloser Grausamkeit vor sich hertreiben wird.

Diese Zuneigung macht bei der tumben Kreatur die Leidenschaft erhaben, erhöht die Findigkeit und schärft die Klugheit. So ist die gerade zur Mutter gewordene Henne nicht mehr der fügsame Vogel, der sie war, sondern mit gesträubten Federn, gespreizten Flügeln und lautem Gackern läuft sie umher wie besessen. Muttertiere werden sich der größten Gefahr entgegenwerfen, um ihren Nachwuchs vor dieser zu beschützen. So wird ein Rebhuhn vor dem Jäger torkeln, um die Hunde von der hilflosen Brut abzuziehen. Während der Nistzeit greifen die schwächsten Vögel die räuberischsten an. Alle *Hirundines* eines Dorfes erheben sich in Entrüstung beim Anblick eines Habichts, den sie so lange jagen, bis sie ihn aus ihrem Bezirk vertrieben haben. Ein sehr genauer Beobachter hat oft bemerkt, dass ein Rabenpaar, das im Felsen von Gibraltar nistet, keinen Geier oder Adler in

---

* *Jesajah* I.3.

der Nähe seiner Stelle duldet und diese mit einer wundersamen Wut vom Hügel vertreibt; sogar die blaue Felsendrossel kommt in der Brutzeit aus den Felsenspalten geschossen, um den Turmfalken oder Sperber in die Flucht zu schlagen. Steht man in der Nähe des Nestes eines Vogels mit Jungen, wird dieser sich durch nichts bewegen lassen, seine Kleinen durch einen unbeabsichtigten Zuneigungsbeweis zu verraten, sondern auch eine Stunde mit Nahrung im Schnabel in einiger Entfernung ausharren. Sollte ich im Weiteren meine obgenannten Thesen durch Anekdoten belegen, welche ich schon früher in Unterhaltungen geäußert haben mag, so bin ich sicher, dass Ihr mir die Wiederholung der größeren Veranschaulichung zuliebe verzeiht.

Der Fliegenschnäpper aus der *Zoology* (der *Stoparola* nach Ray) baut sein Nest jedes Jahr in den Weinranken, welche an den Wänden meines Hauses emporwachsen. In einem Jahr hatte ein Paar dieser kleinen Vögel ihr Nest versehentlich auf einem kahlen Ast gebaut, vielleicht zu einem Zeitpunkt, als dieser noch im Schatten lag, und ohne sich der folgenden Misslichkeiten bewusst zu sein. Doch da heißes, sonniges Wetter anbrach, bevor die Brut noch halbflügge war, wurde die Abstrahlung von der Wand unerträglich und hätte unweigerlich die zarten Jungen zugrunde gerichtet, hätte nicht die Zuneigung ein Gegenmittel bereitgehalten und die Vogeleltern dazu bewogen, während der heißeren Stunden mit ausgebreiteten Flügeln und mit offenen Schnäbeln nach Luft hechelnd über dem Nest zu schweben, um so den leidenden Nachwuchs vor der Hitze zu bewahren.

Ein weiteres Beispiel für bemerkenswerte Klugheit beobachtete ich einmal bei einem Fitis, welcher das Nest in der Rainböschung eines meiner Felder gebaut hatte. Ein Freund und ich hatten diesen Vogel im Nest sitzend beobachtet und waren ganz besonders bemüht, ihn nicht zu stören, er beäugte uns jedoch mit einem gewissen Argwohn. Einige Tage später kamen wir wieder dort vorbei und hatten beide den Wunsch zu sehen, wie es mit der Brut voranging, doch konnten wir kein Nest mehr finden, bis ich zufällig ein großes Bündel aus langem grünem Moos aufnahm, das scheinbar achtlos über das Nest geworfen war, um das Auge jedweden ungebetenen Eindringlings zu täuschen.

Eine noch staunenswertere Mischung aus Klugheit und Instinkt kam mir eines Tages vor, als meine Leute die Abdeckung eines Frühbeets abzogen, um frischen Mist aufzubringen. Seitlich aus dem Frühbeet sprang mit großer Wendigkeit ein Tier, das eine höchst groteske Figur abgab; auch ließ es sich nur mit Schwierigkeit fangen, bis es sich als große weißbauchige Feldmaus entpuppte, an deren Zitzen sich drei oder vier Junge mit Schnauze und Füßen festklammerten. Es war höchst merkwürdig, dass die fahrigen und hastigen Bewegungen des Muttertiers den Wurf nicht dazu brachten, ihre Klammerung aufzugeben, zumal sie offensichtlich so klein waren, dass sie noch nackt und blind sein mussten.

Diesen Beispielen zärtlicher Anhänglichkeit, an welchen die eifrigen Studierenden der Natur täglich neue zu entdecken haben, steht jene Raserei der Zuneigung gegenüber, diese monströse Verkehrung der στοργή, welche einzelne weibliche Individuen unter den tumben Kreaturen dazu veranlasst, ihre Jungen zu verschlingen, weil ihre Besitzer mit diesen zu forsch umgegangen oder sie von einem Ort an den anderen verlegt haben! Schweine, zuweilen aber auch die sanfteren Rassen unter Katzen und Hunden machen sich solcher grässlichen und unerhörten Morde schuldig. Wenn ich dann und wann von einer im Stich gelassenen Mutter höre, welche ihre Nachkommen vernichtet, wundere ich mich nicht sehr; ist der Verstand verkehrt und böse Leidenschaft einmal entfesselt, sind diese zu jedweder Ungeheuerlichkeit imstande. Warum jedoch die elterlichen Gefühle von Tieren, welche gemeinhin auf einförmige Weise ihren Lauf nehmen, gelegentlich so über alle Maßen aus der Bahn geraten, das zu erklären überlasse ich fähigeren Philosophen, als ich es bin.

Ich verbleibe, etc.

BRIEF XV

Selborne, den 8. Juli 1773

Verehrter Herr,
Kürzlich gingen mehrere junge Männer zu einem Teich am Rand des Wolmer-Forsts, um junge Wildenten zu jagen, deren sie viele fingen, und überdies noch andere, darunter einige lebende, sehr kleine, doch vollends flügge Wasservögel, in welchen ich nach einiger Untersuchung Krickenten erkannte.

Bis dato hatte ich nicht gewusst, dass Krickenten im Süden Englands brüten, und war hocherfreut über diese Entdeckung. Das ist für mich ein großer Wurf in der Naturgeschichte.

Seitdem ich denken kann, nistet bei uns ständig ein Paar Schleiereulen unter den Giebeln dieser Kirche. Da ich den Lebensweisen dieser Vögel während ihrer den ganzen Sommer währenden Brutsaison viel Aufmerksamkeit gewidmet habe, mögen die folgenden Bemerkungen vielleicht nicht ganz zu verwerfen sein: Etwa eine Stunde vor Sonnenuntergang (denn zu diesem Zeitpunkt beginnen die Mäuse umherzulaufen) machen sie sich auf die Beutesuche und jagen entlang der Hecken an Wiesen und kleinen Feldern nach den Mäusen, welche allem Anschein nach ihre einzige Nahrung sind. In diesem hügelig gewellten Land hier können wir auf einer Erhebung stehend zusehen, wie sie die Felder abschweifen und ähnlich einem Vorstehhund bei der Jagd oft ins Gras oder Getreide hinabstoßen. Ich habe die Bewegungen jener Vögel mit meiner Uhr eine Stunde lang in Minuten gemessen und dabei festgestellt, dass sie abwechselnd etwa einmal alle fünf Minuten zum Nest zurückkehren; und bei der Gelegenheit habe ich über die Gewandtheit nachgedacht, über welche jedes Tier verfügt, wenn es um das Wohlbefinden seiner selbst und der Nachkommenschaft geht. Eine Einzelheit der Geschicklichkeit, welche sie bei der mit Beute beladenen Rückkehr an den Tag legen, sollte nicht schweigend übergangen werden. Wie sie die Beute mit den Klauen nehmen, so tragen sie sie auch in den Klauen in ihr Nest, doch da die Füße beim Aufstieg unter die Dachziegel notwendig sind, beziehen sie zuerst Stellung hoch oben auf dem Dach des Chors und schieben die Maus von ihren Klauen in den Schnabel des Jungen, sodass die Füße sich an der Platte in der Wand festkrallen können, während sie sich unter den Giebel schieben.

Schleiereulen scheinen (ganz sicher bin ich mir jedoch nicht) überhaupt keine Rufe von sich zu geben: All dieses laute Tönen scheint mir von den Waldkauzen zu kommen. Allerdings schnarcht und zischt die Schleiereule ganz ungeheuerlich, und diese Drohgeräusche werden die Absicht der Einschüchterung verfolgen; ich habe doch einmal ein ganzes Dorf in hellem Aufruhr ob einer solchen Begebenheit erlebt, da alle meinten, der Kirchhof sei voll von Ungeheuern und Geistern. Schleiereulen stoßen allerdings im Fluge zuweilen einen schauerlichen Schrei aus und dieses Schreien hat wahrscheinlich Menschen dazu bewogen, sich eine sogenannte Kreischeule auszudenken, welche ihrem Aberglauben zufolge am Fenster Todgeweihter erscheint. Die Beschaffenheit der Flugfedern einer jeden Eulenspezies, welche ich untersucht habe, ist außerordentlich weich und biegsam. Vielleicht ist es erforderlich, damit die Schwingen dieser Vögel keinen großen Widerstand und kein Rauschen bewirken, sodass sie sich auf wendiger und wachsamer Beutesuche ungehört durch die Luft stehlen können.

Da nun gerade von Eulen die Rede ist, mag es nicht unangebracht erscheinen, wenn ich erwähne, was mir ein Herr aus der Grafschaft Wiltshire erzählte. Beim Ausgraben einer riesigen hohlen Stutzesche, in welcher jahrhundertelang Eulen gelebt hatten, entdeckte er am Boden der Höhle eine Masse, die er sich anfangs nicht erklären konnte. Nach einiger Untersuchung stellte er fest, dass es sich um eine Anhäufung von Mäuseknochen (und vielleicht auch Knochen von Vögeln und Fledermäusen) handelte, die sich seit unzähligen Jahren dort angesammelt hatten, wo sie als kleine Bälle aus den Eingeweiden zahlreicher Generationen von Einwohnern ausgeschieden worden waren. Eulen nämlich werfen die Knochen, Haare und Federn der verzehrten Tiere aus, so wie Habichte es tun. Scheffelweise sei diese Substanz dort vorhanden gewesen.

Wenn braune Eulen rufen, schwellen ihre Kehlen zur Größe eines Hühnereis an. Ich habe von einer Eule dieser Art gewusst, welche ein ganzes Jahr ohne Wasser gelebt hat. Vielleicht ist das bei allen Raubvögeln der Fall. Im Fluge strecken Eulen die Beine hinter sich aus, um so ein Gegengewicht zu dem großen schweren Kopf zu bilden, denn da die meisten Nachtvögel große Augen und Ohren haben, brauchen sie große Köpfe, um für selbige Platz zu haben. Große Augen, so vermute ich, sind notwendig, um jeden Lichtstrahl aufzunehmen, und große konkave Ohren, um auch die leisesten Geräusche oder Töne zu vernehmen.

Ich verbleibe, etc.

Die *Hirundines* sind eine höchst harmlose, arglose, unterhaltsame, gesellige und nützliche Vogelfamilie; sie rühren keine Frucht in unseren Gärten an, binden sich, mit Ausnahme einer Spezies, höchst gern an unsere Häuser, ergötzen uns mit ihrem Flug, ihrem Lied und ihrer wunderbaren Wendigkeit und reinigen unsere Nutzbauten allesamt von Mücken und weiteren lästigen Insekten. Gegenden bei den südlichen Meeren, in der Nähe von Guayaquil*, sind von absehbaren Schwärmen giftiger Mücken verheert, welche die Luft erfüllen und diese Küsten unbewohnbar machen. Es wäre eine Erkundung wert herauszufinden, ob es in diesen Gegenden irgendeine Spezies der *Hirundines* gibt. Jeder, der an einem Sommerabend in unserem Land hier die Myriaden Insekten betrachtet, welche sich in den Sonnenstrahlen tummeln, wird sich bald überzeugen, in welchem Maße unsere Atmosphäre an ihnen ersticken würde, gäbe es nicht die freundliche Einwirkung der Schwalbenfamilie.

Viele Vogelarten haben ihre jeweils eigenen Läuse, doch allein die *Hirundines* scheinen von geflügelten Insekten geplagt, welche jede ihrer Spezies befallen und im Verhältnis zu ihnen so groß sind, dass sie wahrlich lästig und schädlich für sie sein müssen. Dies sind die *Hippobosca hirundinis*[151] mit schmalen, sich verjüngenden Flügeln, und es wimmelt von ihnen in jedem Nest; sie schlüpfen durch die Wärme des Vogelkörpers selbst aus den gelegten Eiern und kriechen unter dem Gefieder der Schwalben umher.

Eine solche Spezies ist Reitern im Süden Englands unter dem Namen Forst-Fliege bekannt, manche heißen sie auch Seitenfliege, von ihrer Angewohnheit seitwärts zu krabbeln wie ein Krebs. Sie kriecht unter den Schweif und um die Leisten der Pferde, welche, wenn sie erst kürzlich aus dem Norden gekommen sind, von dem Kitzeln halb rasend werden, während unsere Zuchten hier ihr kaum Beachtung schenken.

Der eigenwillige Réaumur[152] entdeckte die großen Eier oder besser gesagt *pupae* dieser Insekten, welche so groß sind wie das Insekt selbst, und brachte sie an seiner eigenen Brust zum Schlüpfen. Jeder, der sich die Mühe macht, alte Nester gleichwelcher Schwalbenspezies zu untersuchen, wird darin die schwarzglänzenden Hüllen der *pupae* dieser Insekten finden. Für weiter Einzelheiten, die hier zu viel Raum einnehmen würden, sei der Leser auf *L'Histoire des Insectes* jenes bewundernswerten Entomologen verwiesen.

---

* Siehe Ulloas *Travels*.

BRIEF XVI

Selborne, den 20. Nov 1773

Verehrter Herr,
Gern will ich Eurer Anweisung Folge leisten und so mache ich mich daran, Euch eine Darstellung der Mehlschwalbe zu geben; und sollte meine Monografie dieses kleinen einheimischen und vertrauten Vogels Eure Zustimmung finden, so werde ich meine Nachforschungen wahrscheinlich bald auf die übrigen britischen *Hirundines* ausdehnen: die Schwalbe, den Mauersegler und die Uferschwalbe.

Die ersten Mehlschwalben erscheinen um den 16. April, meistens ein paar Tage nach den Rauchschwalben. Die erste Zeit nach ihrem Erscheinen widmen sich die *Hirundines* im Allgemeinen nicht dem Nestbau, sondern sie spielen und jagen, entweder um sich, im Falle dass sie überhaupt Zugvögel sind, von den Mühen ihrer Reise zu erholen, oder andernfalls um ihrem Blut zu Vitalität und Flüssigkeit zu verhelfen, nachdem es so lange von den Härten des Winters betäubt gewesen ist. Bei schönem Wetter beginnt die Mehlschwalbe um die Mitte Mai ernsthaft an die Herrichtung eines Heims für die Familie zu denken. Die Kruste oder der Panzer eines solchen Nests scheint aus dem Schlamm oder Lehm angefertigt zu werden, welcher am raschesten und nächsten verfügbar ist, und selbiger wird mit kleinen Bruchstücken von Strohhalmen versetzt und verwirkt, um die Materie widerstandsfest und beständig zu machen. Da dieser Vogel oft gegen eine senkrechte Wand ohne stützenden Vorsprung baut, muss er größte Anstrengungen aufwenden, um das erste Fundament so fest und stark zu machen, dass es den Überbau tragen kann. Bei dieser Beschäftigung klammert sich der Vogel nicht nur mit seinen Krallen an, sondern stützt sich auch teilweise dadurch ab, dass er die Schwanzfedern an die Wand drückt und sie so zum Angelpunkt macht; so abgesichert arbeitet er und drückt die Materialien in die Ziegel- oder Steinfläche. Damit jedoch dann nicht seine Arbeit, solange sie noch weich und frisch ist, von seinem Gewicht heruntergerissen wird, hat der vorausschauende Architekt ausreichend Ausdauer und Klugheit, um nicht zu schnell vorzugehen und nur am Morgen zu arbeiten, während der restliche Tag Nahrungssuche und Vergnügen gewidmet ist, damit das Bauwerk trocknen und aushärten kann. Ein halber Zoll scheint die angemessene Dicke für die Schicht eines einzelnen Tages zu sein. So errichten auch umsichtige Arbeiter (vielleicht ursprünglich von diesem kleinen Vogel belehrt) jeweils nur eine schmale Schicht und lassen das Werk dann ruhen, damit die Struktur nicht kopflastig wird und an seinem eigenen Gewicht zugrunde geht. Mit dieser Methode entsteht über etwa zehn bis zwölf Tage ein halbkugelförmiges Nest mit einer kleinen Öffnung nach oben zu, fest, kompakt und warm und für alle Zwecke bestens geeignet, für welche es gedacht war. Doch dann geschieht es ganz häufig, dass der gemeine Sperling das Haus mit Beschlag belegt, sobald die Hülle trocken ist, und es nach seiner Art und Weise auskleidet.

Nachdem so viel Arbeit mit der Errichtung eines Hauses verbracht ist, brüten die Mehlschwalben – da ja weniges in der Natur umsonst geschieht – mehrere Jahre lang in demselben Nest, so es wohl geschützt und vor Schäden durch die Witterung bewahrt sei. Die Hülle oder Kruste des Nests ist ein ungeschliffenes Werk voller Knoten und Auswölbungen auf der Außenseite, auch die Innenfläche der Nester, welche ich untersucht habe, sind keineswegs geglättet, doch eine Auskleidung mit kleinen Gräsern, Strohstücken und Federn macht es weich und warm und für das Brüten ganz geeignet; manchmal findet sich auch noch ein Bett aus Moos mit eingewirkter Wolle. Während der Bauphase des Nestes kopulieren sie häufig darin, und das Weibchen legt drei bis fünf weiße Eier.

Wenn die Jungen anfangs geschlüpft und noch nackt und hilflos sind, tragen die Elternvögel mit zärtlichem Eifer alles hinaus, was die Jungen ausscheiden. Ohne diese zuneigungsvolle Reinlichkeit würden die Nistlinge schnell in einem solch tiefen hohlen Nest von der Säure ihrer Exkremente verbrannt und getötet. Bei den vierbeinigen Kreaturen hat die Schöpfung dieselbe Vorsichtsmaßnahme der Reinlichkeit getroffen; insbesondere bei Katzen und Hunden, bei denen die Muttertiere die Exkremente der Jungen auflecken. Doch bei Vögeln scheint es eine ganz besondere Vorkehrung zu sein, dass der Dung der Nestlinge in eine Art zähen Aspik gehüllt ist, in dem er leichter und ohne Spritzer und Verschmutzung entfernt werden kann. Jedoch, da die Natur in jeder Hinsicht reinlich ist, üben die Jungen diese Aufgabe bald selbst aus, indem sie zur Notdurft ihre Schwanzfedern und Hinterteile durch die Öffnung aus dem Nest schieben. Da die Jungen kleiner

Vögel umgehend ausgewachsen sind, werden sie bald unzufrieden mit dem begrenzten Raum und sitzen den ganzen Tag mit hinausgereckten Köpfen an der Öffnung, wo die Muttertiere, sich an das Nest anklammernd, sie von Morgen bis Abend mit Nahrung versorgen. Eine Zeitlang werden die Vögel von ihren Eltern im Fluge gefüttert, doch dieses Kunststück wird in einer so raschen und fast nicht wahrnehmbaren Bewegung ausgeführt, dass jemand die Vögel höchst genau beobachtet haben muss, um in der Lage zu sein, diese wahrzunehmen. Sobald die Jungen in der Lage sind, für sich selbst zu sorgen, wenden sich die Muttervögel[153] umgehend der Hervorbringung einer zweiten Brut zu. Die erste Generation indessen, abgeschüttelt und von ihren Ammen verschmäht, finden sich zu großen Schwärmen zusammen, und sie sind jene, die man an sonnigen Morgen und Abenden um Türme fliegen und über Kirchen- und Hausdächern schweifen sieht. Diese Zusammenscharungen finden in der Regel in der ersten Augustwoche statt, und deshalb können wir annehmen, dass damit das Heranwachsen der ersten Brut gänzlich abgeschlossen ist. Die Jungen dieser Spezies verlassen ihre Wohnstatt nicht alle zugleich, doch die vorwitzigeren Vögel gelangen einige Tage früher hinaus als die anderen. Wenn diese sich den Giebeln von Gebäuden nähern und vor diesen umhergaukeln, denkt mancher Beobachter, mehrere Alte sorgten für ein Nest. Sie sind oft eigenwillig, indem sie sich auf einen bestimmten Bauplatz festlegen, etliche Bauten beginnen, ohne sie zu Ende zu führen, doch ist einmal ein Nest fertiggestellt, erfüllt es seinen Zweck für mehrere Jahre. Diejenigen, die in einem fertigen Haus brüten, haben einen Vorsprung von zehn bis vierzehn Tagen vor denen, die neu bauen. Diese fleißigen Werker sind in den langen Tagen schon vor vier Uhr früh an der Arbeit; beim Befestigen des Materials verstreichen sie es mit dem Kinn, indem sie den Kopf rasch und vibrationsartig bewegen. Sie tauchen und waschen sich in Wasser, wenn es sehr heiß ist, jedoch nicht so häufig wie Schwalben. Es lässt sich beobachten, dass Mehlschwalben meistens in nördliche oder nordöstliche Richtung bauen, sodass die Hitze der Sonne ihre Nester nicht platzen lässt und zerstört; doch es wissen auch Leute von Mehlschwalben zu berichten, die in großen Mengen im stickig heißen Hof eines Gasthauses an einer südwärtigen Wand brüteten.

Vögel sind gemeiniglich sehr klug bei der Auswahl ihres Nistortes, doch in der hiesigen Nachbarschaft lässt sich jeden Sommer ein Beweis des Ge-

genteils beobachten, nämlich an einem Haus ohne Giebel an ungeschützter Stelle, wo einige Mehlschwalben Jahr für Jahr in den Ecken der Fenster ihre Nester bauen. Da jedoch die Ecken dieser (nach Südosten und Südwesten ausgerichteten) Fenster zu flach sind, werden die Nester von jedem heftigen Regen davongeschwemmt, und dennoch plagen sich diese Vögel so vergeblich jeden Sommer wieder, ohne die Himmelsrichtung oder das Haus zu wechseln. Es ist ein jammervoller Anblick, sie bei ihrer Mühe zu sehen, wenn ihr halbes Nest davongeschwemmt ist und sie Lehm herbeibringen … »generis lapsi sarcire ruinas«[154]. Demnach ist ein Instinkt eine wundersam ungleiche Fähigkeit, in manchen Fällen der Vernunft so sehr überlegen, in anderen ihr so unterlegen. Mehlschwalben halten sich gerne in Städten auf, insbesondere da, wo große Seen und Flüsse in der Nähe sind, ja selbst die schwere Luft von London will ihnen behagen. Und ich habe sie nicht nur im Stadtteil Borough nisten sehen, nein, selbst in der Strand und Fleet Street; jedoch war dort an der Schmuddligkeit ihres Aussehens sehr erkennbar, dass ihr Gefieder vom Ruß und Staub dieser schmutzigen Luft in Mitleidenschaft gezogen war. Mehlschwalben sind die bei Weitem am wenigsten wendige Art der vier Schwalbenartigen; sie haben kurze Flügel und Schwanzfedern, deshalb sind sie der überraschenden Haken und der raschen, blitzenden Drehungen der Schwalbe nicht mächtig. Entsprechend bedienen sie sich einer beschaulichen leichten Bewegung in einer mittelhohen Region der Luft, steigen selten weit in die Höhe und streifen nie in einer langen Bahn über die Boden- oder Wasseroberfläche. Sie ziehen nicht weit für die Nahrungssuche und haben eine Vorliebe für geschützte Bereiche, über einem See oder unter herabhängenden Zweigen oder in einem Hohltal, insbesondere bei stürmischem Wetter. Sie sind die spätesten Brüter aller Schwalbenartigen; 1772 hatten sie am 21. Oktober noch Nistlinge und sind bis Michaeli nie ohne unflügge Junge im Nest.

Mit der Neige des Sommers scharen sich immer größere Schwärme zusammen, weil ständig weitere Junge der zweiten Brut dazustoßen, bis sie schließlich in Myriaden und Myriaden um die Dörfer an der Themse schweifen und den Himmel verdunkeln, da sie sich auf den kleinen Inseln dieses Flusses zur Rast niederlassen. Als Masse ziehen sie in riesigen Schwärmen um die ersten Oktobertage davon, haben sich jedoch in jüngeren Jahren in beträchtlicher Menge für ein, zwei Tage noch am 3. und 6. November blicken lassen, nachdem man sie schon seit gut zwei Wochen fortgezogen glaubte. Somit sind sie die letzte Spezies, die uns verlässt. Wenn diese Vögel nicht außerordentlich kurzlebig sind oder wenn sie nicht bei der Rückkehr einen anderen Bezirk aufsuchen als den, in welchem sie geschlüpft sind, müssen sie als Menge irgendwie und irgendwo eine ungeheure Dezimierung erfahren, denn die Menge der jährlich zurückkehrenden Vögel ist mit der der fortziehenden nicht zu vergleichen.

Mehlschwalben unterscheiden sich von ihren Artverwandten durch weiche daunige Federn, die ihre Beine bis hinunter auf die Zehen bedecken. Sie sind keine Singvögel, doch zwitschern sie auf hübsche leise und verhaltene Weise in ihren Nestern. Während der Brutzeit sind sie oft arg von Flöhen geplagt.

Ich verbleibe, etc.

BRIEF XVII

Ringmer bei Lewes, den 9. Dezember 1773

Verehrter Herr,
Euer letztes freundliches Schreiben erhielt ich, als ich gerade im Aufbruch begriffen war, um hierher zu reisen, und ich bin erfreut festzustellen, dass meine Monografie Eure Zustimmung fand. Meine Anmerkungen sind das Ergebnis vieljähriger Beobachtungen und, wie ich gewisslich sagen kann, im Ganzen wahr; wiewohl ich mir nicht anmaßen kann zu sagen, dass sie völlig frei von Fehlern sind oder dass ein genauerer Beobachter nicht Weiteres hinzufügen könnte, sind doch Gegenstände dieser Art unerschöpflich.

Solltet Ihr meinen Brief der Aufmerksamkeit Eurer angesehenen Gesellschaft[155] für würdig befinden, so sei es Euch freigestellt, diesen vorzulegen; und also wird man ihn, wie ich hoffe, als das betrachten, als was er beabsichtigt war, nämlich einen bescheidenen Versuch, eine in weitere Einzelheiten gehende Studie der Naturgeschichte zu präsentieren, welche sich mit Leben und Gewohnheiten der Tiere befasst. Vielleicht mag ich mich nun veranlasst sehen, die Rauchschwalbe einer näheren Betrachtung zu unterziehen und von dieser zu den übrigen britischen *Hirundines* fortzuschreiten.

Wiewohl ich nun seit mehr als dreißig Jahren durch das Sussexer Hügelland reise, widme ich mich der Erkundung dieser majestätischen Bergkette doch Jahr für Jahr wieder mit großem Staunen und meine, bei jeder Durchquerung neue Schönheiten zu entdecken. Diese Kette, welche sich von Chichester ostwärts bis East-Bourn zieht, ist etwa sechzig Meilen lang und wird recht eigentlich nur in der Gegend um Lewes South-downs geheißen. Reist man dort entlang, bietet sich ein erhabener Blick des Weald[156] zur einen Hand und der Hügel und des Meeres zur anderen. Mr. Ray besuchte des Öfteren eine Familie*, die gleich am Fuße dieser Hügel wohnte, und der Ausblick von Plumpton Plain bei Lewes entzückte ihn dermaßen, dass er diese Landschaften in seiner Schrift *Wisdom of God in the Works of the Creation*[157] mit höchster Genugtuung erwähnt und sie den schönsten Gegenden Europas, welche er mit eigenen Augen gesehen, für ebenbürtig hält.

Ich für meinen Teil finde etwas ganz eigenartig Liebliches und Ergötzliches in dem gleichsam geformten Anblick von Kreidehügeln gegenüber den weniger anmutigen aus Stein, welche kantig, zerklüftet, zerbrochen, schroff und gestaltlos sind.

Ich mag mit meiner Meinung alleine stehen und Euch meine Vorstellung nicht vermitteln können, doch nie betrachtete ich diese Berge, ohne zu meinen, etwas organisch Wachsendes oder Gewachsenes in ihren sanften Rundungen und weichen pilzigen Auswölbungen zu erkennen, in ihren röhrenartigen Wangen und den gleichmäßigen Senken und Hängen, welche gleichzeitig etwas von vegetativer Ausdehnung und Weitung haben ... Gab es wohl jemals eine Zeit, da diese ungeheuren Massen kalkiger Materie durch eine zufällig von außen herandringende Feuchtigkeit zur Gärung gebracht wurden, durch eine gestalterische Macht zum Aufgehen und Schwellen veranlasst und dadurch wiederum zum Anwachsen und himmelwärtigen Aufwuchten ihrer breiten Rücken gebracht wurden, welche so hoch über die weniger lebendige Tonerde des Wealds unterhalb ragen?

Den Messungen zufolge, welche rings um mein Haus durchgeführt wurden, würde ich mutmaßen, dass diese Hügel den Weald um durchschnittlich fünfhundert Fuß überragen.

Ein Umstand mit Hinsicht auf die Schafe ist sehr bemerkenswürdig:

---

* Mr. Courthope in Danny.

Kommt man vom Westen bis an den Fluss Adur, haben alle Herden Hörner und glatte weiße Gesichter und weiße Beine und ein ungehörntes Schaf ist eine Seltenheit; sobald man jedoch den Fluss überschreitend ostwärts geht und den Beeding-Hügel hinaufsteigt, werden alle Herden hörnerlos, Stutzschafe, wie man sie nennt, und zudem haben sie schwarze Gesichter mit einem weißen Haarbüschel auf der Stirn, und sie haben gefleckte und gesprenkelte Beine, sodass man meinen möchte, die Herden Labans weideten auf der einen Seite des Baches und die gescheckte Zucht seines Schwiegersohns Jakob würden auf der anderen Seite gehalten. Und diese Verschiedenheit setzt sich auf beiden Seiten fort, vom Tal von Bramber und Beeding in je östliche und westliche Richtung über die ganze Länge des Hügellands. Wenn man mit den Schäfern über dieses Thema spricht, sagen sie, so sei es seit unvordenklichen Zeiten gewesen, und sie lächeln ob der Einfalt des Fragenden, welcher meint, ob denn die Beschaffenheit dieser beiden verschiedenen Rassen nicht verkehrt werden könnte? Ein wissbegieriger Freund von mir in der Nähe von Chichester ist nun entschlossen, das Experiment zu wagen; und in diesem Herbst hat er, der Gefahr des Spottes nicht achtend, seinen gehörnten westlichen Schafen einige schwarzgesichtige ungehörnte Böcke zugeführt. Die schwarzgesichtigen Stutzschafe[158] haben die kürzesten Beine und die feinste Wolle.

Da ich so spät im Jahr kaum je durch dieses Hügelland gereist war, wollte ich in solcher Nähe der Südküste besonders genau und aufmerksam nach den kurzflügeligen Zugvögeln Ausschau halten, welche im Sommer bei uns zu Gast sind. Wir stellen große Nachforschungen den Rückzug der Schwalbenartigen betreffend an, ohne ausreichend jene Gründe zu untersuchen, aus welchen diese Vogelfamilie im Winter nie zu sehen ist; *entre nous* nämlich gibt das Verschwinden der Letzteren zu mehr Staunen Anlass als das der Ersteren und ist viel weniger zu beweisen. Die *Hirundines* sind, so sie denn wollen, gewisslich imstande, fortzuziehen, und dennoch sind sie oft in einem Starrezustand anzutreffen: Gartenrotschwanz, Nachtigallen, Dorngrasmücken, Mönchsgrasmücken und dergleichen jedoch sind für lange Reisen schlecht versehen, sie sind, nach meinem Wissen, nie im Starrezustand vorgefunden worden und können dennoch unmöglich Jahr für Jahr den Augen der Wissbegierigen und Forschenden entgehen, welche Tag für

Tag die anderen kleinen Vögel unterscheiden, die bekanntlich den Winter bei uns verbringen. Doch all meiner Obacht zum Trotz sah ich nichts, was einem Sommergast und Zugvogel ähnlich sah, und, was noch merkwürdiger ist, ich sah auch keinen einzigen Schmätzer, wiewohl diese im Herbst in solcher Fülle vorhanden sind, dass sie ein erkleckliches Zubrot der Schäfer sind, welche sie fangen; und das dem Umstand zum Trotz, dass sie nach meinem Wissen den ganzen Winter über in vielen Teilen Südenglands zu sehen sind.

Die kundigsten Schäfer sagen mir, dass einige wenige dieser Vögel im März auf den Hügeln erscheinen und sich dann zurückziehen, um in alten Gemäuern und Steinbrüchen zu brüten; gelegentlich wird ein Nest in einem Brachfeld mit der Furche aufgepflügt, doch das gilt als Seltenheit. Zur Zeit der Weizenernte werden sie in großer Zahl gefangen und unzählige werden nach Brighthelmstone und Tunbridge verschickt, wo sie auf den Tafeln der Vornehmen erscheinen, welche sich etwas darauf zugutehalten, ihre Gäste elegant zu bewirten. Um Michaeli ziehen sich diese Vögel zurück und lassen sich erst im März wieder blicken. Zwar sind diese Vögel, wenn ihre Saison gekommen ist, im Hügelland um Lewes in Scharen vorhanden, doch in East-Bourn, am östlichen Ende dieser Landschaft, kommen sie noch viel häufiger vor. Eines ist sehr bemerkenswert: Zwar werden in der Hochsaison so viele Hunderte gefangen, doch scheinen sie niemals Schwärme zu bilden, und selten sieht man drei oder vier am selben Ort, demnach muss es ein beständiges Hin und Her geben und eine ständige Nachfolge. Allem Anschein nach werden keine Schmätzer über Houghton-bridge am Fluss Arun hinaus nach Westen gebracht.

Ich habe es nicht versäumt, meinen neuen Vogelzug der Ringdrosseln mit besonderer Aufmerksamkeit zu verfolgen und zu vermerken, ob sie sich auf dem Hügelland bis in die jetzige Jahreszeit hinein halten; zuvor nämlich hatte ich sie im Monat Oktober überall von Chichester bis Lewes in Gebüschen und Hainen gesichtet; doch kein einziger Vogel dieser Art kam mir vor die Augen. Ich sah nur einige Lerchen, einige Braunkehlchen, einige Saatkrähen und ein paar Milane und Bussarde.[159]

Um Mittsommer kommt ein Schwarm Kreuzschnäbel in die Nadelwälder um dieses Haus hier, doch sie bleiben nie lange.

Die alte Schildkröte, welche ich in einem früheren Brief erwähnte, hält sich weiter hier in diesem Garten und hat sich um den 20. November unter die Erde zurückgezogen, um am 30. für einen Tag wieder aufzutauchen. Nun liegt sie vergraben in einem nassen sumpfigen Beet an einer südwärts gelegenen Mauer, derzeit in Schlamm und Morast gehüllt!

Dies Haus hier ist von einer großen Saatkrähenkolonie umgeben, deren Mitglieder ihren Lebensunterhalt augenscheinlich sehr leicht besorgen, denn den größten Teil des Tages verbringen sie bei mildem Wetter auf den Nestbäumen. Diese Saatkrähen ziehen sich den ganzen Winter über jeden Abend von den Nestern zurück, die sie nur beiläufig aufsuchen, um in der Tiefe des Waldes zu rasten; bei Tagesanbruch suchen sie wieder ihre Nestbäume auf, und stets geht ihnen das Erscheinen eines Schwarms Dohlen vorauf, welche gleichsam als ihre Boten fungieren.

Ich verbleibe, etc.

BRIEF XVIII

Selborne, den 29. Januar 1774

Verehrter Herr,
Die Haus- oder Rauchschwalbe ist zweifellos der früheste Ankömmling aller britischen *Hirundines* und erscheint in der Regel um den 13. April; dies habe ich bereits aus langjähriger Beobachtung erfahren. Nur gelegentlich lässt sich ein Ausreißer viel früher blicken; sonderlich einmal, als ich noch ein Junge war, beobachtete ich eine Schwalbe einen ganzen warmen Tag über, es war ein sonniger Faschingsdienstag, welcher nicht später fallen kann als Mitte März und oft schon in den Anfang Februar fällt.

Es ist weiter zu bemerken, dass diese Vögel zuerst in der Nähe von Seen und Mühlteichen gesichtet werden, und ebenfalls ist es eine Sonderlichkeit, dass sie, so sie auf Schnee und Frost treffen, wie es in den schrecklichen Frühlingen 1770 und 1771 der Fall war, sich sogleich wieder zurückziehen. Dies ist ein Umstand, welcher weit mehr dafür spricht, dass sie sich verbergen, als dass sie davonziehen, ist es doch viel wahrscheinlicher, dass sich ein Vogel wieder in das bereitstehende *Hibernaculum* zurückzieht, als dass er sich für nur eine oder zwei Wochen wieder in wärmere Breiten begibt.

Zwar ist die Schwalbe Rauchschwalbe geheißen, doch baut sie ihre Nester keineswegs im Rauchfang, sondern vielmehr in Schuppen und Scheunen an den Dachbalken, und so war es bereits zu Vergils Zeiten:

... Antè
Garrula quàm tignis nidos suspendat hirundo.[160]

In Schweden baut die Schwalbe ihre Nester in Scheunen und wird *Ladu svala* geheißen, die »Scheunenschwalbe«. Zudem sind die Häuser in den wärmeren Gegenden Europas nicht mit Rauchfängen versehen, es sei denn, sie sind von den Engländern errichtet. In den dortigen Ländern baut diese Schwalbe ihr Nest in Veranden und Toreinfahrten, in Arkadengängen und offenen Innenhöfen. Dann und wann mag ein Vogel eine Vorliebe für einen sonderbaren, eigentümlichen Ort zeigen; bei uns weiß man von einer Schwalbe, welche im Schacht eines alten Brunnens, aus dem man in früheren Zeiten den Kalk zum Düngen beförderte, ihr Nest gebaut hat. Gemeiniglich jedoch brütet diese *Hirundo* bei uns in Kaminen,[161] und mit Vorliebe streicht sie – gewiss der Wärme wegen – in jenen Schloten umher, wo stets ein Feuer brennt. Natürlich kann sie nicht in just jenem Schacht existieren, in welchem stets das Feuer in Gang gehalten wird, doch hat sie eine Vorliebe für den Kamin neben dem Küchenrauchfang und achtet auch nicht des unaufhörlichen Rauchs aus diesem Schacht, wie ich oft mit einigem Erstaunen beobachtet habe.

Etwa um die Mitte Mai beginnt dieser kleine Vogel fünf bis sechs Fuß tief im Kamin, manchmal sogar noch tiefer, mit dem Bau des Nestes, welches wie bei der Mehlschwalbe aus einer Hülle von Schlamm oder nasser Erde besteht, dieses vermischt mit kurzen Stücken Stroh, um die Materie fest und dauerhaft zu machen; mit dem einen Unterschied jedoch, dass die Hülle des Mehlschwalbennestes beinah halbkugelförmig, die der Rauchschwalbe indessen oben offen ist und eher einer tiefen Halbschale ähnelt; dieses Nest ist mit dünnen Gräsern und Federn ausgekleidet, welche oft im Fluge als Schwebendes aus der Luft gesammelt werden.

Staunenswert ist die Fertigkeit, welche dieser wendige Vogel den ganzen Tag zur Schau stellt, indem er, ohne Schaden zu nehmen, unentwegt durch eine derartige Enge auf- und absteigt. Wenn er über der Schachtöffnung schwebt, ruft die Wirkung der Vibrationen seiner Flügel auf die eingezwängte Luft ein Grollen wie von Donner hervor. Es ist nicht unwahrscheinlich, dass der Muttervogel sich all den Unbequemlichkeiten in der Tiefe des Schachtes aussetzt, um seine Brut vor räuberischen Vögeln zu bewahren, insbesondere vor Eulen, welche des Öfteren in Kamine einfallen, möglicherweise bei dem Versuch, an die Nistlinge zu gelangen.

Die Rauchschwalbe legt vier bis sechs weiße Eier mit roten Sprenkeln und führt die erste Brut etwa in der letzten Juni- oder der ersten Juliwoche ins Freie hinaus. Die schrittweise Methode, nach welcher die Jungen ins Leben eingeführt werden, ist sehr ergötzlich: Zuerst gelangen sie mit ziemlicher Schwierigkeit aus dem Schacht hinaus und fallen dabei recht oft in die darunterliegenden Räume; ein, zwei Tage geschieht die Fütterung dann oben auf dem Schornstein, woraufhin sie zu dem abgestorbenen, unbelaubten Ast eines Baumes geführt werden, um, in einer Reihe nebeneinandersitzend, mit großem Eifer umsorgt zu werden, sodass sie von nun an als Hocker auf der Warte gelten. Ein, zwei Tage darauf sind sie schon Flieger, doch noch nicht in der Lage, ihre eigene Nahrung zu besorgen; deshalb vergnügen sie sich in der Luft, stets unweit des unterdessen auf Fliegen jagenden Muttervogels; sobald dieser einen Schnabelvoll gesammelt hat, steigen Muttervogel und Nestling auf ein bestimmtes Signal hin zueinander hin und treffen einander im rechten Winkel, wobei das Junge unentwegt in kurzen Tönen große Dankbarkeit und Zufriedenheit zum Ausdruck bringt; ein Mensch muss fürwahr den Wundern der Natur wenig Aufmerksamkeit geschenkt haben, um dieses Kunststück nicht wahrgenommen zu haben.

Das Weibchen macht sich nun, da sich die erste Brut selbständig gemacht hat, an eine zweite Brut; die erste indessen schließt sich sogleich mit den nunmehr unabhängig fliegenden Jungen der Mehlschwalben zusammen und gemeinsam scharen sie sich auf sonnenbeschienenen Dächern, Türmen, Bäumen. Diese *Hirundo* bringt die zweite Brut gegen Mitte oder Ende August zum Fliegen hinaus ins Freie.

Den ganzen Sommer über ist die Rauchschwalbe ein lehrreiches Vorbild an Fleiß und Zuneigung: Solange eine Familie zu ernähren ist, verbringt sie den ganzen Tag vom Morgen bis zum Abend damit, im Flug dicht über dem Boden zu streifen und plötzliche Drehungen und Wendungen zu vollführen.

Baumgesäumte Wege und lange Pfade an Hecken entlang und Weiden und gemähte Wiesen, wo Vieh grast, sind ihre Freude, insbesondere da, wo spärlich auch Bäume stehen, denn an solchen Stellen sind die Insekten in Fülle vorhanden. Wenn sie eine Fliege fängt, lässt sich ein scharfes Schnappen des Schnabels vernehmen, ähnlich dem Zuschnappen einen Uhrdeckels, doch die Bewegungen der Kiefern sind zu schnell für das menschliche Auge.

Die Schwalbe, und zwar wahrscheinlich der männliche Vogel, ist bei den Mehlschwalben und anderen kleinen Vögeln der *Excubitor*, welcher das Nahen eines Raubvogels ankündigt. Sobald sich ein Habicht blicken lässt, ruft die Schwalbe alle anderen Rauch- und Mehlschwalben um ihn herum zusammen, und alle verfolgen sodann in einer großen geschlossenen Wolke den Feind, wobei sie trachten, ihm zuzusetzen und ihn zu schlagen, bis sie ihn aus dem Dorfe vertrieben haben; sie schießen von oben auf seinen Rücken hinab und steigen senkrecht in völliger Sicherheit auf. Dieser Vogel wird auch Alarm bei Katzen geben und diese anzugreifen suchen, wenn sie auf die Hausdächer steigen oder sich auf andere Weise den Nestern nähern. Jede Art der *Hirundo* trinkt im Vorbeifliegen, indem sie im Tiefflug von der Wasseroberfläche nippt, doch nur die Rauchschwalbe wäscht sich auch im Fluge, indem sie sich mehrere Male hintereinander in ein stehendes Wasser fallen lässt; bei sehr heißem Wetter tauchen und waschen sich die Mehl- und Uferschwalben ein wenig.

Die Rauchschwalbe ist ein leiser Singvogel, bei mildem, sonnigem Wetter singt sie sowohl im Flug als auf der Warte; in Bäumen und auch auf den Kaminschloten singen sie in einer Art Konzert; sie ist auch ein beherzter Flieger, welcher selbst bei windigem Wetter über abgelegene Hügel und Weiden schweift, eine Angewohnheit, für die andere Arten gar nichts übrig haben; ja, die Schwalbe siedelt sogar in sehr ungeschützten Küstenorten und macht kleine Ausflüge über das Salzwasser. Reiter in der offenen weiten Hügellandschaft haben häufig über etliche Meilen einen kleinen Schwalbenschwarm zum Gefolge und zur Begleitung, welcher vor und hinter ihnen in der Luft tanzt, sie umkreist und all die verborgenen Insekten fängt, welche von den trampelnden Pferdehufen aufgewirbelt werden, jedenfalls bei starkem Wind, ohne dessen Hilfe sie oft gezwungen sind, sich auf den Boden zu begeben, um ihre versteckte Beute aufzusammeln.

Diese Art ernährt sich viel von kleinen *Coleoptera* sowie von Stechmücken und Fliegen und häufig lassen sich die Vögel auf Pfaden oder umgegrabener Erde nieder, um kleine Kiesel zum Zermahlen und Verdauen der Nahrung aufzunehmen. Vor ihrem Fortzug verlassen sie alle, bis auf den letzten Vogel, Kamine und Häuser, um auf Bäumen zu rasten; in der Regel ziehen sie Anfang Oktober fort, wiewohl einzelne Nachzügler sich noch bis Anfang November blicken lassen.

Einige wenige Paare streichen in den neuen offenen Straßen von London in Nähe der Felder herum, halten sich jedoch, im Unterschied zur Mehlschwalbe, von den engen und vielbevölkerten Teilen der Stadt fern.

Sowohl der männliche als auch der weibliche Vogel unterscheiden sich von ihren Artverwandten durch die Länge und Gabelung des Schwanzes. Sie sind zweifellos die wendigsten aller Schwalbenartigen, und wenn der männliche Vogel das Weibchen im verliebten Fluge jagt, dann übertreffen sie noch ihre gewöhnliche Geschwindigkeit und bieten eine Schnelligkeit auf, welcher das Auge kaum zu folgen vermag.

Nach dieser Schilderung etlicher Einzelheiten bezüglich des Lebens und der vorzüglichen στοργή der Schwalbe werde ich nun zu Eurer weiteren Unterhaltung die eine oder andere Anekdote anführen, welche der Schwalben Klugheit nicht im besten Lichte darstellen: Eine bestimmte Schwalbe baute ihr Nest zwei Jahre hintereinander auf den Griffen einer Gartenschere, welche gegen die Bretterwand eines Schuppens gelehnt stand; also musste sie ihr Nest mit jedem Mal verdorben vorfinden, wenn dieses Werkzeug in Gebrauch genommen wurde; und ein anderer Vogel derselben Art baute, was noch seltsamer anmutet, sein Nest auf den Schwingen und dem Körper einer Eule, welche, so es der Zufall wollte, tot und vertrocknet vom Dachbalken einer Scheune herabhing. Diese Eule im Verband mit dem Nest auf ihren Schwingen und den Eiern in selbigem Nest wurde als eine des vorzüglichsten privaten Museums von Großbritannien würdige Kuriosität dorthin gebracht. Der Eigentümer des obgenannten Museums war von der Seltsamkeit des Anblicks so frappiert, dass er dem Überbringer eine große Muschel übergab, verbunden mit der Bitte, diese ebendort anzubringen, wo die Eule gehangen hatte. Jener tat, wie ihm geheißen, und im folgenden Jahr baute ein Paar – wahrscheinlich dasselbe Paar wie im Vorjahr – sein Nest in der Muschel und legte Eier darin.

Die Eule und die Muschel bieten einen sonderbaren, grotesken Anblick und stellen als Ausstellungsstücke eine nicht geringe Merkwürdigkeit in dieser wundersamen Sammlung aus Kunst und Natur dar.*

Also zeigt sich, wie der Instinkt in Tieren, wenn auch nur um ein Geringes aus der Bahn gebracht, eine der Unterscheidungen unfähige, beschränkte Begabung ist, welche überdies blind ist für jeden Umstand, der nicht unmittelbar dem Selbsterhalt oder direkt zur Förderung oder Vermehrung der eigenen Art dient.

Ich verbleibe
hochachtungsvoll, etc. etc.

BRIEF XIX

Selborne, den 14. Februar 1774

Verehrter Herr,
Euer freundliches Schreiben vom 8. habe ich erhalten und freue mich zu sehen, dass Ihr meine kleine Geschichte der Schwalbe mit Eurer gewohnten aufrichtigen Bereitschaft gelesen habt; und nicht weniger erfreut war ich ob der Einwendungen, welche Ihr machtet, wo Ihr Grund dazu saht.

Was die Zitierungen angeht, ist es schwer, genau festzustellen, welche Art *Hirundo* Vergil in den betreffenden Zeilen gemeint haben könnte, schenkte man im Altertum doch Artunterschieden nicht die Aufmerksamkeit, wie es moderne Naturkundler tun; dennoch lässt sich einiges entnehmen, ausreichend doch, um mich zu der Annahme neigen zu lassen, dass der Dichter in den zitierten Zeilen die Rauchschwalbe im Auge hatte.

An erster Stelle trifft das Beiwort *garrula* die besagte Schwalbe gut, ist sie doch ein großer Sänger, im Unterschied zur Mehlschwalbe, welche ein eher stummer Vogel ist mit einem so leisen gelegentlichen Ton, dass man diesen kaum hört. Zudem, wenn *tignum* hier das Dachgestühl meint und nicht einen Balken, für welches mir einiges zu sprechen scheint, dann, so dünkt mich, muss es die Rauchschwalbe sein, auf welche er anspielt, und nicht die Mehlschwalbe, denn Erstere ist es, welche mit Vorliebe im Dach

* Das Museum von Sir Ashton Lever.

ans Dachgestühl ihr Nest baut, während Letztere immer, soweit ich es beobachten konnte, außerhalb des Dachs in Giebeln und an Vorsprüngen baut.

Was den Vergleich betrifft, so sollte diesem nicht zu viel Gewicht beigemessen sein: Dennoch spricht das Beiwort *nigra* ganz eindeutig zugunsten der Rauchschwalbe, deren Rücken und Flügel ganz schwarz sind, während der Rumpf der Mehlschwalbe milchig weiß ist, mit blauem Rücken und Flügeln und der gesamten Unterseite weiß wie Schnee. Auch sind die unbeholfenen (verhältnismäßig unbeholfenen) Bewegungen der Mehlschwalbe nicht imstande, die plötzlichen und vielseitig gekonnten Drehungen und Haken darzustellen, welche *Juturna* dem Wagen ihres Bruders verlieh, um der rasenden Verfolgung durch den erzürnten Aeneas zu entgehen. Das Verb *loquat* schließlich scheint doch einen Vogel zu bedeuten, welcher in gewisser Weise geschwätzig ist.* [162]

Wir haben einen sehr nassen Herbst und Winter gehabt, sodass die Quellen einen seit 1764 nicht mehr dagewesenen Spiegel erreichten; es war ein denkwürdiges Jahr, was Überschwemmungen und Hochwässer angeht. Die Landquellen, welche wir »lavants« nennen, sprudeln im Hügelland von Sussex, Hampshire und Wiltshire in großer Menge. Die Landbauern sagen, wenn die »lavants« sprudeln, wird das Korn teuer bleiben, das heißt, wenn die Erde so mit Wasser gesättigt ist, dass Quellen auf Anhöhen und in Senken hervortreten, dann ertrinken die Kornfelder, und so hat es sich in den vergangenen zehn, elf Jahren auch stets bewahrheitet. Landquellen nämlich haben seit Menschengedenken nicht so zugenommen wie in diesem Zeitraum, noch hat es je eine größere Knappheit an allen Arten Getreide gegeben, bedenkt man dazu die großen Verbesserungen durch moderne Ackerwirtschaft. Eine solche Folge nasser Jahreszeiten hätte, so bin ich überzeugt, vor ein oder zwei Jahrhunderten eine Hungersnot hervorgerufen. Die Flugschriften und Zeitungsbriefe, welche von Schikanen reden, sind deshalb angetan irrezuführen und aufzustacheln; wir dürfen keine Fülle erwarten, so uns die Vorsehung keine günstigeren Witterungen schickt.

---

* Nigra velut magnas domini cum divitis aedes
Pervolat, et pennis alta atria lustrat hirundo,
Pabula parva legens, nidisque loquacibus escas:
Et nunc porticibus vacuis, nunc humida circum
Stagna sonat …

Der letztjährige Weizen bringt in unserem Bezirk, in der Grafschaft Rutland und auch andernorts bemerkenswert geringe Erträge: Unser stehender Weizen indessen sieht nach den unaufhörlichen plötzlichen Unbilden der letzten Zeit, von strengem Frost bis hin zu strömendem Regen, jämmerlich aus, und die Rüben verfaulen sehr rasch.

BRIEF XX

Selborne, den 26. Februar 1774

Verehrter Herr,
Die Uferschwalbe ist die bei Weitem kleinste der britischen *Hirundines* und, soweit wir je gesehen haben, die kleinste bekannte *Hirundo*; wiewohl Brisson behauptet, es gebe noch eine viel kleinere, nämlich die *Hirundo esculenta*.[163]

Jedoch ist es sehr zu bedauern, dass es dem Beobachter kaum möglich ist, in der Darstellung der Einzelheiten von Lebensweise und Verhalten dieses kleinen Vogels so umfassend und genau zu sein, wie man es sich wünschen sollte, denn der Vogel ist *fera natura*, zumindest in diesem Teil des Königreiches, ein Tier, welches sich aller Zähmung entschlägt und in wildem Heideland und Gemeindeangern umherschweift, so sich dort große Seen befinden, während die anderen Arten, jedenfalls die Rauchschwalbe und die Mehlschwalbe, hingegen bemerkenswürdig sanft und gezähmt sind und sich nicht anders sicher fühlen als in der Menschen Nachbarschaft und Schutz.

Hier, in dieser Pfarre, in den Sandkuhlen und den Ufern der Seen im Wolmer-Forst leben mehrere Kolonien dieser Vögel, jedoch lassen sie sich nie im Dorf blicken, noch suchen sie die Nähe der Katen, welche verstreut in jener wilden Gegend liegen. Ich kann mich nur auf ein einziges Beispiel für ein Vorkommen dieses Vogels in der Nähe eines Gebäudes besinnen und das ist in Bishop's Waltham hier in unserer Grafschaft; dort nisten sie in den Stützbalken der rückwärtigen Mauer des Pferdestalls von William von Wykeham, jedoch steht diese Mauer in einer ganz abgeschirmten und abgelegenen Einhegung und geht auf einen großen und schönen See. Und fürwahr, diese Art scheint sich so sehr an großen Gewässern zu ergötzen, dass ihr Vorkommen nur an großen Seen oder Flüssen verbürgt ist; und sonderlich wurde berichtet, dass sie gar an einigen Stellen unter der London Bridge am Ufer der Themse in ganzen Schwärmen leben.

Es ist wohl merkwürdig zu beobachten, mit welch unterschiedlich hohen Graden architektonischer Fähigkeiten die Vorsehung Vögel ein und derselben Familie ausgestattet hat, welche sich doch in ihrer allgemeinen Lebensweise so sehr entsprechen! Während nämlich die Rauch- und Mehlschwalben die größte Fertigkeit im Errichten und Befestigen von Krusten oder Schalen aus Erde als *cunabula* für ihre Jungen an den Tag legen, bohrt die Uferschwalbe ein rundes, regelmäßig geformtes Loch in Sand oder Erde, welches, in Schlangenlinien und waagerecht verlaufend, etwa zwei Fuß tief ist. Am inneren Ende dieses Baus platziert dieser Vogel in ziemlicher Geschütztheit sein grobes Nest aus dünnen Gräsern und Federn, zumeist Gänsefedern, die sehr kunstlos ineinandergelegt sind.

Ausdauer wird alles zuwege bringen: Auf den ersten Blick wird man wohl kaum geneigt sein zu glauben, dass dieser schwache Vogel mit seinem weichen und empfindlichen Schnabel und den schwachen Klauen jemals imstande sein sollte, die starre Sandbank zu durchbohren, ohne sich dabei gänzlich zugrunde zu richten, indessen habe ich selbst ein Uferschwalbenpaar mit großem Eifer Fortschritt dabei machen sehen und konnte an dem frischen Sand, welcher die Uferböschung hinabrieselte und eine andere Farbe hatte als der lose und von der Sonne ausgebleicht liegende, erkennen, wie viel die beiden am jeweiligen Tag herausgeschafft hatten.

In welchem Zeitraum diese kleinen Künstler in der Lage sind, solche Stollen zu bohren und fertigzustellen, habe ich aus den obgenannten Gründen nie feststellen können, doch wäre dies wohl ein Gegenstand, der nähere Beobachtung verdiente, wo auch immer es einem Naturkundler zufallen möge, seine Bemerkungen dazu zu machen. Was ich allerdings des Öfteren zur Kenntnis genommen habe, ist, dass etliche Löcher unterschiedlicher Tiefe am Ende des Sommers unvollendet bleiben. Die Annahme, selbige Anfänge seien mit Absicht angelegt worden, um im folgenden Frühjahr schon einige Schritte weit im Voraus zu sein, hieße wohl, einem einfachen Vogel zu viel Voraussicht und *rerum prudentia* zuzugestehen. Mag nicht der Grund für diese unvollendet zurückgelassenen *latebrae* der sein, dass sie an diesen

Stellen auf Schichten trafen, welche für ihren Zweck zu rau, zu hart, zu fest waren und welche sie deswegen aufgegeben haben, um an eine andere Stelle zu wechseln, welche sich leichter bearbeiten ließ? Oder mögen sie nicht vielmehr an anderen Stellen auf eine Erde stoßen, welche wiederum zu weich, zu brüchig und zu nachgiebig ist, sodass sie sie selbst und ihre Arbeit zu verschütten drohte?

Ein Umstand ist anzumerken: Nämlich nach wenigen Jahren werden die alten Löcher verlassen und neue werden gebohrt; vielleicht entwickeln sich in den alten Wohnungen Gestank und Verrottung vom langen Gebrauch, oder es sammeln sich über einen gewissen Zeitraum so viele Flöhe an, dass die Behausungen nicht mehr bewohnbar sind. Diese Schwalbenart wird ganz sonderbar von Ungeziefer geplagt, und wir haben Flöhe, Bettflöhe *(Pulex irritans)* um die Öffnungen dieser Gänge wimmeln sehen wie Bienen auf den Flugbrettern ihrer Bienenstöcke.[164]

Folgenden Umstand sollte man keinesfalls anzumerken versäumen, nämlich diese Vögel machen keinerlei Gebrauch von ihren Höhlen als *Hibernaculum*, wie man annehmen möchte; dergleichen von Gängen durchsetzte Uferböschungen wurden mit größter Sorgfalt im Winter umgegraben, doch fand man nichts vor als leere Nester.

Die Uferschwalbe erscheint etwa um dieselbe Zeit wie die Rauchschwalbe und legt gemeiniglich vier bis sechs weiße Eier. Da die Art jedoch *kryptogam* ist und also Nisten, Brüten und Aufzucht der Jungen im Dunkeln stattfinden, wäre es nicht einfach, die Brutzeit zu bestimmen, wenn nicht die Brut etwa um dieselbe Zeit, vielleicht gar etwas früher als die der Rauchschwalbe, zum Vorschein kommen würde. Die Nistlinge werden so wie die ihrer Artverwandten ernährt und mit Stechmücken und anderen kleinen Insekten gefüttert, gelegentlich auch mit Libellen, welche beinah so lang sind wie sie selbst. In der letzten Juniwoche habe ich einige Junge in einer Reihe auf einer Stange bei einem großen Teich gesehen, wo sie auf Warte saßen; sie waren so jung und hilflos, man hätte sie leicht mit der Hand greifen können, doch ob die Muttervögel sie auch im Fluge füttern, wie es die Rauch- und die Mehlschwalben tun, haben wir nie feststellen können, noch wissen wir zu sagen, ob sie als Schar Raubvögel verfolgen und angreifen.

So sie in der Nähe von Hecken und Einfriedungen nisten, werden sie vom gemeinen Sperling um ihre Bruthöhlen gebracht, welcher aus denselben Gründen auch ein übler Gegner der Mehlschwalben ist.

Diese *Hirundines* sind keine Sänger, sondern recht stumm[165] und geben nur einen rauen Ton von sich, wenn jemand sich ihren Nestern nähert. Dem Anschein nach sind sie nicht sehr gesellig veranlagt und sammeln sich hier bei uns nie im Herbst mit ihren Artverwandten zu großen Scharen. Zweifellos brüten sie ein zweites Mal wie auch Rauch- und Mehlschwalben, und sie ziehen um Michaeli fort.

Es mag wohl sein, dass sie in manchen Gegenden in großer Zahl vorkommen, doch gemeiniglich sind sie, zum mindesten im Süden Englands, die seltenste Schwalbenart. Wenige Städte oder große Dörfer gibt es, in denen die Mehlschwalben nicht in großen Scharen anwesend wären, kaum einen Turm oder eine Kirche, um welche nicht die Mauersegler kreisen, so gut wie keinen Weiler und keine Kate mit Schornstein ohne eine Rauchschwalbe, die Uferschwalben indessen leben hier und da verstreut und führen ein einsames abgeschottetes Leben zwischen steilen Sandhängen und in den Uferböschungen einiger weniger Flüsse.

Diese Vögel haben eine eigenwillige Art zu fliegen: In merkwürdigen Stößen und mit zögerndem Zittern hasten sie hierhin und dorthin, einem Schmetterling nicht unähnlich. Zweifellos ist der Flug aller *Hirundines* von den bestimmten Insekten geprägt und beeinflusst, welche ihre Nahrung stellen. Daher wäre es eine lohnende Beschäftigung zu erforschen, welche besondere Gruppe von Insekten die Hauptnahrung einer jeweiligen Schwalbenart bilden.

Ungeachtet der obgenannten Ausführungen streifen einige wenige Uferschwalben am Rande von London umher, sie halten sich an den schmutzigen Teichen bei Saint George's Fields auf und um Whitechapel. Die Frage stellt sich, wo diese wohl ihre Nester bauen, gibt es doch keine Uferböschungen oder steilen Strandhänge in dieser Nachbarschaft; vielleicht nisten sie in den Löchern der Stützbalken des einen oder anderen neuen oder alten Gebäudes. Sie tauchen in Wasser ein und waschen sich gelegentlich so im tiefen Fluge, wie Rauchschwalbe und Mehlschwalbe es tun.

Uferschwalben unterscheiden sich von ihren Artverwandten in der Winzigkeit ihrer Gestalt sowie in ihrer Farbe, welche gemeiniglich als mausfarben bezeichnet wird. Bei Valencia in Spanien, so heißt es bei Willughby, werden sie gefangen und am Markt für die Tafel verkauft; und das Landvolk nennt sie, gewisslich ihrer unentschlossenen Art zu fliegen wegen, *Papilion de montagna.*

BRIEF XXI

Selborne, den 28. September 1774

Verehrter Herr,
Der Mauersegler ist der größte der britischen *Hirundines,* und er ist zweifelsohne auch der späteste. Ich selbst kann mich nur an ein einziges Jahr erinnern, in welchem er vor der letzten Aprilwoche erschien, und in den gelegentlichen späten, rauen, frostigen Frühlingen bei uns hat er sich erst Anfang Mai blicken lassen. Diese Art kommt gemeiniglich bereits in Paaren an.

Wie die Uferschwalbe ist auch der Mauersegler ein sehr dürftiger Architekt; er fertigt für sein Nest keine Schale oder Kruste an, sondern bildet es vielmehr aus trockenen Gräsern und Federn, die sehr grob und ohne Feinheit zusammengewirkt sind. So viel Aufmerksamkeit ich diesen Vögeln auch geschenkt habe, nie habe ich einen dabei beobachtet, dass er Nestmaterial sammelte oder hineintrug, so begann ich bei mir den Verdacht zu hegen, dass sie manchmal die Nester des gemeinen Sperlings (zumal dessen Nester ebenso aussehen wie die des Mauerseglers) besetzen und die Spatzen vertreiben, so wie diese es mit den Rauchschwalben und den Uferschwalben tun; und mir war dabei gut in Erinnerung, dass ich sie hatte an ihren Einflugslöchern zanken sehen, wobei die Sperlinge ganz entrüstet und über die Eindringlinge empört waren. Und dennoch versichert man mir seitens eines genauen Beobachters[166] in solchen Fällen, dass sie in Andalusien Federn für ihre Nester sammeln und dass er selbst sie bereits mit solchen Materialien zum Nestbau im Schnabel geschossen habe.

Wie Uferschwalben gehen auch die Mauersegler dem Vorgang des Nistens recht im Dunkeln nach, in den Nischen von Burgen und Kirchtürmen und oben auf den Kirchenmauern, unter dem Dach; somit lassen sie sich nicht aus solcher Nähe beobachten wie jene Arten, welche mehr im Offenen bauen; nach allem, was ich je beobachten konnte indessen, beginnen sie mit dem Nisten Mitte Mai, und an Eiern, welche zu nehmen mir selbst gelang, konnte ich feststellen, dass sie am 9. Juni noch fest beim Brüten waren. Gemeiniglich schweifen sie an hohen Gebäuden, Kirchen und Kirchtürmen umher und brüten auch nur in solchen; in diesem Dorf hier jedoch besiedeln einige Paare die niedrigsten und bescheidensten Katen und ziehen ihre Jungen unter deren Schilfdächern auf. Wir haben nur ein einziges Beispiel dafür in Erinnerung, dass sie außerhalb eines Gebäudes gebrütet haben, und besagter Fall war in den Seitenwänden einer tiefen Kalkgrube nahe der Stadt Oldham hier in unserer Grafschaft; dort konnten wir viele Paare beobachten, welche in die Klüfte drangen und um die Steilwände schrillten und sie im Fluge streiften.

Da ich nun diese unterhaltsamen Vögel mit nicht geringer Eindringlichkeit beobachtet habe, möchte man es vielleicht mir zugutehalten, wenn ich etwas Neues und nur ihnen Eigenes vorbringen kann, was sie von allen anderen Vögeln unterscheidet, zumal ja das von mir Vorgebrachte das Ergebnis vieler Jahre eingehender Beobachtung ist. Was ich hier als Faktum vorstellen möchte, ist, dass Mauersegler nämlich im Fluge kopulieren; und ich würde jedem eingehenden Beobachter, welchen diese Vermutung verblüfft, raten, seine eigenen Augen zu benutzen, und ich glaube, er wird sich auf diesem Wege bald selbst davon überzeugen. In einer anderen Klasse von Tieren, nämlich bei den Insekten, ist es das Geläufigste schlechthin, die unterschiedlichen Arten vieler Gattungen im Fluge in Paarungsverbindung begriffen zu sehen. Der Mauersegler ist fast ständig in der Luft, und da er sich nie am Boden, auf Bäumen oder auf Dächern niederlässt, würde er kaum je den Augenblick für das Liebesritual finden, verfügte er nicht über die Fähigkeit, sich diesem Zustand in der Luft hinzugeben. Jeder, welcher diese Vögel an einem schönen Maienmorgen beobachtet, wenn sie in großer Höhe durch die Lüfte segeln, wird Zeuge sein, wie dann und wann sich einer auf den Rücken eines anderen senkt und dann beide unter Ausstoßen eines lauten, durchdringenden Schreis viele Faden weit nach unten sinken. Das erachte ich als den Augenblick der Vereinigung, in dem sich die Zeugung vollzieht.

Da der Mauersegler im Fluge frisst und trinkt und Material für den Nestbau sammelt und dazu noch, wie es scheinen will, selbst für die Fortpflanzung im Fluge sorgt, scheint er mehr in der Luft zu leben als jeder andere Vogel und allen Funktionen dort nachzugehen, außer denen des Schlafes und des Brütens. Dieser *Hirundo* unterscheidet sich wesentlich von seinen Artverwandten insofern, als er unabänderlich jeweils zwei Eier legt, welche milchweiß, länglich und am schmäleren Ende spitz zulaufend sind.[167] Die anderen Arten indessen legen bei jeder Brut vier bis sechs. Der Mauersegler ist ein äußerst wacher Vogel, er erwacht sehr früh und zieht sich sehr spät zur Rast zurück; im Hochsommer ist er wenigstens sechzehn Stunden in der Luft. Zur Zeit der längsten Tage zieht er sich zur Rast erst um drei viertel neun am Abend zurück, was später ist als alle anderen Tagesvögel. Unmittelbar bevor sie sich zurückziehen, versammeln sie sich in ganzen Gruppen hoch in der Luft und schießen unter hellem Schrillen mit wundersamer Schnelligkeit umher. Nie jedoch ist dieser Vogel so lebhaft wie bei schwülem gewitterlichem Wetter, dann nämlich legt er große Wendigkeit an den Tag und mobilisiert alle ihm zu Gebote stehenden Kräfte und Fähigkeiten. An heißen Morgen finden sich je einige zu kleinen Sammlungen und schießen um die Kirchendächer und -türme, indem sie dabei lautes Quietschen ausstoßen; bei diesen Vögeln soll es sich, genauen Beobachtern zufolge, um Männchen handeln, welche auf diese Weise ihren brütenden Weibchen ein Ständchen bringen; und diese Annahme hat guten Grund, denn sie quieken fast immer nur dann, wenn sie dicht an der Mauer oder dem Vordach vorüberstreifen, und zudem äußern auch diejenigen drinnen zur gleichen Zeit einen kleinen leisen Ton der Zufriedenheit.

Wenn das Weibchen den ganzen Tag festgesessen hat, schießt es hinaus, sowie es dunkel wird, und streckt und entspannt seine müden Glieder und verbringt ein paar Minuten damit, sich hastig eine Mahlzeit zu schnappen, bevor es wieder zu seiner Brutpflicht zurückkehrt. Mauersegler, welche grausam und mutwillig geschossen werden, während sie Junge aufziehen, offenbaren einen kleinen Ballen aus Insekten im Schnabel, welchen sie gleichsam unter der Zunge bergen. Gemeiniglich suchen sie ihre Nahrung in viel höheren Bereichen als die anderen Arten, ein Beweis dafür, dass Mücken und andere Insekten auch in einer beträchtlichen Höhe noch reichlich vorhanden sind. Mauersegler legen auch weite Strecken zurück, denn Fortbewegung ist keine Mühe für sie, die mit solch wundersamer Flügelkraft ausgestattet sind. Ihre Kraft scheint im Verhältnis zu ihren Steuerfedern zu stehen, und ihre Flügel sind proportional länger als die fast eines jeden anderen Vogels. Wenn sie die Kraft dämpfen und es sich im Flug bequem machen, heben sie die Flügel, bis sie über dem Rücken zusammentreffen.

Zu bestimmten Zeiten im Sommer hatte ich bemerkt, dass Mauersegler stundenlang ohne Unterbrechung sehr tief über Tümpeln und Bächen nach Insekten jagten; so konnte ich mich der Neugier nicht erwehren zu erkunden, was sie dazu brachte, sich so tief unter ihre geläufige Flughöhe zu begeben. Nach einiger Mühe fand ich heraus, dass sie *Phryganae, Ephemerae* und *Libellulae* (Köcherfliegen, Eintagsfliegen und Libellen) zu sich nahmen, welche gerade erst aus dem *Aurelia*-Stadium geschlüpft waren. Da versetzte es mich nicht mehr in Erstaunen, dass sie sich einer Beute wegen in solche Tiefe sinken ließen, bot sich ihnen doch dort eine solch üppige und saftige Nahrung.

Sie bringen ihre Jungen in der Mitte oder gegen Ende des Juli ins Freie hinaus, doch da diese niemals, jedenfalls gewisslich nicht für mich sichtbar, auf der Warte sitzen und also im Flug von den Muttertieren gefüttert werden, ist das Hervorkommen der Jungen bei ihnen nicht so bemerkenswürdig wie bei den anderen Arten.

Am 30. Juni des vergangenen Jahres entfernte ich die Ziegel am Dach eines Hauses, wo viele Paare ihre Nester bauen; in jedem Nest fand ich nur zwei nackte junge *pulli*; am 8. Juli wiederholte ich die Erkundung und stellte fest, dass sie sehr wenig Fortschritt zum Flüggewerden gemacht hatten und auch noch nackt und hilflos waren. Aus welchem wir schließen können, dass Vögel, deren Lebensweise sie ständig im Fluge hält, das Nest erst nach Ablauf eines ganzen Monats zu verlassen imstande sind. Die Schwalbenarten mit ihren vielköpfigen Familien sind unentwegt dabei, sie alle zwei, drei Minuten zu füttern, doch Mauersegler, welche nur zwei Junge zu unterhalten haben, haben viel mehr Muße und lassen die Nester für mehrere Stunden hintereinander allein.

Gelegentlich verfolgen sie angreiferisch Habichte, welche in die Nähe kommen, doch nicht mit derselben Heftigkeit, wie Schwalben sie bei der Gelegenheit an den Tag legen. An nassen Tagen sind sie draußen unterwegs, suchen Nahrung und achten des Regens nicht, aus welchem zwei Dinge zu folgern sind: Zum einen, dass viele Insekten auch bei Regen sich weit oben in der Luft aufhalten, und weiters, dass das Gefieder solcher Vögel dicht und gut versehen sein muss, um so viel Regen zu widerstehen. Windiges Wetter, insbesondere böiges Wetter mit heftigen Schauern, behagt ihnen nicht, und an solchen Tagen verziehen sie sich in die Nester und werden kaum je gesehen.

Es ist ein Umstand in Hinsicht auf die Farbe der Mauersegler, welcher unsere Aufmerksamkeit einigermaßen verdient. So sie im Frühjahr eintreffen, haben sie allesamt eine glänzende, rußdunkle Farbe mit Ausnahme des Kinns, welches weiß ist, doch da sie sich den ganzen Tag in Sonne und Luft aufhalten, werden sie bis zu ihrer Abreise recht wettergegerbt und ausgebleicht, und dennoch kehren sie im nächsten Frühling ebenso glänzend wieder zurück. Wenn sie nun, wie von einigen angenommen, der Sonne nach in tiefere Breiten ziehen, um eines immerwährenden Sommers zu genießen, warum kehren sie nicht ausgebleicht zurück? Mögen sie sich nicht vielmehr eine Jahreszeit lang zur Rast zurückziehen[168] und sich in dieser Phase mausern und das Gefieder wechseln, da doch von allen anderen Vögeln bekannt ist, dass sie bald nach der Brutsaison die Mauser durchleben?

Mauersegler weisen in vielen Einzelheiten Anomalien auf; sie weichen von ihren Artverwandten nicht nur durch die Anzahl ihrer Jungen ab, sondern auch darin, dass sie nur einmal im Sommer brüten, während alle anderen britischen *Hirundines* unfehlbar zweimal brüten. Es ist ganz außer allem Zweifel, dass Mauersegler nur einmal brüten können, ziehen sie doch kurze Zeit nach dem Flüggewerden ihrer Jungen und auch einige Zeit bevor ihre Artverwandten die zweite Brut herausbringen fort. Wir können an dieser Stelle auch darauf hinweisen, dass in Anbetracht der Tatsache, dass Mauersegler nur einmal im Sommer brüten und dabei jeweils nur zwei Eier, während die anderen *Hirundines* zweimal brüten, Letztere, welche zwischen vier und sechs Eier legen, sich im Durchschnitt demnach fünfmal schneller vermehren als Erstere.

In nichts aber zeichnen sich die Mauersegler mehr und auch auf sonderlichere Weise aus als in ihrem frühen Fortzug. In der Hauptzahl ziehen sie zum 10. August fort, manchmal einige Tage früher; und jeder Nachzügler zieht unweigerlich zum 20. August davon; doch ihre Artverwandten hingegen bleiben bis zum Anfang des Oktober, viele von ihnen bis zum Ende selbigen Monats und manche ziehen gar erst am Anfang des November fort. Dieser frühe Fortzug ist geheimnisvoll und nimmt wunder, ist diese Zeit doch oft die lieblichste im ganzen Jahr. Was jedoch noch außergewöhnlicher anmutet, ist der Umstand, dass sie in den weit südlichsten Gegenden Andalusiens noch früher fortziehen, und ihr dortiges Fortziehen kann keinesfalls durch einen Mangel an Wärme oder, wie man annehmen möchte, einen Mangel an Nahrung beeinflusst sein. Ist ihre Bewegung bei uns bestimmt durch einen Mangel an Nahrung oder eine Vorbereitung der Mauser oder die Neigung zur Ruhe nach einem so geschwinden Leben oder durch was? Dies ist einer jener Umstände in der Naturgeschichte, welcher nicht nur unsere Forschungen in Verwirrung bringt, sondern sich auch beinah all unseren Vermutungen entzieht!

Diese *Hirundines* sitzen nie auf der Warte auf Bäumen oder Dächern und suchen auch nie die Gesellschaft ihrer Artverwandten. Sie sind furchtlos beim Schweifen um ihre Nistplätze und mit einer Flinte nicht zu erschrecken, und oft werden sie mit Stöcken und Knüppeln abgeschlagen, wenn sie sich ducken, um unter die Giebel zu gelangen. Mauersegler sind sehr von jenem der ganzen Familie eigenen Ungeziefer *Hippoboscae hirundinis* gepeinigt, und häufig winden und kratzen sie sich im Flug, um sich dieser festgebissenen Plage zu entledigen.

Mauersegler sind keine Singvögel und haben nur einen rauen schreienden Ton; jedoch ist dieser nicht allen Ohren misstönend, weil er sich nämlich mit angenehmen und heiteren Vorstellungen verbindet, erklingt dieser Ton doch nur im schönsten Sommerwetter.

Allein ein Zufall kann bewirken, dass sie sich auf dem Boden niederlassen, und wenn sie einmal am Boden sind, können sie sich kaum wieder erheben, was an der Kürze ihrer Beine und der Weite ihrer Flügel liegt; auch können sie nicht gehen, sondern nur kriechen, doch haben ihre Füße einen festen Griff, denn damit klammern sie sich an Wände. Da ihre Körper flach sind, finden sie auch Eingang in schmale Spalten, und wo sie auf dem Bauch nicht eindringen können, da versuchen sie es seitwärts.

Die besondere Ausbildung des Fußes unterscheidet den Mauersegler von allen britischen *Hirundines* und in der Tat von allen anderen bekannten Vögeln, die *Hirundo melba* oder den großen weißbäuchigen Mauersegler von

Gibraltar ausgenommen; jener Fuß nämlich ist so beschaffen, dass »omnes quatuor digitos anticos«, alle Zehen nach vorne zeigen; weiters besteht der kleinste Zeh, welcher der rückwärtige sein sollte, aus einem Knochen allein, die anderen jedoch aus jeweils zwei. Ein höchst seltener und eigenartiger Bau, jedoch den Zwecken, zu denen die Füße zur Anwendung kommen, aufs Beste angepasst. Dies, sowie einige Besonderheiten, welche den Nasenflügeln und dem Unterkiefer eigen sind, haben einen kritischen Naturkundler* zu der Vermutung gebracht, es möge sich bei dieser Art um einen *genus per se* handeln.

In London besiedelt eine Gruppe Mauersegler den Tower, sie spielen und suchen Nahrung über dem Fluss gleich unterhalb der Brücke, andere schweifen um einige Kirchen in Borough vor den Mauern, doch stoßen sie, im Unterschied zur Uferschwalbe, nicht in den engen vielbevölkerten Teil der Stadt vor.

Die Schweden haben dieser Schwalbe einen sehr passenden Namen zugedacht, sie nennen sie »ring swala« aufgrund der Ringe oder Kreise, die diese um den Ort zieht, wo sie nistet.

Mauersegler ernähren sich von *Coleoptera* oder kleinen Käfern mit harten Schalen über den Flügeln, doch wird nicht klar, wie sie sich Kiesel besorgen können, um ihre Nahrung zu mahlen, wie es die Schwalben tun, denn die Mauersegler lassen sich nie am Boden nieder. Vogeljunge, bedeckt mit *Hippoboscae*, findet man zuweilen zu Boden gestürzt unter den Nestern: Die Menge des Ungeziefers hat ihnen das Zuhause unerträglich gemacht. Hier im Dorfe halten sie sich an einigen verfallenen Katen auf und in Folge streifen sie um stets dieselben für sie ungeeigneten Dächer; ein guter Beweis dafür, dass dieselben Vögel zu denselben Stellen zurückkehren. Da sie sich sehr tief begeben müssen, um unter diese niedrigen Giebel zu schlüpfen, liegen die Katzen auf der Lauer und fangen sie sogar gelegentlich im Fluge.

Den 5. Juli 1775[169] entfernte ich aufs Neue den Abschnitt eines Daches, welcher sich über dem Nest eines Mauerseglers befand. Der Muttervogel saß im Nest, doch so heftig war er von der natürlichen στοργή für seine Brut ergriffen, die er in Gefahr wähnte, dass er sich, seiner eigenen Gefährdung ungeachtet, nicht rührte, sondern erschlafft bei den Jungen lag und sich

---

* Giovanni Antonio Scopoli.

sogar in die Hand nehmen ließ. Die nackten Jungen wurden nach unten gebracht und auf einen Rasenfleck gesetzt, wo sie umherkullerten und hilflos waren wie ein Neugeborenes. Indem wir ihre nackten Körper betrachteten, ihre unverhältnismäßigen, plumpen *abdomina* und ihre Köpfe, zu schwer für die Hälse, um sie zu tragen, so konnten wir nicht umhin zu staunen, wenn wir bedachten, dass diese trägen Wesen in wenig mehr als zwei Wochen mit unvorstellbarer, beinah meteoritenhafter Geschwindigkeit durch die Lüfte schießen würden und vielleicht in ihrem Fortzug riesige Ozeane und Kontinente würden überqueren müssen bis hin an den fernen Äquator. So rasch führt die Natur kleine Vögel zu ihrer Reife, zum Stadium der Vollendung, wo doch das langsam fortschreitende Wachstum der Menschen und großer Vierbeiner so langsam und langwierig vonstattengeht!

Ich verbleibe, etc.

BRIEF XXII

Selborne, den 13. September 1774

Verehrter Herr,

An einem geraden Kamin in einer Kate hatte ich in diesem Sommer die Gelegenheit und ausreichende Muße zu vermerken, wie Schwalben durch den Schacht hinauf- und hinabsteigen; allerdings war mein Vergnügen beim nahen Betrachten der Fertigkeit, mit welcher die Vögel dieses Kunststück bis hinab in eine beträchtliche Tiefe des Kamins vollführten, gewissermaßen von Bangen begleitet, meine Augen möchten vom selben Schicksal ereilt werden wie jene Tobits*.

Vielleicht mag es Euch gefallen zu hören, zu welch unterschiedlichen Zeiten die verschiedenen Arten der *Hirundines* im vergangenen Frühjahr in drei sehr fern voneinander gelegenen Grafschaften eintrafen. Bei uns ließ sich die Rauchschwalbe zum ersten Mal am 4. April blicken, der Mauersegler am 24. April, die Uferschwalbe am 12. April und die Mehlschwalbe erst am 30. April. In South Zele in Devonshire trafen die Rauchschwalben erst am 25. April ein, Mauersegler in Scharen am 1. Mai und Mehlschwalben

---

* Tobit 2,10.

erst Mitte Mai. In Blackburn in Lancashire wurden die Mauersegler am 28. April gesichtet, Rauchschwalben am 29. April, Mehlschwalben am 1. Mai. Beweisen diese unterschiedlichen Daten in so fern voneinander liegenden Gegenden irgendetwas für oder gegen den Vogelzug dieser Arten?

Ein Bauer bei Weyhill pflügt seinen Acker mit zwei Eselsgespannen, deren eines bis Mittag arbeitet, das zweite dann am Nachmittag. Wenn diese Tiere ihre Arbeit getan haben, werden sie für die Nacht wie Schafe auf dem Acker in ein Gehege geschlossen. Im Winter sind sie in einem abgeschlossenen Hof, wo sie ihr Futter bekommen und einigen Dung machen.

Linnaeus sagt, der Habicht »paciscuntur inducias cum avibus, quamdiu cuculus cuculat«[170], jedoch dünkt mich, dass in diesem Zeitraum viele kleine Vögel von Raubvögeln gefangen und getötet werden, was man auch an den Federn sehen kann, welche auf Pfaden und unter Hecken zurückbleiben.

Solange die Misteldrossel brütet, ist sie heftig und kämpferisch und schlägt die Vögel, welche sich ihrem Neste nähern, mit großem Zorn in die Flucht. Die Walliser nennen sie »pen y llwyn«, den Herrn oder Meister des Gebüschs. Sie duldet weder Elster noch Häher noch Amsel in dem Garten, wo sie zu Hause ist, und in dieser Zeit ist sie auch eine gute Wächterin frisch gesäter Hülsenfrüchte. Gemeiniglich ist die Misteldrossel sehr erfolgreich bei der Verteidigung ihrer Familie; einmal jedoch habe ich in meinem Garten beobachtet, wie mehrere Elstern eintrafen, welche entschlossen waren, das Nest einer Misteldrossel zu stürmen. Die Elternvögel verteidigten ihr Heim mit Macht und kämpften beherzt *pro aris et focis*[171], doch die Überzahl gab schließlich den Ausschlag, die Elstern zerrissen das Nest in Fetzen und verschlangen die Jungen bei lebendigem Leib.

In der Nistjahreszeit sind auch die wildesten Vögel verhältnismäßig zahm. So brütet die Ringeltaube auf meinem Gelände, obwohl dort ein stetes Kommen und Gehen ist, und die Misteldrossel, wiewohl in Herbst und Winter so scheu und ungezähmt, baut ihr Nest in meinem Garten in der Nähe eines Pfades, auf welchem Menschen den ganzen Tag vorübergehen.

In diesem Jahr habe ich eine Fülle von Spalierobst, meine Trauben jedoch, welche stets früh entwickelt und gut zu sein pflegten, sind derzeit beispiellos in der Reife zurückgeblieben, und das ist nicht einmal das Schlimmste, was es zu berichten gibt, denn ebendieses ungünstige Wetter, diese schwarze, kalte Sonnwende hat den viel nötigeren Früchten der Erde geschadet und unseren Weizen verfärbt und mit einer Krankheit überzogen. Die Hopfenernte wird sehr groß sein.

Häufig wiederkehrende Phasen der Taubheit machen mir viel zu schaffen und nehmen mir halb die Fähigkeit zum Naturkundler, denn haben mich diese Anfälle einmal überkommen, gehen mir all die aus den ländlichen Klängen entstehenden lieblichen Hinweise und kleinen Andeutungen verloren, dabei wird mir der Mai in allem, was die Lieder der Vögel und dergleichen angeht, so stumm als der August. Mein Augenlicht ist, dem Himmel sei Dank, noch hell und gut, doch mit Hinsicht auf den anderen Sinn bin ich zuweilen recht behindert:

Und Weisheit ist am einen Eingang ganz versperrt. (Milton, *Paradise Lost*)

BRIEF XXIII

Selborne, den 8. Juni 1775

Verehrter Herr,
Am 21. September 1741, auf Besuch und entschlossen, mir draußen im Feld die Zeit zu vertreiben, erhob ich mich noch vor Tagesanbruch; als ich hinaus in die Einhegungen kam, fand ich die Stoppeläcker und Kleefelder mit einer dicken Schicht Spinnweb wie mit einem Tuche gedeckt, in dessen Maschen der Tau in solcher Fülle hing, dass die ganze weite Fläche des Landes schien, als sei sie mit zwei oder drei übereinandergelegten Fangnetzen überzogen. Als die Hunde stöbern wollten, waren ihre Augen so geblendet und getäuscht, dass sie nicht vom Flecke kamen und sich vielmehr hinlegen mussten, um das Hinderliche mit den Vorderpfoten von den Gesichtern zu kratzen, sodass ich, der ich meinen Jagdausflug unterbrochen fand, nach Hause zurückkehrte und über die Seltsamkeit dieses Vorfalls nachgrübelte.

Indem der Morgen voranschritt, wurde die Sonne hell und warm und es wurde ein so herrlicher Tag, wie ihn keine andere Jahreszeit als der Herbst hervorbringen kann: wolkenlos, windstill, heiter, er hätte dem Süden Frankreichs Ehre gemacht.

Gegen neun Uhr nahm eine höchst ungewöhnliche Erscheinung unsere Aufmerksamkeit gefangen: Ein Schauer aus Spinnweb regnete aus sehr hohen Regionen herab und dies hielt ohne Unterbrechung an, bis der Tag zu Ende ging. Diese Gewebe waren nicht nur einzelne dünne Fäden, welche in alle Richtungen durch die Luft trieben, sondern richtige Flocken oder Fetzen, manche beinah einen Zoll breit und fünf, sechs Zoll lang, und sie fielen mit einer Geschwindigkeit, welche anzeigte, dass sie wesentlich schwerer waren als die Atmosphäre. Wohin der Betrachter auch die Augen wenden mochte, überall sah er frische Flocken in unaufhörlicher Folge fallen, so weit der Blick reichte, und sah sie wie Sterne funkeln, wo sie sich der Sonne zuwandten.

Wie weit dieser wundersame Regen reichte, wäre schwierig zu sagen, wir wissen indes, dass er Bradley, Selborne und Alresford erreichte, drei Orte, welche eine Art Dreieck bilden, dessen kürzeste Seite etwa acht Meilen beträgt.

An zweiterem der obgenannten Orte hat ein Herr[172] (für dessen Wahrhaftigkeit und Gescheitheit wir die größte Hochachtung haben) jene Erscheinung wahrgenommen, kaum dass er hinaus ins Freie getreten war; er kam indessen zu dem Schluss, dass er auf dem Hügel oberhalb seines Hauses, wo er seine morgendlichen Ausritte unternahm, höher sein würde als dieser Meteor, welcher, so nahm er an, wohl wie Distelflaum von dem bergan gelegenen Gemeindeanger geweht käme; zu seinem großen Erstaunen jedoch stellte er, zur höchsten Stelle des Hügels reitend, fest, dass dort, 300 Fuß über seinen Feldern, diese Gewebe noch ebenso sichtbar waren wie zuvor, immer noch in unaufhörlicher Folge vor seinen Augen herabsanken und in der Sonne glitzerten, als wollten sie die Aufmerksamkeit auch derer auf sich ziehen, welche nicht die geringste Neugier hatten.

Weder zuvor noch danach wurde jemals ein zweiter solcher Niederschlag beobachtet, an jenem Tag jedoch hingen die Flocken ganz dicht in Bäumen und Hecken, und hätte man eine fleißige Person ausgesandt, so hätte diese Körbe voll sammeln können.

Was ich zu diesen spinnwebartigen Erscheinungen, Marienfäden genannt, zu sagen habe, ist, dass, so fremd und abergläubisch man auch in früheren Zeiten von diesen dachte, heutzutage niemand mehr bezweifelt, dass sie die ganz wirkliche Hervorbringung kleiner Spinnen sind, von welchen es im Herbst bei schönem Wetter auf den Feldern wimmelt, diese haben die

Fähigkeit, aus ihrem Schwanz sehr schnell Spinnfäden auszustoßen, um sich selbst Schwung zu verleihen und sich leichter als Luft zu machen. Warum nun diese flügellosen Insekten an jenem Tag einen so wundersamen Ausflug durch die Lüfte machten und warum ihre Fadennetze sogleich so dick und stofflich werden sollten, dass sie wesentlich schwerer wurden als Luft und sich mit dem Niederschlag senkten, das ist eine Frage, die meine Fähigkeiten übersteigt. Wenn man mir verstattet, eine Vermutung zu wagen, würde ich sagen, dass diese glatten Fäden sich gleich nach der Ausstoßung in den steigenden Tau verhedderten und so, mitsamt Spinnen und allem Weiteren, durch eine kurze heftige Verdunstung in jene Region gezogen wurden, wo die Wolkenbildung geschieht; und wenn die Spinnen auch die Fähigkeit besitzen, ihre Gewebe in der Luft zu drehen und zu verdicken, wie Dr. Lister[173] es ihnen zuschreibt (siehe seine Briefe an Mr. Ray), dann müssen sie doch, so diese schwerer werden als die Luft, hinabfallen.

Bei schönem Wetter, insbesondere im Herbst, sehe ich diese Spinnen dabei, wie sie einen Faden ausstoßen und dann emporsteigen, sie steigen auch vom Finger aus auf, wenn man sie in die Hand nimmt. Im vergangenen Sommer ließ sich eine solche auf meinem Buch nieder, welches ich im Salon las, sie lief zum oberen Rand der Seite und stieg von dort unter Ausstoßen eines Fadens auf. Was mich jedoch am meisten in Erstaunen versetzte, war der Umstand, dass sie sich mit beträchtlicher Geschwindigkeit da fortbewegte, wo keine Luft sich regte; ebenso bin ich sicher, dass ich nicht mit meinem Atem ihren Flug beförderte. Also verfügen diese kleinen Kriechtiere im Aufsteigen über eine Antriebskraft ohne Verwendung von Flügeln und zu einer Fortbewegung in der Luft mit größerer Schnelligkeit als diese selbst.

BRIEF XXIV

Selborne, den 15. August 1775

Verehrter Herr,
In der tumben Kreatur gibt es einen wundersamen Geist der Geselligkeit, ganz unabhängig vom Antrieb zu geschlechtlicher Paarung: Die Versammlung fröhlicher Vögel im Winter ist ein bemerkenswertes Beispiel dafür.

Viele Pferde sind ganz still in Gesellschaft, werden jedoch nicht eine Minute auf der Weide allein sein wollen, die stärksten Zäune können sie dann nicht zurückhalten. Meines Nachbarn Pferd will nicht nur nicht allein draußen sein, es erträgt auch nicht, in einem fremden Stall untergestellt zu werden, ohne die äußerste Ungeduld an den Tag zu legen und zu versuchen, Krippe und Raufe vor sich mit den Hufen zu zertrümmern. Man hat schon erlebt, dass es zu dem Stallfenster hinausgesprungen ist, durch welchen der Dung geworfen wird, nur um Gesellschaft zu finden, dabei ist es in anderen Hinsichten ein bemerkenswert ruhiges Tier. Ochsen und Kühe lassen sich nicht mästen, wenn sie alleine stehen, sie verschmähen die feinste Weide, wenn sich diese nicht durch Gesellschaft empfiehlt. Es wäre ganz unnötig, bei Schafen die Probe anzustellen, denn diese scharen sich ständig zusammen.

Doch diese Neigung ist allem Ansehen nach nicht auf Artgenossen beschränkt; wir kennen nämlich ein Reh, welches bereits als Kitz mit einer Herde Kühe aufgezogen wurde; mit ihnen geht es auf die Weide und mit ihnen kehrt es in den Hof zurück. Die Hunde des Hauses nehmen keine Notiz von jenem Reh, weil sie daran gewöhnt sind; kommen aber fremde Hunde vorüber, entbrennt eine Jagd; der Herr lächelt, wenn er zusieht, wie sein Liebling die Verfolger über Hecke, Tor oder Gatter sicher führt, bis er zu den Kühen zurückkommt, welche mit düsterem Muhen und drohenden Hörnern die Angreifer restlos von der Weide vertreiben.

Nicht einmal großer Unterschied in Wesensart und Größe muss geselliger Annäherung und gegenseitiger Gefährtenschaft im Wege stehen. Ein sehr gescheiter und scharf beobachtender Herr hat mir berichtet, zu einem früheren Zeitpunkt in seinem Leben, als er nur ein einziges Pferd besaß, habe er auch nur eine einzelne Henne besessen. Diese beiden so unterschiedlichen Tiere verbrachten viel Zeit zusammen in einem einsamen Obstgarten, wo sie kein anderes Geschöpf sahen als einander. Nach und nach stellte sich ein offensichtliches Band zwischen den beiden so abgeschotteten Individuen her. Der Vogel näherte sich dem Vierbeiner mit Lauten des Entzückens und rieb sich sanft an seinen Beinen, während das Pferd befriedigt hinabschaute und sich mit größter Vorsicht und Umsichtigkeit bewegte, um seinem winzigen Gefährten keinen Schaden mit den Hufen zuzufügen. So schienen sie durch gegenseitige Freundlichkeiten einander über die leeren Stunden hinwegzutrösten, sodass Milton, indem er Adam die folgende Empfindung in den Mund legt, sich einigermaßen im Irrtum befinden mag:

Viel weniger noch kann der Vogel mit dem Vierbeiner oder der Fisch mit dem Huhn / sich unterhalten, noch der Affe mit dem Ochsen.[174]

Ich verbleibe, etc.

BRIEF XXV

Selborne, den 2. Oktober 1775

Verehrter Herr,
Wir haben zwei Banden oder Horden von Zigeunern, welche den Süden und den Westen Englands verseuchen, sie kommen zwei- oder dreimal auf ihren Rundreisen hier vorbei. Einer dieser Stämme nennt sich mit dem edlen Namen Stanley, von diesen habe ich nichts Besonderes zu berichten, der andere jedoch zeichnet sich durch einen bemerkenswerten Namen aus. Soweit man ihr grobes Kauderwelsch verstehen kann, hört es sich so an, als sei der Name ihrer Sippe Curleople, die Endung dieses Wortes ist offensichtlich Griechisch; da nun Mézeray[175] und die ernsthaftesten Historiker alle darin überein sind, dass diese Vagabunden gewisslich von Ägypten und dem Osten vor zwei oder drei Jahrhunderten eingewandert sind und sich dann nach und nach über ganz Europa verteilt haben, mag also da nicht dieser Name, ein wenig verderbt, ebender Name sein, welchen sie aus dem Levantinischen mitgebracht haben? Es wäre doch eine einigermaßen interessante Frage, könnte man eine gescheite Person unter ihnen ausfindig machen und diese befragen, ob sich in ihrem Jargon noch griechische Wörter erhalten. Der griechische Stamm wird in Wörtern wie Hand, Fuß, Kopf, Wasser, Erde und dergleichen noch erkennbar sein. Es ist doch möglich, dass sich inmitten all dem Kauderwelsch und verderbten Dialekt noch viele verstümmelte Überreste ihrer ursprünglichen Sprache ausmachen lassen.

Mit Hinsicht auf diese sonderbaren Leute, die Zigeuner, ist eines sehr bemerkenswürdig und das umso mehr, als sie ja aus wärmeren Klimazonen gekommen sind, nämlich ist dies Folgendes: Während andere Bettler in Scheunen, Schuppen, Kuh- und Pferdeställen unterzukommen suchen, wollen sich diese abgehärteten Wilden allem Anschein nach damit brüsten, dass sie der Strenge des Winters trotzen können und dass sie das ganze Jahr hindurch *sub dio*[176] leben. Der vergangene September war ein Monat so nass, wie es kaum je einen Monat gegeben hat, und dennoch lag in diesen Regenströmen ein junges Zigeunermädchen bei uns mitten in einem Hopfengarten auf dem kalten Boden, ohne einen weiteren Schutz über sich als ein Stück Decke, welches auf ein paar wie zu Fassdauben gebogenen Haselruten gebreitet war, die mit beiden Enden in die Erde gesteckt waren; Umstände, die man einer Kuh in derselben Situation nicht hätte zumuten wollen. Indessen war in selbigem Garten ein großer Hopfenofen, in dessen Kammern sie sich hätte zurückziehen können, hätte sie Obdach als ein ihrer Aufmerksamkeit wertes Ding befunden.

Europa allein, so dünkt es mich, kann dem Schweifen dieser Vagabunden keine Grenzen setzen; Mr. Bell nämlich hat bei seiner Rückkehr von Peking eine Bande dieser Leute an der Grenze zum Tatarenland angetroffen; diese machten den Versuch, sich durch jene Wüste zu schlagen und ihr Glück in China* zu versuchen.

Die Zigeuner heißt man im Französischen Bohémiens, im Italienischen und dem modernen Griechischen Zingari.

Ich verbleibe, etc.

BRIEF XXVI

Selborne, den 1. November 1775

Verehrter Herr,

> Hic … taedae pingues, hic plurimus ignis
> Semper, et assidua postes fuligine nigri.[177]

Ich werde Euch ohne weitere begleitende Erläuterung mit der Darstellung eines sehr einfachen Umstands der Hauswirtschaft behelligen, weiß ich doch

---

* Siehe: Bell: *Travels in China.*

zur Genüge, dass Ihr nichts, was der Nützlichkeit dient, als Eurer Beachtung unwürdig erachtet. Die Sache, die ich anspreche, ist die Verwendung von Binsen anstelle von Kerzen, welche, wie ich mir wohl bewusst bin, nicht nur in unserer Gegend Gepflogenheit ist; da ich jedoch von Ländern weiß, in denen es überhaupt nicht zu den Gepflogenheiten gehört, und da ich den Gegenstand mit einiger Genauigkeit studiert habe, werde ich nun mit meiner bescheidenen Geschichte fortfahren und es Euch überlassen, ein Urteil über ihre Nützlichkeit zu fällen.

Die geeignete Art Schilfgewächs für diesen Zweck ist wohl der *Juncus effusus*, die gemeine Flatterbinse, welche sich in den meisten feuchten Weiden, am Ufer von Bächen und unter Hecken findet. Diese Binsen sind im Hochsommer im besten Zustand; um ihrem Zwecke zu entsprechen, können sie indessen bis in den Herbst gesammelt werden. Es braucht nicht sonderlich erwähnt zu werden, dass die größten und längsten sich am besten eignen. Gebrechliche Arbeiter, Frauen und Kinder machen es zu ihrer Aufgabe, die Binsen zu sammeln. Gleich nach dem Schnitt müssen sie in Wasser geworfen und dort aufbewahrt werden, ansonsten werden sie austrocknen und schrumpfen, und die Rinde lässt sich nicht schälen. Anfangs wird es nicht einfach erscheinen, eine Binse von der Rinde oder Schale so zu befreien, dass eine gleichförmige, schmale, glatte Rippe von oben bis unten bleibt, welche das Mark erhält; doch wie andere Fertigkeiten wird auch diese bald sogar einem Kinde vertraut sein, und wir haben schon eine alte, stockblinde Frau diese Aufgabe mit großem Geschick ausführen sehen. Selten geriet ihr ein Stück ohne die schönste Ebenmäßigkeit. Wenn diese *Junci* so weit vorbereitet sind, müssen sie auf dem Grase ausgebreitet werden, um auszubleichen und einige Nächte Tau aufzunehmen, danach werden sie in der Sonne getrocknet.

Einiges Geschick ist vonnöten, um diese Binsen in das siedende Fett zu tauchen, doch auch diesen Kniff erwirbt man durch Übung. Die umsichtige Ehefrau eines fleißigen Arbeiters in Hampshire erhält ihr ganzes Fett ohne Kosten, sie bewahrt den Abschaum ihres Specktopfes zu diesem Zwecke auf, und wenn das Fett zu viel Salz enthält, so lässt sie dieses auf den Boden des Topfes sinken, in dem sie selbigen in den warmen Ofen stellt. Wo keine Schweine gehalten werden, und insbesondere an der Küste, gibt es gröbere Tierfette um sehr weniges Geld. Ein Pfund gemeines Fett lässt sich schon um vier Pence erwerben, und rund sechs Pfund Fett reichen, um ein Pfund Binsen einzutauschen, und ein Pfund Binsen gibt es um einen Shilling, sodass ein Pfund Binsen, schon präpariert und zum Gebrauch bereit, drei Shilling kostet. Solche, die Bienen halten, können ein wenig Wachs in das Fett mischen, das verleiht eine gewisse Festigkeit und macht es säuberlicher, und die Binsen brennen auch länger so. Hammeltalg hat die gleiche Wirkung.

Eine gute Binse, welche der Länge nach zwei Fuß und vier Zoll misst, brannte beim Messen der Brenndauer nur drei Minuten unter einer Stunde, und eine noch längere Binse hat dem Vernehmen nach gar eine Stunde und eine Viertelstunde gebrannt.

Diese Binsen geben ein gutes, klares Licht. Wachsleuchten (mit Talg überzogen) geben, dies sei zugestanden, ein jämmerliches Licht, eine »sichtbare Finsternis«[178], haben deren Dochte jedoch zwei Rippen der Rinde oder Schale, welche das Mark halten, während der Docht der getränkten Binse nur eine hat. Diese beiden Rippen sind gedacht, das Fortschreiten der Flamme zu hindern und die Kerze so länger brennen zu lassen.

In einem Pfund trockener Binsen, welche ich wiegen und nummerieren ließ, fanden wir über eintausendsechshundert Einzelbinsen. Angenommen nun, eine jede solche, die eine wie die andere, brenne auch nur eine Stunde, dann kauft sich ein armer Mann achthundert Stunden Licht – einen Zeitraum von mehr als dreiunddreißig Tagen – um bloße drei Shilling. Nach dieser Rechnung kostet jede Binse vor dem Eintauchen ⅓₃ eines Farthing und danach ⅟₁₁. Eine arme Familie kann demnach um einen Farthing 5 ½ Stunden angenehmes Licht genießen. Ein erfahrener alter Hausherr berichtet mir, eineinhalb Pfund Binsen versorge seine Familie vollends ein ganzes Jahr lang, denn arbeitende Menschen brauchen in den langen Tagen keine Kerze, gehen sie doch bei Tageslicht zu Bett und erheben sich, wenn es schon hell ist.

Kleinbauern brauchen die Binsen viel in den kurzen Tagen, sowohl des Morgens wie auch des Abends in Milchstall und Küche, doch die Allerärmsten, welche immer die schlechtesten Wirtschafter sind und deshalb stets arm bleiben müssen, kaufen jeden Abend um einen halben Penny eine Kerze, welche in ihren zugigen offenen Kammern nicht länger als zwei Stunden brennt. So haben sie um ihr Geld bloß zwei Stunden Licht anstatt elf.

Da wir schon bei dem Gegenstand des Wirtschaftens auf dem Lande sind, mag es wohl angebracht sein, ein hübsches Instrument der Hausfraulichkeit zu erwähnen, welches wir nirgends anders gesehen haben, nämlich kleine straffe Besen, die unsere Waldleute aus den Stengeln des *Polytrichum commune,* des goldenen Frauenhaarmooses, anfertigen, welches sie Seidenholz nennen und in Mengen auf dem Moor finden. Wenn dieses Moos gut gekämmt und bereinigt und seiner äußeren Haut begeben ist, nimmt es eine schöne helle Kastanienfarbe an und eignet sich durch seine Weichheit und Biegsamkeit sehr gut zum Abstauben von Betten, Vorhängen, Teppichen, Wanddecken und dergleichen. Wüssten die Bürstenmacher in der Stadt von diesen kleinen Besen, so würden sie diese sicher zu den obgenannten Zwecken in Umlauf bringen.*

Ich verbleibe, etc.

BRIEF XXVII

Selborne, den 12. Dezember 1775

Verehrter Herr,
Vor mehr als zwanzig Jahren hatten wir hier im Dorf einen blöden Jungen, dessen ich mich wohl erinnere; selbiger zeigte von Kindheit an eine große Neigung zu Bienen; sie waren seine Nahrung, sein Vergnügen, sein ganzer Gegenstand. Und da Menschen eines solchen Schlages selten mehr als einen einzigen Punkt im Blick haben, so verwandte auch jener Bursche seine wenigen Fähigkeiten auf diesen einen Vertreib. Im Winter verdöste er seine Tage im Hause seines Vaters am Kaminfeuer, er verharrte in einer Art Starrezustand, in welchem er die Kaminecke kaum je verließ; im Sommer jedoch war er ganz wach und stets auf den Feldern und an sonnigen Böschungen seinem Jagdwild hinterher. Honigbienen, Hummeln und Wespen wurden seine Beute, wo auch immer er sie fand, er kannte keine Furcht vor ihren Stacheln und fing sie *nudis manibus*[179], um ihnen ihre Waffen sogleich zu nehmen, dann saugte er ihre Körper aus, um an den Inhalt der Honigbeutel zu gelangen. Manchmal stopfte er sich den Busen zwischen Hemd und

* Ein solcher Besen lässt sich in Sir Ashton Levers Museum besichtigen.

Haut voll mit seinen Gefangenen und gelegentlich sperrte er sie in Flaschen. Er war ein rechter *Merops apiaster*, ein Bienenfresser, und er richtete bei denen, die Bienen hielten, großen Schaden an, schlich er sich doch in ihre Bienengärten, wo er sich vor den Stöcken niederhockte, mit den Fingern an die Stöcke trommelte und so die Bienen fing, wenn sie herausgeflogen kamen. Er hat auch, so weiß man zu berichten, Bienenstöcke umgestürzt, um des Honigs habhaft zu werden, den er leidenschaftlich liebte. Wo Metheglin gebraut wurde[180], streifte er um die Fässer und Behälter herum und bettelte um einen Schluck von dem Getränk, welches er Bienenwein hieß. Im Umherlaufen machte er ein summendes Geräusch mit den Lippen, das an das Summen von Bienen erinnerte. Dieser Bursche war mager und fahl, seine Haut hatte etwas Leichenhaftes; und mit Ausnahme seiner Lieblingsbeschäftigung, in welcher er eine wundersame Geschicklichkeit an den Tag legte, zeigte er überhaupt kein Anzeichen von Verstand. Wäre sein Können größer gewesen und auf dasselbe Ziel gerichtet, so wäre ihm womöglich einiges von unserem Staunen angesichts eines moderneren Ausstellers von Bienen zuteil geworden, und wir könnten nun mit Fug und Recht von ihm sagen: … Du / wär dein Stern günstiger gewesen / Könntest du Wildman sein …[181]

Als großgewachsener Junge wurde er von hier in ein fernes Dorf verbracht, wo er, wie ich hörte, starb, bevor er noch das Mannesalter erreicht.

Ich verbleibe, etc.

BRIEF XXVIII

Selborne, den 8. Januar 1776

Verehrter Herr,

Nichts ist schwerer auf der Welt als das Abschütteln abergläubischen Vorurteils: Solches erweist sich als wie mit der Muttermilch eingesogen; und da diese Abergläubischkeiten uns im Heranwachsen und zu einer Zeit begleiten, in welcher sie aufs festeste Fuß fassen und den prägendsten Eindruck machen, verweben sie sich derart mit unserer innersten Veranlagung, dass ein unvergleichlich starker Verstand vonnöten ist, um uns von ihnen zu lösen. Kein Wunder ist es also, dass die Menschen des unteren Standes sie ihr ganzes Leben hindurch bewahren, erfährt doch ihr Geist keine Kräftigung durch eine freie Erziehung und damit auch keine Befähigung, die angemessenen Anstrengungen zu unternehmen.

Eine Präambel dieser Art dünkt mich erforderlich, bevor wir auf die Aberglauben dieser Gegend eingehen, auf dass man uns nicht der Übertreibung in der Darstellung von Gebräuchen verdächtige, welche zu grob für dieses unser aufgeklärtes Zeitalter seien.

Die Leute von Tring in Hertfordshire indessen täten gut daran, sich zu besinnen, dass man dort noch im Jahre 1751 und weniger als zwanzig Meilen von der Hauptstadt entfernt zwei uralte arme Teufel aufgriff, vor Alter nicht mehr bei Verstand und von Gebrechen niedergedrückt, und sie der Hexerei bezichtigte, um sie zur Probe darauf in einem Pferdeteich zu ertränken.

In einem Bauernhof mitten in diesem Dorfe hier steht bis auf den heutigen Tag eine Reihe Stutzeschen, welche an den Rissen und langen Vernarbungen längs ihrer Seiten offenbar machen, dass sie in früheren Zeiten gespalten wurden. Als junge biegsame Bäume wurden diese Stämme entzweigeschlagen und mit Keilen offen gestemmt und so gehalten, während Kinder mit Brüchen, auf die Haut entblößt, durch diese Öffnungen geschoben wurden, weil die Überzeugung galt, dass die armen Geschöpfe durch einen solchen Vorgang von ihrem Leiden geheilt würden. Sobald diese Operation beendet war, wurde der Baum an seiner Leidensstelle mit Lehm verschmiert und behutsam umwickelt. Wenn die Teile sich zusammenfügten und aneinanderwuchsen, was gemeiniglich geschah, wenn das Kunststück mit einigem Geschick ausgeführt worden war, dann war das entsprechende Kind geheilt; bei den Bäumen jedoch, wo der Spalt weiter klaffte, nahm man an, dass die Operation keine Wirkung gezeitigt habe. Als ich vor kurzer Zeit Gelegenheit hatte, meinen Garten zu erweitern, fällte ich zwei oder drei solche Bäume, von welchen einer nicht wieder zusammengewachsen war.

Bei uns im Dorf leben noch einige Personen, welche in ihrer Kindheit mittels einer solchen abergläubischen Zeremonie geheilt worden sein wollen, ein Ritual, das vielleicht von unseren sächsischen Vorfahren, die es noch vor ihrer Bekehrung zum Christentum ausübten, überliefert wurde.

Im südlichen Winkel des Plestor, oder Bezirks bei der Kirche, stand vor rund zwanzig Jahren eine sehr alte, grotesk wirkende Stutzesche, welche man seit Urzeiten mit nicht weniger Verehrung als Spitzesche angesehen hatte. Eine Spitzesche nun ist eine Esche, deren Zweige oder Äste bei sanftem Auflegen auf die Glieder des Viehs sogleich die Schmerzen lindern, welche ein Tier erleidet, so eine Spitzmaus über den betreffenden Körperteil läuft; die Spitzmaus nämlich galt als von Natur so verderblich und verhängnisvoll, dass sie mit jedem Mal, wenn sie über ein Tier, sei es Pferd, Kuh oder Schaf, huschte, bewirkte, dass selbiges Tier von grausamer Pein ergriffen wurde und ihm der Verlust des betroffenen Gliedmaßes drohte. Gegen ein Unglück dieser Art, für welches jedes Tier ständig anfällig war, hatten unsere weitsichtigen Vorahnen stets eine Spitzesche zur Hand, welche, so sie einmal behandelt und bereitet war, ihre Kraft immer behalten würde. Eine Spitzesche wurde so hergestellt:* In den Stammkörper des Baumes wurde mit einer Schneckenstange ein tiefes Loch gebohrt und eine arme Spitzmaus wurde als Opfer lebendig hineingeworfen und das Loch wurde verstopft, dies alles geschah zweifellos unter einigen verschrobenen Beschwörungen, die längst vergessen sind. Da die für eine solche Weihung erforderlichen Zeremonien nicht länger verstanden werden, ist alle Nachfolge zu Ende und kein solcher Baum ist mehr bekannt, weder im Ansitz noch überhaupt dem ganzen Hundred[182].

Und was den am Plestor betrifft: Der verstorbene Pastor schlug und verbrannte ihn, als ihm die Straßenpflege oblag, ungeachtet aller Einwände der Umstehenden, die sich vergeblich für seinen Einhalt einsetzen wollten, auf seine Macht und Wirksamkeit pochten und behaupteten, er sei:

> Religione patrum multos servata per annos[183].

Ich verbleibe, etc.

BRIEF XXIX

Selborne, den 7. Februar 1776

Verehrter Herr,
In dichtem Nebel und insbesondere auf Erhebungen sind Bäume wahre Destillierkolben, und niemand, der sich noch nicht mit solchen Gegenständen

---

* Ein ähnlicher Brauch steht beschrieben in Plots »Staffordshire«.

befasst hat, kann ermessen, wie viel Wasser ein Baum im Laufe einer Nacht destilliert, indem er den Dampf kondensiert, welcher die Zweige und Äste hinabtröpfelt, um den Boden darunter recht unter Wasser zu setzen. An einem nebligen Tag im Oktober 1775 warf eine bestimmte noch belaubte Eiche in Newton-Lane so schnell das Wasser ab, dass Pfützen auf dem Karrenweg standen und in den Wagenspuren Wasser stand, obwohl der Boden im Allgemeinen trocken und staubig war.

Auf einigen unsrer kleineren Inseln in der Karibik gibt es, so ich mich nicht irre, keine Quellen oder Flüsse, doch sind die Menschen mit jenem lebenswichtigen Element, dem Wasser, versorgt, weil es von dem einen oder anderen hohen Baum tropft, denn dort, mitten im Gebirge, hüllen sich die Häupter der Bäume stets in Nebel und Wolken, aus welchen sie gütig diese nie versiegende Nässe tropfen lassen, und obgenannte Gegenden werden also allein durch die Verdunstung bewohnbar.

Belaubte Bäume haben so ungeheuer viel mehr Oberfläche als jene, welche kahl sind, dass in der Theorie jedenfalls ihre Kondensierungen um ein Vielfaches jene der Bäume übertreffen sollte, welche ihr Laub abgeworfen haben; da die Ersteren allerdings auch eine große Menge Feuchtigkeit in sich aufnehmen, ist es schwierig zu sagen, welche mehr tropfen; ich weiß jedoch gewiss, dass jene Laubbäume, welche mit viel Efeu umwunden sind, dem Anschein nach die größte Menge destillieren. Efeublätter sind glatt und dick und kalt, und aus diesem Grunde kondensieren sie sehr schnell, zudem nehmen Immergrüne wenig Feuchtigkeit auf. Diese Tatsachen mögen den Denkenden einen Anhalt bieten, wenn sich die Frage stellt, welcher Art Bäume sie um einen kleinen Teich pflanzen sollen, welchen sie alljährig wissen wollen, und sie mögen aufweisen, welche Vorzüge manche Bäume gegenüber anderen zu bieten haben.

Bäume schwitzen intensiv, kondensieren in großer Menge und hemmen die Verdunstung so sehr, dass Wälder immer feucht sind, und deshalb soll es nicht wundernehmen, dass sie viel zu Teichen und Bächen beitragen.

Dass Bäume für Seen und Flüsse sehr förderlich sind, geht aus einer wohlbekannten Tatsache in Nordamerika hervor; seit dort nämlich die Wälder gelichtet und geschlagen sind, haben die Gewässer sehr an Fülle und Größe verloren, und mancher Bach, welcher vor einem Jahrhundert noch beträchtlich floss, wird nunmehr nicht einmal eine gemeine Mühle betreiben können.* Zudem finden sich bei uns in den meisten Waldungen, Forsten und Jagden etliche Tümpel und Sumpfigkeiten, was gewiss auf den obgenannten Grund zurückzuführen ist.

Dem nachdenklichen Geiste sind wenige Erscheinungen merkwürdiger als der Zustand kleiner Teiche auf den Gipfeln von Kreidehügeln, deren viele auch in den ärgsten Dürren des Hochsommers nicht austrocknen. Ich sage: auf Kreidehügeln, weil es auf vielen felsigen und kiesigen Böden so ist, dass Quellen gemeiniglich bis ziemlich hoch auf den Abhängen von Erhabenheiten und Bergen entspringen; doch kein Mensch, welcher mit kreidigen Bereichen vertraut ist, wird behaupten, auf einem solchen Boden jemals Quellen außerhalb von Senken und Tälern gesehen zu haben; die Wasserläufe einer so durchdringlichen Schicht wie der Kreide nämlich liegen alle auf einer geraden Ebene, wie mir Brunnengraber zu wiederholten Malen versichert haben.

Nun haben wir in diesem Bezirk etliche solcher kleinen kreisförmigen Teiche und insbesondere einen solchen auf unserer Schafstrift dreihundert Fuß oberhalb von meinem Hause; und wiewohl selbiger in der Mitte nie mehr als drei Fuß tief ist und nicht mehr als dreißig Fuß im Durchmesser hat und wohl kaum je mehr als dreihundert Oxhoft Wasser enthält, ist er nach gemeinem Wissen und Gedächtnis nie versiegt, wenngleich er drei- oder vierhundert Schafen und mindestens zwanzig Stück Großvieh Tränke ist. Dieser Teich allerdings ist, dies sei anzumerken, von zwei mittelgroßen Buchen überwölbt, welche ihm zweifellos angelegentlich viel Wasser spenden, doch haben wir auch andere, welche ebenso gering sind und dennoch, auch ohne die Hilfe von Gehölzen und ungeachtet der Verdampfung durch Sonne und Wind und des ständigen Verbrauchs durch das Vieh, stetig eine mäßige Wassermenge enthalten, ohne jedoch in den allernässesten Jahreszeiten überzufließen, wie es geschehen würde, wären sie von einer Quelle gespeist. Nach meinem Tagebuch vom Mai 1775 sah die Lage so aus: »Die kleinen sowie auch die umfänglichen Teiche in den Tälern sind nun vertrocknet, während die kleinen Teiche oben auf den Hügeln kaum beeinträchtigt sind.« Kann dieser Unterschied allein der Verdampfung zugeschrieben wer-

---

* Siehe: Kalm: *Travels to North America.*

den, welche sich in tieferen Lagen gewisslich stärker zeigt? Oder werden nicht jene höhergelegenen Teiche vielmehr unbemerkte Speisungen haben, welche in der Nacht den Verlust des Tages aufwiegen, weil sonst allein das Vieh sie bald erschöpfen würde? An dieser Stelle wird es notwendig sein, dem Grund in größerer Einzelheit nachzugehen. Dr Hales[184] stellt in seinen *Vegetable Statics* den aus seinen Experimenten gewonnenen Satz auf: »Je feuchter die Erde ist, desto mehr Tau fällt in der Nacht darauf hinab; und auf eine Wasseroberfläche fällt mehr als das Doppelte an Tau wie auf die vergleichbare Fläche feuchter Erde.« Daran erkennen wir, dass das Wasser dank seiner Kühle die Fähigkeit besitzt, sich in der Nacht durch Verdunstung eine beträchtliche Menge Feuchtigkeit wieder zuzuführen[185], und dass die Luft allein, wenn sie von Dünsten und Dämpfen und selbst von reichem Tau schwer ist, eine beachtliche und nie versiegende Quelle darstellen kann. Personen, welche viel draußen sind und früh oder spät am Tage unterwegs sind wie Schäfer, Fischer und dergleichen, werden berichten können, welch dichte Nebel selbst im heißesten Sommer in der Nacht auf den Erhebungen herrschen und wie sehr die Oberflächen der Dinge von diesen treibenden Dämpfen getränkt sind, selbst wenn sich mit den Sinnen unterdessen kaum ein Niederschlag wahrnehmen lässt.

Ich verbleibe, etc.

BRIEF XXX

Selborne, den 3. April 1776

Verehrter Herr,
Monsieur Herissant, ein französischer Anatom, scheint überzeugt, den Grund entdeckt zu haben, aus welchem Kuckucke nicht ihre eigenen Eier ausbrüten: Die Hemmung, so nimmt er an, entsteht aus dem inneren Aufbau ihrer Organe, welche sie am Brüten hindert. Diesem Herrn zufolge liege der Kropf eines Kuckucks nicht vor dem *Sternum* am Ende des Halswirbels wie bei den *Gallinae*, *Columbae* und dergleichen, sondern unmittelbar dahinter, also auf und über den Gedärmen, und schaffe so eine große Vorwölbung im Bauche.*

---

* *Histoire de l'Académie Royale.*

Von dieser Feststellung angeregt besorgten wir einen Kuckuck; nach dem Aufschneiden des Brustknochens und Offenlegen der Innereien fanden wir den Kropf tatsächlich an der angegebenen Stelle liegend. Dieser Magen war groß und rund und wie ein Nadelkissen prall mit Nahrung gefüllt, welche sich bei näherer Begutachtung als aus verschiedenen Insekten bestehend erwies, nämlich Käfern, Spinnen und Libellen; Letztere hatten wir bereits dabei beobachtet, wie sie, dem *Aurelia*-Zustand kaum entschlüpft, von Kuckucken im Fluge gefangen wurden. In diesem Allerlei ließen sich auch Maden entdecken sowie etliche Samen, welche von Stachelbeeren, Johannisbeeren, Preiselbeeren und dergleichen Früchten stammten, sodass sich diese Vögel folglich von Insekten und Früchten ernähren; auch fanden sich nicht die geringsten Anzeichen von Knochen, Federn oder Fell, um die müßige Annahme zu stützen, beim Kuckuck handele es sich um einen Raubvogel.

Das *Sternum* dieses Vogels erwies sich als bemerkenswert kurz und zwischen diesem und dem *Anus* lag der Kropf und unmittelbar hinter diesem die Gedärme, die gegen den Rückenwirbel stießen.

Es sei wohl zugestanden, dass, wie jener Anatom beobachtet, der Kropf mit seiner Lage direkt über dem Gedärm, insbesondere wenn er angefüllt ist, beim Brüten einige Unbequemlichkeit verursachen wird; dennoch gilt es nun zu prüfen, ob Vögel, die ganz gewiss ihre Eier ausbrüten, nicht einen ganz ähnlichen inneren Aufbau aufweisen. Ich setzte mir zum Ziel, eine solche Untersuchung an der Nachtschwalbe, das heißt dem Ziegenmelker, vorzunehmen, sobald sich dazu eine Gelegenheit bieten mochte; wenn nämlich dessen innere Anlage sich als gleich erweisen sollte, wäre der Grund für die Brutunfähigkeit des Kuckucks übereilt gefolgert.

Bald nun wurde mir eine Nachtschwalbe beschafft, von welcher man, aus Gewohnheit und Gestalt des Vogels schließend, eine Ähnlichkeit zum Kuckuck im inneren Aufbau annehmen mag. Und unsere Vermutungen erwiesen sich auch als ganz und gar nicht unbegründet, liegt doch beim Ziegenmelker der Kropf auch hinter dem *Sternum*, unmittelbar auf den Gedärmen, beziehungsweise zwischen diesen und dem Bauchfell. Der Kropf war massig und fest, gestopft mit großen *Phalaenae*, Motten unterschiedlicher Art, und deren Eiern, welche zweifellos diesen Insekten beim Verschlucken entzogen worden waren.

Nun stellt sich heraus, dass dieser Vogel, welcher so bekanntlich das Brüten pflegt, ganz ähnlich angelegt ist wie der Kuckuck. Monsieur Herissants Schlussfolgerung also, der Kuckuck sei infolge der Anlage seiner Innereien zum Brüten nicht imstande, fällt damit sehr offenbar flach, und wir bleiben weiterhin ahnungslos, was den Grund für diese befremdende und einzigartige Eigenart im Fall des *Cuculus canorus* betrifft.

Wir fanden dieselbe Anlage der Innereien beim Rundschwanzsperber und auch, soweit ich mich erinnern kann, beim Mauersegler, und wahrscheinlich ist dies der Fall bei vielen Vogelarten, welche keine *Granivoren* sind.

Ich verbleibe, etc.

BRIEF XXXI

Selborne, den 29. April 1776

Verehrter Herr,
Am 4. August 1775 überraschten wir eine große Viper, welche sehr schwer und aufgedunsen schien, sie lag im Gras und wärmte sich in der Sonne. Als wir sie aufschnitten, entdeckten wir, dass es in ihrem Unterleib von Jungen wimmelte, fünfzehn an der Zahl, die kürzesten von ihnen maßen volle sieben Zoll und hatten somit die Größe eines ausgewachsenen Regenwurms. Dieses Kleinzeug kam mit dem wahren Viperngemüt in die Welt hinaus, und sie alle zeigten große Wachheit, sobald sie aus dem Bauch des Muttertiers befreit waren; sie wanden und ringelten sich und reckten sich empor und öffneten die Mäuler weit, wenn man sie mit einem Stock berührte, und legten dabei sehr greifbar Drohung und Verteidigungsgebaren an den Tag, wiewohl sich bei ihnen noch keinerlei Giftzähne finden ließen, nicht einmal beim Blick durch unsere Vergrößerungsgläser.

Nichts dünkt den denkenden Geist wundersamer als jener frühe Instinkt, welcher jungen Tieren eine Vorstellung von der Lage ihrer natürlichen Waffen und der Art ihrer Nutzung zur Selbstverteidigung eingibt, auch bevor diese Waffen existieren oder ausgebildet sind. Also wird ein junger Hahn auf seine Widersacher losgehen, bevor noch seine Sporen gewachsen sind, und ein Kalb oder ein Lamm wird mit dem Kopf stoßen, bevor noch die Hörner sprießen. Auf ebendiese Weise versuchten diese jungen Nattern zu beißen, bevor ihre Zähne noch zum Vorschein gekommen waren. Das Muttertier indessen verfügte über ein Paar sehr furchteinflößender Zähne, welche wir aufrichteten (sie klappen sie nämlich hinunter, wenn sie nicht in Gebrauch sind) und mit der Spitze unserer Schere entfernten.

Es gab kaum Anlass zu vermuten, dass die Brut jemals draußen im Freien gewesen war und zum Schutze vom Muttertier im Anblick nahender Gefahr wieder durch den Mund aufgenommen worden war, denn in diesem Fall hätten wir sie doch eher in der Gegend des Halses entdeckt und nicht im Unterleib.

BRIEF XXXII

Die Kastration hat eine seltsame Wirkung: sie raubt Mann, Tier und Vogel gleichermaßen die Männlichkeit und verleiht ihnen äußerliche Nähe zum anderen Geschlecht. Also haben Eunuchen weiche, unmuskulöse Arme, Schenkel und Beine sowie breite Hüften und bartlose Kinne und hohe Stimmen; kastrierte Hirsche und Rehböcke haben wie Rehe und Hirschkühe kein Geweih auf dem Schädel. Verschnittene Schafsböcke haben kleine Hörner wie weibliche Schafe und Ochsen große gekrümmte Hörner und beim Muhen heisere Stimmen wie Kühe; Stiere nämlich haben kurze gerade Hörner, und wiewohl sie in gewaltigem tiefem Brummen maulen und murren, muhen sie doch mit einem schrillen, hohen Ton. Kapaune haben kleine Kämme und Wammen und sehen um den Kopf blass aus wie Küken; ihr Gang hat nichts Stolzierendes, und sie scheuchen Küken wie Hühner. Kastrierte Schweine haben kleine Stoßzähne wie Säue.

So weit ist es offensichtlich, dass die Beraubung der Manneskraft dem Wachstum solcher Teile oder Anhänge, welche als Inbegriff der Männlichkeit gelten, ein Ende setzt. Doch der geistreiche Mr. Lisle geht in seinem Buch über die Landwirtschaft noch viel weiter, hält er doch dafür, dass der Verlust dieser Inbegriffe allein schon eine seltsame Wirkung auf die Fähigkeiten hat: Er hatte einen Eber, der so wild und wüst war, dass man ihm, um Schaden zu vermeiden, die Stoßzähne brechen ließ. Kaum hatte das Tier diese Verwundung erlitten, als seine Kräfte ihn verließen und er die Säue verschmähte, denen er zuvor leidenschaftlich angehangen hatte und von welchen ihn kein Zaun der Welt hatte abhalten können.

BRIEF XXXIII

Die natürliche Lebensspanne eines Schweines ist kaum bekannt und der Grund dafür liegt auf der Hand: Ist es doch weder gewinnbringend noch bequem, jenes ungestüme Tier so lange zu halten, bis seine volle Lebensdauer ihr Ende erreicht. Mein Nachbar jedoch, ein Mann von Vermögen, welcher keinen Anlass hatte, jeden kleinen Vorteil bis aufs Letzte zu nutzen, hielt eine Mischlingssau der Bantam-Art, so dick wie lang mit einem Bauch, der über die Erde schleifte, bis sie ihr siebzehntes Jahr erreichte, zu welchem Zeitpunkt ihr Alter sich bemerkbar machte, nämlich in Gestalt von Zahnverfall und der Abnahme ihrer Fruchtbarkeit.

Gut zehn Jahre lang hatte diese fruchtbare Muttersau jährlich zwei Würfe von je zehn und einmal gar zwanzig Ferkeln hervorgebracht, doch da es beinah doppelt so viele Ferkel an der Zahl waren wie verfügbare Zitzen, gingen etliche von ihnen ein. Durch lange Lebenserfahrung war diese Sau sehr klug und listenreich geworden: Wenn ihr der Sinn nach Umgang mit einem Eber stand, war sie imstande, alle Zwischengatter selbst zu öffnen und ganz allein zu einem weit entfernten Bauernhof zu marschieren, wo ein Eber gehalten wurde, und wenn sie ihren Zweck erfüllt hatte, kehrte sie auf demselben Wege wieder zurück. Als sie etwa fünfzehn Jahre alt war, warf sie nur mehr vier bis fünf Ferkel, und einen solchen Wurf hatte sie bei sich, als sie im Maststall war. Sie gab in ihrem Fett einen guten Speck, saftig und zart, die Rinde oder Schwarte war bemerkenswert dünn. Vorsichtig berechnet mochte sie die fruchtbare Mutter von dreihundert Schweinen sein: ein herrliches Beispiel an Fruchtbarkeit bei einem so großen Vierbeiner! Sie wurde im Frühling 1775 geschlachtet.

Ich verbleibe, etc.

BRIEF XXXIV

Selborne, den 9. Mai 1776

Verehrter Herr,

... admorunt ubera tigres.[186]

Wir haben in einem früheren Brief bemerkt, in welchem Maße ganz unterschiedliche Tiere im Zustand der Einsamkeit sich aus einem Geiste der Geselligkeit aneinander anschließen können; dabei mag es nicht unangebracht sein, von einem weiteren Grund zu berichten, welcher dem Vernehmen nach auch eine seltsame Zuneigung befördert haben soll.

Meinem Freund brachte man einen hilflosen jungen Hasen, welchem seine Diener mit dem Löffel Milch einflößten, und zwar ereignete sich dies um etwa dieselbe Zeit, da seine Katze Junge bekam, die beseitigt und begraben wurden. Der Hase war bald verschwunden und man nahm an, ihn habe das Schicksal der meisten Findlinge ereilt, indem er einem Hund oder einer Katze zum Opfer gefallen sei. Etwa zwei Wochen später jedoch saß der Herr im Abenddämmer in seinem Garten und beobachtete seine Katze, wie sie mit steil aufgerichtetem Schwanz auf ihn zuschritt und dabei kleine leise Laute der Zufriedenheit von sich gab, so wie Katzen es ihren Jungen gegenüber tun; etwas hoppelte unterdessen hinter der Katze drein und erwies sich als das Hasenjunge, welches die Katze mit ihrer Milch genährt hatte und auch weiterhin mit großer Zuneigung nährte.

So wurde ein grasfressendes Tier von einem fleischfressenden und gar räuberischen Tier genährt!

Wie es kommt, dass ein so grausames und blutdürstiges Tier wie die Katze, von der wilden Familie der *Felis*, der *murium leo*[187], wie Linnaeus sie nennt, von Zärtlichkeit zu einem Tier ergriffen wird, das seine natürliche Beute wäre, das ist nicht so leicht festzustellen.

Diese seltsame Zuneigung entstand wohl aufgrund jenes *Desiderium*, den zärtlich-mütterlichen Gefühlen, die der Verlust der Jungen in ihrer Brust erweckt hatte, sowie aufgrund der Erleichterung, die sie sich selbst verschaffte, indem sie ihre von Milch prallen Zitzen zum Saugen bot, bis sie an diesem Findling ebenso viel Freude hatte, als wäre er ihr wahrer Nachwuchs gewesen.

Dieser Vorfall ist keine schlechte Erklärung für jenen seltsamen Umstand, von welchem ernsthafte Historiker ebenso wie Dichter berichten, nämlich der Nährung ausgesetzter Kinder durch weibliche Muttertiere, die wahrscheinlich ihre eigenen Jungen verloren hatten. Ist es doch keinen Deut wundersamer, dass Romulus und Remus als Kleinkinder von einer Wölfin genährt worden sein sollen, denn dass ein armes kleines Hasenjunges von einem blutlustigen Katzentier in Obhut genommen und mit Zuneigung bedacht wurde.

BRIEF XXXV

Selborne, den 20. Mai 1777

Verehrter Herr,

Ein Boden, welcher häufigen Überschwemmungen ausgesetzt ist, ist immer mager, und der Grund dafür mag der sein, dass die Würmer ertrinken. Die unbedeutendsten Insekten und Reptilien sind von weit folgenreicherer Bedeutung und von viel größerem Einfluss in der Ökonomie der Natur, als die Unkundigen wissen; sie sind mächtig in ihrer Wirkung, gerade wegen ihrer Kleinheit, dank welcher ihnen geringere Aufmerksamkeit zuteilwird, und dank ihrer Vielzahl und Fruchtbarkeit. Regenwürmer mögen als Erscheinung ein kleines und verachtenswertes Glied in der Kette der Natur sein, doch verschwänden sie, so entstünde eine beklagenswerte Leere. Denn einmal abgesehen von der halben Vogelwelt und einigen Vierbeinern, welche sich beinah gänzlich von ihnen ernähren, sind Würmer nämlich auch die großen Beförderer der Vegetation, die ohne sie nur schleichend vorwärts käme; sie machen durch Bohren, Löchern und Lockern des Bodens diesen für Regen und Pflanzenfasern empfänglich, indem sie Halme und Stengel von Blättern und Zweigen hineinziehen; und vor allem, indem sie solch unzählige Mengen von Erdklumpen ausstoßen, die sogenannten Wurm-Auswürfe, welche ihr Exkrement sind und als solches der beste Dünger für Getreide und Gras. Würmer sind es wahrscheinlich, die auf Hügel und Hänge, wo der Regen die Erde wegwäscht, neue Erde aufbringen und sie haben eine Vorliebe für Hänge, wahrscheinlich um nicht überschwemmt zu werden. Gärtner und Landbauern bringen gern ihre Abscheu vor Würmern zum

Ausdruck, Erstere, weil sie die Wege unansehnlich machen und ihnen viel Arbeit bereiten, und Letztere, weil sie meinen, die Würmer verzehrten ihnen das grüne Getreide. Doch diese Männer würden rasch feststellen, dass die Erde ohne Würmer kalt, hart und stumpf würde und in der Folge fruchtlos; weiters ist zugunsten der Würmer darauf zu verweisen, dass Grüngetreide, Pflanzen und Blumen viel weniger durch diese Schaden erfahren als durch die vielen Arten *Coleoptera* (Käfer) und *Tipulae* (Langbeine) in ihrem Larvenzustand sowie durch die unzähligen kleinen gehäuselosen Schnecken, die sogenannten Nacktschnecken, welche leise und unmerklich in Feld und Garten erstaunlichen Schaden anrichten.*

Diese Hinweise erachten wir für wichtig genug, um sie an den Leser zu bringen, auf dass sich die Neugierigen und Gescheiten ans Werk machen mögen.

Eine gute Monografie über Würmer[188] würde viel Unterhaltung und Unterweisung zugleich bieten und dazu ein großes neues Feld in der Naturgeschichte öffnen. Würmer sind am fleißigsten im Frühling, doch mitnichten liegen sie in einer Starre während der toten Monate: Jede milde Nacht im Winter sind sie draußen bei der Arbeit, davon mag sich ein jeder selbst überzeugen, indem er sich die Mühe macht, seine Grasflächen mit einer Kerze zu betrachten; sie sind Hermaphroditen und dem geschlechtlichen Umgang sehr zugetan und also auch sehr fruchtbar.

Ich verbleibe, etc.

BRIEF XXXVI

Selborne, den 22. November 1777

Verehrter Herr,
Ihr werdet Euch unbedingt noch erinnern, dass im vergangenen März der 26. und der 27. sehr heiße Tage waren, so schwülheiß, dass jedermann klagte und von Empfindungen, an welche man sich nicht hatte schrittweise gewöhnen können, in Unruhe versetzt wurde.

---

* Bauer Young vom Norton Hof berichtet, in diesem Frühling (1777) seien gut vier Acre auf einem seiner Weizenfelder gänzlich den Nacktschnecken zum Opfer gefallen; diese wimmelten auf den Getreidehalmen und verschlangen diese, sowie sie keimten.

Diese plötzliche sommerliche Hitze stellte sich in Begleitung etlicher sommerlicher Zustände ein; an jenen zwei Tagen nämlich stieg das Thermometer auf sechsundsechzig Grad im Schatten; etliche Arten Insekten erwachten aus ihrer Starre und ließen sich blicken; hier in der Umgebung schwärmten einige Bienen aus. Die alte Schildkröte bei Lewes in Sussex erwachte und kam aus ihrer Schlafkammer, zudem – und das ist hier mein vorderstes Anliegen – erschienen etliche Rauchschwalben und waren vielerorts sehr lebhaft, insbesondere in Cobham in Surrey.

Jener kurzen warmen Periode indessen war ein strenges raues Wetter mit häufigem Frost und Eis und schneidenden Winden voraufgegangen, und ein ebensolches folgte ihm auch; die Insekten verzogen sich, die Schildkröte verkroch sich wieder unter die Erde, und die Schwalben ließen sich erst am 10. April wieder blicken, als das strenge Wetter nachließ; und eine lieblichere Jahreszeit sich durchzusetzen begann.

Wiederum: Meinen viele Jahre zurückreichenden Tagebüchern nach ziehen die Mehlschwalben bis auf den letzten Vogel um den Anfang Oktober davon, sodass eine Person, welche solchen Fragen nicht viel Aufmerksamkeit schenkt, schließen möchte, sie hätten sich nun endgültig verabschiedet; jedoch lässt sich aus meinen Tagebüchern auch ersehen, dass beträchtliche Schwärme wieder in der ersten Novemberwoche gesichtet wurden, oft am vierten jenes Monats nur für einen einzigen Tag, und zwar nicht so, als bereiteten sie sich auf den Fortzug vor, sondern sich beim Spiel vergnügend und ruhig Nahrung suchend, als gebe es kein bewegendes Vorhaben, das ihr Gemüt in Wallung bringen könnte. So war es auch wieder der Fall am Anfang unseres jetzigen Monats: Am 4. November wurden mehr als zwanzig Mehlschwalben, welche allem Anschein nach bereits um den 7. Oktober fortgezogen waren, wieder gesichtet, nur für diesen einen Morgen, an welchem sie zwischen meinen Feldern und dem Gehänge jagten und sich an Insekten gütlich taten, die in diesem geschützten Gelände schwärmten. Der voraufgehende Tag war nass und böig gewesen, der 4. jedoch war trüb und mild und sanft, mit Wind von Südwest, und das Thermometer stand auf 58 ½ Grad, was zu dieser Jahreszeit nicht selten ist. Es mag zudem nicht unangebracht sein, hier zu erwähnen, dass in jedem Herbst- und Wintermonat die Fledermäuse herausgeflattert kommen, sobald die Temperatur 50 Grad übersteigt.

Aus all diesen Umständen, in einer Reihe aufgeführt, wird ersichtlich, dass winterstarre Insekten, Reptilien und Vierbeiner durch ein wenig unzeitgemäße Wärme auch aus dem tiefsten Schlaf geweckt werden, demgemäß befördert nichts die totengleiche Starre mehr als der Mangel an Wärme. Weiters kann man mit aller Vernunft annehmen, dass zwei Arten, oder doch zumindest zahlreiche Vertreter jener beiden Arten der britischen *Hirundines,* diese Insel nie verlassen, sondern vielmehr auch in ebendiesen starren Zustand verfallen; wir können nämlich nicht annehmen, dass Mehlschwalben aus den südlichen Regionen zurückkehren, um sich an einem einzigen Morgen im November wieder blicken zu lassen, oder dass Rauchschwalben die Gefilde Afrikas verlassen, um im März den flüchtigkurzen Sommer einiger weniger Tage zu genießen.

Ich verbleibe, etc.

BRIEF XXXVII

Selborne, den 8. Januar 1778

Verehrter Herr,
Vor einigen Jahren hatten wir hier in diesem Dorfe einen elenden armen Schlucker, welcher von Geburt an mit Aussatz, und zwar einer, soweit es uns bekannt ist, ganz einzigen Art, geschlagen war, welche nur seine Handflächen und Fußsohlen befiel. Diese schuppigen Aufwerfungen brachen bei ihm in der Regel nur zweimal im Jahr aus, nämlich im Frühling und im Herbst, und wenn sie abblätterten, hinterließen sie seine Haut so dünn und empfindlich, dass weder seine Füße noch seine Hände ihre Funktionen ausüben konnten, und so war das arme Ding die halbe Zeit an Krücken gefesselt, unfähig eine Arbeit auszuführen und in einem Zustande müder Untätigkeit und Passivität dahinschmachtend. Seine Erscheinung war mager, schlaksig und leichenblass. In seinem bejammernswerten Leiden schleppte er sich dahin in einer elenden Existenz, sich selbst und seiner Gemeinde eine Last, denn Letztere war zu seinem Unterhalt verpflichtet, bis ihn ein früher Tod im Alter von dreißig Jahren erlöste.

Die braven Frauen, welche so gerne jede Schwäche in Kindern mit der

Lehre von Begehrlichkeiten erklären wollen, erzählten, seine Mutter habe ein heftigstes Verlangen nach Austern verspürt, welches sie nicht habe stillen können, und jene schwarzen, rauen Krusten an seinen Händen und Füßen seien die Schalen dieses Fisches. Wir kannten seine Eltern, welche beide keinen Aussatz hatten, sein Vater insbesondere erreichte ein hohes Alter.

Zu allen Zeitaltern hat der Aussatz schrecklichen Schaden in der Menschheit angerichtet. Die Israeliten waren allem Anschein nach seit den ältesten Zeiten sehr vom Aussatz heimgesucht, was sich aus den wiederholten Vorschriften ersehen lässt, welche ihnen im levitischen Gesetz erteilt wurden.* Auch ließ das böse Walten dieses üblen Leidens in der letzten Periode ihres Reiches nicht nach, wie sich aus etlichen Passagen im Neuen Testament ersehen lässt.

Vor einigen Jahrhunderten herrschte dieses schreckliche Gebrechen in ganz Europa, und auch unsere Vorfahren waren keineswegs dagegen gefeit, was an der großen Vorsorge zu sehen ist, welche für diejenigen getroffen wurde, die an dieser Unbill litten. In der Diözese Lincoln gab es ein Spital für aussätzige Frauen, eines für Edelleute in Durham, drei in London und Southwark und vielleicht noch viele mehr in unseren kleineren und größeren Städten. Einige gekrönte Häupter sowie andere wohlhabende und wohltätige Personen vermachten große Legate zum Nutzen armer Menschen, welche an diesem rettungslosen Gebrest erkrankt waren.

So muss es doch in unseren Tagen einer humanen und denkenden Person gleichermaßen zu Staunen und Genugtuung gereichen, wenn sie bedenkt, wie diese Seuche beinahe ausgemerzt ist, und sich vergegenwärtigt, welch seltener Anblick heute ein Aussätziger ist. Darüber hinaus wird sie, einmal von diesem Gedankengang erfasst, ganz natürlicherweise nach dem Grund dafür fragen. Diese glückliche Verbesserung mag wohl dadurch verursacht und weiterhin befördert sein, dass in unseren Reichen heute viel weniger Eingesalzenes, Fisch wie Fleisch, gegessen wird; dass man Leinen an der Haut trägt, dass das Brot so reichlich und viel besser ist sowie von der Fülle an Früchten, Wurzeln, Hülsenfrüchten und grünem Gemüse, was jede Familie so reichlich hat. Vor drei oder vier Jahrhunderten, als es noch keine Einhegungen, gesäte Wiese, Feldrüben oder Feldkarotten und Heu gab, da wurde

---

* Siehe *Leviticus* Kap 13 und 14.

alles Vieh, das den Sommer über fett geworden und nicht zum Verbrauch im Winter geschlachtet war, bald nach Michaeli hinausgelassen, um sich in den toten Monaten mehr schlecht als recht durchzuschlagen, sodass man in Winter oder Frühling kein frisches Fleisch zu essen hatte. Daher jener wundersame Bericht über die ungeheuren Vorräte an Salzfleisch, welche sich noch am 3. Mai zu Zeiten von Edward II. in der Vorratskammer des ältesten Spencer* fanden. Aus Vorratskammern wie dieser unterhielten die ungebärdigen Barone ihre aufbrausenden Horden von Dienern, in Muße bereit für jedwede Unruhestiftung oder Untat. Nun indessen hat die Landwirtschaft einen solchen Grad der Vollkommenheit erreicht, dass unser bestes und fettestes Fleisch im Winter geschlachtet wird, und keiner, der das Geld hat, frisches Fleisch zu kaufen, muss Eingesalzenes essen, es sei denn, es ist seine Vorliebe.

Ein Grund für obgenanntes Leiden wird zweifellos die Menge an frischem und eingesalzenem Fisch sein, welche das gemeine Volk zu allen Jahreszeiten und auch in der Fastenzeit konsumierte und das unsere Armen heute nicht einmal mehr anrühren würden.

Der Gebrauch von leinernem Unterzeug, Hemden oder Unterkleidern, anstelle von rauem, schmutzigem Wollzeug gleich auf der Haut ist eine verhältnismäßig moderne Sache der Feinheit und Sauberkeit, doch erweist sie sich ganz zweifellos auch als eine hervorragende Weise, Hautleiden zu verhindern. Zu dieser heutigen Zeit herrscht das Wollzeug anstatt Leinen noch bei den ärmlichen Wallisern vor, welche sehr zu üblen Geschwüren neigen.

Die Fülle an gutem Weizenbrot, welches sich anstatt jenes elenden Gersten- oder Bohnenbrotes der früheren Zeiten nun in allen Schichten der Bevölkerung im Süden findet, mag in nicht geringem Maße dazu beitragen, dass ihr Blut süßer ist und ihre Säfte sich regulieren; die Bewohner gebirgiger Gegenden nämlich sind bis auf den heutigen Tag leicht empfänglich für Juckreiz und andere Hautkrankheiten, welche in schlechter und ärmlicher Ernährung begründet liegen.

Was die Gartenerzeugnisse angeht, kann jede Person mittleren Alters mit einer gewissen Freude an der Beobachtung wahrnehmen, wie ungeheuer allein im Zeitraum der eigenen Erinnerung der Konsum von Gemüsen angestiegen ist. Grünzeughändler in Großstädten sorgen nun dafür, dass Mengen

---

* Nämlich: sechshundert Speckseiten, achtzig Rinder und sechshundert Hammel.

von Menschen gut versehen sind, während Gärtner indessen ein Vermögen verdienen. Auch hat nun jeder rechtschaffene Arbeiter seinen eigenen Garten, welcher ihn nicht nur versorgt, sondern auch vergnügt; und gewöhnliche Bauern ziehen Bohnen, Erbsen und Kohl in Menge, auf dass ihr Gesinde diese zum Speck essen mag; und jene wenigen, die dies nicht tun, werden ihrer jämmerlichen Pfennigfuchserei wegen verachtet und als gleichgültig in Ansicht des Wohlergehens ihrer Leute besehen. Erdäpfel haben sich über einen Zeitraum von nur zwanzig Jahren in diesem kleinen Bezirk durchgesetzt, und zwar dank Prämien, und sie werden von den Armen sehr geschätzt, welche sie unter dem letzten König kaum gar gekostet hätten.

Unsere Sachsen-Vorfahren hatten sicherlich schon eine Form von Kohlgewächs, nannten sie doch den Monat Februar »Kohl-Sprieß«, doch nach ihrem Zeitalter vergingen Jahrhunderte, in welchen dem Gartenbau wenig Aufmerksamkeit geschenkt wurde. Die Frommen, die Muße hatten und in ständigem Austausch mit Italien waren, hatten als Erste unter uns Gärten und Obstbäume von einiger Vollkommenheit innerhalb der Mauern ihrer Abteien* und Klöster. Die Adligen vernachlässigten alles, was nicht zu Krieg führte oder dem Vergnügen der Jagd diente.

Erst als gebildete Herren begannen, sich dem Studium des Gartenbaus zu widmen, machten Wissen und Kenntnis vom Gartenbau solche raschen Fortschritte. Lord Cobham, Lord Ila und Mr. Waller aus Beaconsfield gehörten zu den ersten hochgeachteten Männern, welche die vornehme Wissenschaft des Ziergartens beförderten, ohne die Aufsicht über Küchengärten und Obstspaliere zu verschmähen.

Eine Bemerkung des vortrefflichen Mr. Ray in seiner Tour durch Europa wird uns einerseits überraschen, doch andererseits das oben Ausgeführte stützen, denn wir lesen, wie er auf seine alten Tage erkennt: »Die Italiener verwenden etliches Kraut für ihre Salate, welches noch gar nicht oder erst sehr neuerdings in England verwendet wird, nämlich die Sellerie, welche nichts anderes ist als der süße Eppich, deren junge Triebe nach dem Stutzen einzelner Stangen man roh mit Öl und Pfeffer isst.« »Und«, setzt er hinzu,

---

* »In Mönchsklöstern brannte das Licht des Wissens wiewohl schwach, doch ohne Unterlass. Dort wurden Geschäftsleute für den Staat ausgebildet; die Mönche pflegten die Kunst des Schreibens; sie waren die einzig Kundigen auf den Gebieten der Mechanik, des Gartenbaus und der Architektur.« Siehe: Dalrymple: *Annals of Scotland*

»krause Endivie blanchiert wird in Übersee viel gegessen und als roher Salat scheint sie noch besser als Hauptsalat.« Seine Reise unternahm er vor nicht allzu langer Zeit im Jahre 1663.

Ich verbleibe, etc.

BRIEF XXXVIII

Selborne, den 12. Februar 1778

Forte puer, comitum seductus ab agmine fido
Dixerat, ecquis adest? et, adest, responderat echo.
Hic stupet; utque aciem partes divisit in omnes;
Voce, veni, clamat magna. Vocat illa vocantem.[189]

Verehrter Herr,
In einer Gegend, die so vielseitig ist wie unsre hier, so voller Hohltäler und Gehänge mit Holzungen, da ist es kein Wunder, dass es eine Fülle von Echos gibt. Viele Stellen haben wir entdeckt, welche den Ruf einer Hundemeute, die Töne eines Jagdhorns, das Glockenläuten oder die Melodie von Vogelsang zurückwerfen, doch fehlte uns noch ein mehrsilbiges, deutlich vernehmliches Echo, bis ein junger Herr, welcher sich auf einem sommerlichen Abendspaziergang von seiner Gesellschaft absentiert hatte, zufällig an einer Stelle, wo dies am wenigsten zu erwarten war, auf einen besonders kuriosen Widerhall stieß. Anfangs war er ganz überrascht und konnte nicht anders als meinen, ein Junge treibe Spott mit ihm, doch wie er seine Versuche in mehreren Sprachen unternahm und seinen Spötter für einen höchst geschickten Polyglott halten musste, entdeckte er seinen Irrtum.

Am Abend, bevor noch die ländlichen Geräusche ganz abgeebbt sind, wiederholte dieses Echo zehn Silben ganz deutlich und verständlich, insbesondere wenn es sich um einen raschen Daktylus handelte. Die letzten Silben von:

Tityre, tu patulae recubans …[190]

kehrten so klar hörbar und vernehmlich zurück, wie die ersten gesprochen worden waren; und es ist kein Zweifel, dass um Mitternacht, wenn die Luft dehnbar ist und eine tiefe Stille herrscht, ein oder zwei mehr Silben noch hätten gewonnen werden können, jedoch machte die Entfernung ein solches Experiment zu umständlich.

Rasche Daktylen, so stellten wir fest, ergaben den besten Erfolg; versuchten wir nämlich die Macht des Echos in langsamen, schweren, befrachteten Spondeen mit derselben Silbenzahl:

Monstrum horrendum, informe, ingens …[191]

beobachteten wir nur den Widerhall von vier oder fünf Silben.

Bei allen Echos verhält es sich so, dass sie an einer Stelle klarer und vernehmlicher widerhallen als an anderen, und dies ist stets eine Stelle, welche im rechten Winkel zu jenem Gegenstand steht, an welchem der Ton abprallt und welcher sich weder zu nah noch zu weit entfernt befindet. Gebäude oder nackte Felsen werfen ein viel deutlicheres Echo zurück als ein Waldeshang oder grüne Täler, klingt doch die Stimme im Letzteren wie verheddert und gehemmt im Gehölz und in der Weite geschwächt.

Der wahre Widerstand dieses Echos ist, wie wir durch etliche Experimente ermittelten, der aus Stein erbaute und mit Ziegeln bedeckte Hopfenofen in der Galley-Lane, welcher an der Vorderseite 40 Fuß misst und vom Boden bis zum Giebel 12 Fuß. Das wahre *centrum phonicum*, die rechte Distanz also, ist ein bestimmter Flecken im King's Field, am Pfad nach Nore Hill, direkt am Rand des steilen Kamms oberhalb des befahrbaren Hohlwegs. In diesem Fall hat man keine Distanz zur Auswahl, jedoch der Pfad ist durch reine Fügung der glückliche, identische Fleck, weil der Boden so unmittelbar ansteigt oder fällt, dass der Mund des Sprechenden, je nachdem ob er zurückweicht oder sich vorwärts beugt, sich direkt oberhalb oder unterhalb des Widerstandes befindet.

Wir maßen das mehrsilbige Echo mit großer Genauigkeit und stellten fest, dass die Entfernung weit hinter Dr. Plots Regel für klar verständlichen Widerhall zurückbleibt: In seiner Geschichte von Oxfordshire nämlich nimmt der Doktor 120 Fuß für ein deutliches Echo jeder Silbe an; somit müsste dieses Echo mit zehn deutlichen Silben 400 Yard oder 120 Fuß für jede Silbe aufweisen; unsere Entfernung hingegen beträgt nur 258 Yard, also 75 Fuß pro Silbe. Damit bleibt unser Maß in einem Verhältnis fünf zu acht hinter den Messungen des Doktor zurück; unterdessen war dieser rechtschaffene Philosoph später überzeugt, dass die Entfernung eines Echos einen gewissen von Zeit und Ort abhängigen Spielraum haben müsse.

Bei der Durchführung von Experimenten dieser Art sollte man immer eingedenk sein, dass Wetter sowie Tageszeit einen ungeheuren Einfluss auf ein Echo haben; trübe, schwere, feuchte Luft stumpft und hemmt den Klang, heiße Sonne indessen macht die Luft dünn und schwach und raubt ihr alle Elastizität; ein rauer Wind zuletzt verwirft das Ganze. An einem windstillen, klaren, taufeuchten Abend hat die Luft die größte Spannkraft und womöglich mit späterer Stunde noch bessere.

Das Echo ist für die Vorstellungskraft stets eine vergnügliche Anregung gewesen, sodass die Dichter es personifiziert haben, und unter ihren Händen hat die Person des Echos Anlass zu manch schöner erfundener Erzählung gegeben. Auch der ernsteste Mann braucht sich seiner Hingerissenheit von dieser Erscheinung nicht zu schämen, kann sie doch auch gut zum Gegenstand für philosophische oder mathematische Untersuchungen taugen.

Man möchte meinen, Echos seien vielleicht nicht zu jedermanns Unterhaltung gut, doch stets und ohne Zweifel müssten sie als harmlos und unschädlich zu erachten sein; Vergil unterdessen unterbreitet die seltsame Vorstellung, das Echo schade den Bienen. Nach Aufzählung einiger wahrscheinlicher und einleuchtender Störungen, welche der umsichtige Bienenzüchter seinem Bienengarten tunlichst wird fernhalten wollen, fügt er hinzu:

> ... Aut ubi concava pulsu
> Saxa sonant, vocisque offensa resultat imago.[192]

Dieser irrigen und launigen Behauptung werden die Philosophen unserer Tage schwerlich beipflichten, umso mehr als sie nun alle wohl einer Meinung darin sind, dass Insekten mit keinerlei Organen des Gehörs ausgestattet sind.[193] Sollte nun darauf verwiesen werden, dass sie vielleicht in der Tat nicht hören, sehr wohl jedoch die Schwingungen von Tönen wahrnehmen, so gebe ich zu, dies ist möglich. Dass solche Eindrücke jedoch unangenehm oder gar schädigend sein sollen, das würde ich rundheraus leugnen, gedeihen Bienen doch in guten Sommern bestens in meinem dazu bestimmten Teil des Gartens, wo ein starkes Echo herrscht, denn auch unser Dorf hier ist ein

Anathoth, ein Ort des Widerhalls oder Echos. Zudem geht ganz offensichtlich aus keinem Experiment hervor, dass Bienen auf gleichwelche Art von Tönen berührt werden: Ich habe oft genug meinen eigenen Versuch gemacht, indem ich ein großes Sprachrohr dicht an ihre Stöcke hielt und meine Stimme so erhob, dass mich ein Schiff eine Meile weit auf See vernommen hätte, doch die Insekten verfolgten weiter ungestört ihre Tätigkeiten und ohne die geringste Beeinträchtigung oder Gereiztheit an den Tag zu legen.

Einige Zeit nach seiner Entdeckung ist obgenanntes Echo gänzlich verstummt, wiewohl der Widerstand oder Hopfenofen weiterhin dort ist; doch ist an diesem Ausbleiben nichts Rätselvolles, ist doch das dazwischenliegende Feld nun als Hopfengarten bepflanzt, und die Stimme eines Sprechenden ist völlig aufgesogen und verloren zwischen den Stangen und dem ineinandergerankten Laub der Hopfen. Und wenn die Stangen im Herbst entfernt werden, bleibt die Enttäuschung dieselbe, eine schnellwachsende Hecke nämlich, zum Zweck des Schutzes für den Hopfengarten angelegt, unterbricht Impuls und Schwingung einer Stimme gänzlich. Bis diese Hindernisse entfernt sind, ist keine Lautvernehmlichkeit zu erwarten.

Sollte ein Herr von Vermögen ein Echo in seinem Park oder Nutzgarten als unterhaltsamen Einfall installieren wollen, so lässt sich eines zu geringen oder gar keinen Kosten einrichten. Sobald sich nämlich die Notwendigkeit zum Bau einer neuen Scheune, eines Stalles oder Hundezwingers ergibt, soll man selbiges Gebäude nur am sanften Abhang eines Hügels so anlegen, dass ein ähnlicher Hang in Entfernung von einigen Hundert Yard gegenüber ansteige. Erfolg wird noch gewisslicher beschieden sein, wenn zwischen beiden Hängen ein Kanal, See oder Bach liegt. Von einem Sitz im *centrum phonicum* aus können er und seine Freunde sich gelegentlich des Abends am Plappern dieser gesprächigen Nymphe erfreuen, von deren Genugtuung und geziemender Zurückhaltung Besseres gesagt werden kann als fürwahr von jeder anderen Vertreterin ihres Geschlechts, ist sie doch

> ... quae nec reticere loquenti,
> Nec prior ipsa loqui, didicit resonabilis echo capripedes Satyros[194].

Ich verbleibe, etc.

PS: Der Leser der antiken Klassiker wird mir gewiss das nachstehende hübsche Zitat zugestehen, das Echos treffend beschreibt und eine so poetische Erklärung für ihr Entstehen aus dem Aberglauben des Volkes gibt:

Quae been quom videas rationem reddere possis
Tutetibi atque aliis, quo pacto per loca sola
Saxa pareis formas verborum ex ordine reddant,
Palanteis comites quom monteis inter opacos
Quaerimus, et magna dispersos voce ciemus.
Sex etiam aut septem loca vidi reddere voces
Unam quom jaceres: ita colles collibus ipsis
Verba repulsantes iterabant dicta referre.
Haec loca capripedes Satyros, Nymphasque tenere
Finitimi fingunt, et Faunos esse loquuntur;
Quorum noctivago strepitu, ludoque jocanti
Adfirmant volgo taciturna silentia rumpi,
Chordarumque sonos fieri, dulceisque querelas
Tibia quas fundit digitis pulsata canentum:
Et genus agricolum late sentiscere, quom Pan
Pinea semiferi capitis velamina quassans ,
Unco saepe labro calamos percurrit hiantels,
Fistula silvestrem ne cesset fundere musam.
Lucretius lib. iv. L 576 [195]

BRIEF XXXIX

Selborne, den 13. Mai 1778

Verehrter Herr,
Unter die vielen Besonderheiten jener unterhaltsamen Vögel der Spezies Mauersegler gehört auch jene, dass sie, wie ich nunmehr überzeugt bin, unweigerlich in gleicher Anzahl von Paaren bei uns erscheinen; zumindest haben dies meine Beobachtungen vieler zurückliegender Jahre ergeben. Die Rauch- und Mehlschwalben sind so zahlreich und über das ganze Dorf so

weit verstreut, dass es schier unmöglich ist, sie immer wieder zu zählen; die Mauersegler hingegen brüten zwar nicht in der Kirche, doch schweifen sie so häufig um diese herum beim Spiel, ob allein, im Paar oder im Schwarm, dass sie sich leicht abzählen lassen. Die Zahl, die ich dort immer wieder antreffe, sind acht Paare, deren die Hälfte etwa in der Kirche ihre Nester hat, während die Übrigen auf den niedrigsten und dürftigst gedeckten Katen nisten. Da diese acht Paare nun – Unwägbarkeit durch Unglücksfälle einberechnet – jährlich acht weitere Paare hervorbringen, stellt sich die Frage, was Jahr für Jahr aus diesem Zuwachs wird und was jeden Frühling aufs Neue bestimmt, welches Paar zu uns zurückkehrt, um seinen alten Wohnort einzunehmen.

Schon immer, seit Beginn meiner Hinwendung zu Fragen der Ornithologie, habe ich vermutet, dass jene plötzliche Verkehrung in der Zuneigung, diese seltsame ἀντιστοργή, welche bei den gefiederten Arten der leidenschaftlichsten zärtlichen Fürsorge unmittelbar folgt, der Grund für eine gleichmäßige Verteilung der Vögel über die Erde darstellt. Ohne diesen Umstand herrschte in einer bevorzugten Gegend ein Gedränge an geflügelten Bewohnern, während andere Gegenden verschmäht und leer blieben. Die Alten jedoch halten, wie mir scheint, eifersüchtig an ihrer Überlegenheit fest und zwingen so die Jungen dazu, neue Wohnorte zu suchen.[196] Die vielfältige Rivalität der Männchen untereinander indessen verhindert, dass sie zu dicht beieinander leben. Ob die Rauchschwalben und Mehlschwalben jährlich in gleicher Zahl zurückkehren, lässt sich aus den obgenannten Gründen nicht so leicht sagen, doch ist es offensichtlich, wie schon zuvor in meinen Monografien erwähnt, dass die Anzahl der Rückkehrer in keinem Verhältnis zur Anzahl der Fortzieher steht.

BRIEF XL

Selborne, den 2. Juni 1778

Verehrter Herr,
Der stete Einwand gegen die Botanik ist doch immer der gewesen, dass es sich dabei um eine Beschäftigung handelt, welche die Launen erfreut und das Gedächtnis übt, ohne den Geist zu schulen oder eine Kenntnis gleichwelcher

Art zu befördern; und da, wo die Wissenschaft nicht weiter führt als zu systematischer Klassifizierung, da ist dieser Vorwurf allzu berechtigt. Der Botaniker jedoch, der diesen Verdacht abschütteln möchte, sollte in der Tat sich nie mit einer Liste von Namen zufriedengeben; er sollte Pflanzen philosophisch studieren, die Gesetze der Vegetation untersuchen, Nutzen und Kräfte wirksamer Kräuter erforschen und deren Kultivierung befördern, und er sollte den Gärtner, den Züchter, den Landwirt auf den Phytologen aufpfropfen. Nicht dass ein System an sich zu verwerfen wäre, ohne System würde das Feld der Natur zu einer Wildnis ohne Weg und Steg, doch das System sollte dem Betreiben einer Forschung dienen und nicht ihr Hauptgegenstand sein.

Die Pflanzenwelt verdient unsere Aufmerksamkeit im höchsten Maße und ist von äußerster Wichtigkeit für die Menschheit, und sie bringt vieles von den größten Wohltaten und Schönheiten des Lebens hervor. Den Pflanzen verdanken wir Holz, Brot, Bier, Honig, Wein, Öl, Leinen, Baumwolle und vieles mehr, was uns nicht nur das Herz kräftigt und unseren Geist erfreut, es bietet uns auch Schutz vor den Unbilden des Wetters und schmückt uns als Personen. Der Mensch in seinem wahren Naturzustand wird von dem, was von sich aus wächst, unterhalten, in mittlerem Klima, wo Gräser vorherrschen, gibt er tierische Nahrung zu dem, was Feld und Garten an Erträgen bringen; und erst gegen die Extremzonen der Pole verschlingt der Mensch, wie seine Verwandten Bär und Wolf, nur Fleisch und wird gar dazu getrieben – was kein Hunger je in einem Tier bewirkt –, sich an seiner eigenen Spezies zu vergehen.*

Die Pflanzenerzeugnisse haben eine ungeheure Wirkung auf den Handelsverkehr zwischen Nationen und sind die großen Beförderer der Schifffahrt, wie man an den Waren Zucker, Tee, Tabak, Opium, Ginseng, Betel, Papier und dergleichen leicht erkennen kann. Da jedes Klima ihm eigene Produkte hat, führen unsere natürlichen Bedürfnisse zu einem gegenseitigen Verkehr und mittels des Handels wird also jeder Teil der Welt mit natürlichen Erzeugnissen jeder Breite versorgt. Ohne die Kenntnis von Pflanzen und ihrer Zucht müssten wir mit unseren Beeren und Hagebutten zufrieden sein, ohne je die köstlichen Früchte Indiens und die heilbringenden Drogen aus Peru zu genießen.

---

* Siehe: *Voyages to the South Seas.*

Anstatt die winzigen Unterschiede einer jeden der vielen Spezies einer obskuren Familie zu untersuchen, sollte der Botaniker danach streben, sich mit denen vertraut zu machen, welche nützlich sind. Man wird bald einen Mann finden, der jedes Kraut auf dem Feld benennen kann, doch Weizen kaum von Gerste und noch viel weniger eine Sorte Weizen oder Gerste von einer anderen zu unterscheiden weiß.

Unter allen Pflanzen finden, wie mich dünkt, die Gräser die geringste Beachtung, weder der Bauer noch der Weidehirt sind offenbar imstande, das Sommergras vom mehrjährigen, das robuste vom empfindlichen oder das saftige und nahrhafte vom trockenen und dürren zu unterscheiden.

Ein Studium der Gräser wäre von höchster Bedeutung für ein nördliches Königreich mit viel Weideland. Jener Botaniker, welcher die Grünflächen der Gegend, wo er lebt, verbessern vermöchte, wäre ein nützliches Mitglied der Gesellschaft; die Fähigkeit, eine üppige Grasschicht auf bloßer Erde wachsen zu lassen, würde ganze Bände systematischer Kenntnis aufwiegen, und der wäre des Gemeinwohls bester Mann, welcher das Wachstum von »zwei Halmen Gras bewirken könnte, wo zuvor nur einer stand«.

Ich verbleibe, etc.

BRIEF XLI

Selborne, den 3. Juli 1778

Verehrter Herr,
In einer so vielgestaltigen Gegend mit solcher Abwechslung von Hügel und Tal, Ansichten und Bodenbeschaffenheiten nimmt es nicht wunder, dass sich eine große Anzahl unterschiedlicher Pflanzen finden lässt. Kreide und Ton, Sand, Schaftriften und Täler, Moore, Heideland, Gehölz und Wiesen bringen unweigerlich eine üppige Flora hervor. Die felsigen Hohlwege warten mit einer Fülle von *Filices* auf, die Weiden und feuchten Wälder mit *Fungi*. Wenn es an einem Zweig der Botanik mangelt, so ist das ganz offensichtlich im Bereich der großen Wasserpflanzen, welche man an einer von Flüssen weit entfernten Stelle und auf gewisser Höhe in den Hügeln nahe den Quellsprüngen nicht erwarten würde. All die Pflanzen aufzuzäh-

len, welche innerhalb dieses Bezirkes entdeckt worden sind, wäre unnütze Arbeit, eine kurze Liste der selteneren indessen sowie der Stellen, an denen sie zu finden sind, dünkt mich doch nicht unangemessen und auch nicht wenig unterhaltsam.

Helleborus foetidus: die stinkende Nieswurz; im gesamten Hochwald und am Coney-Gehänge; dieser *Helleborus* hält sich den ganzen Winter über als große, sich verzweigende Pflanze, die um den Januar blüht, ein schöner Schmuck schattiger Pfade und Gebüsche. Die weisen Frauen geben die getrockneten und zerstoßenen Blätter Kindern, die von Würmern geplagt werden, jedoch ist es eine heftige Arznei und muss mit großer Vorsicht angewendet werden.

Helleborus viridis: die Grüne Nieswurz; in dem felsigen Hohlweg links, kurz vor dem Abzweig nach dem Norton Hof, sowie oben auf Middle Dorton unter der Hecke. Diese Pflanze stirbt im Herbst bis auf den Erdboden ab und keimt im Februar wieder auf, blüht beinah sogleich nach dem Hervorkommen aus der Erde.

Vaccinium oxycoccos: kriechende Preiselbeere; im Sumpf von Bin's Pond.

Vaccinium myrtillus: Heidel- oder Blaubeeren; auf den trockenen Erhebungen des Wolmer-Forsts.

Drosera rotundifolia: Rundblättriger Sonnentau, auch Herrgottslöffel, Brunstkraut oder Widdertod; im Sumpf von Bin's Pond.

Drosera longifolia: Langblättriger Sonnentau, auch Englischer Sonnentau; im Sumpf von Bin's Pond.

Comarum palustre: Sumpf-Blutauge: im Sumpf von Bin's Pond.

Hypericum androsaemum: Tutsan, Johanniskraut; in den steinigen Hohlwegen.

Vinca minor: Kleines Immergrün oder Singrün; im Selborner Gehänge und Shrubwood.

Monotropa hypopitys: Gelber Fichtenspargel oder Vogel-Nestwurz[197]; im Selborner Gehänge unter den schattigen Buchen, an dessen Wurzeln sie offenbar schmarotzt; am nordwestlichen Rand des Gehänges.

Chlora perfoliata, Blackstonia perfoliata, Hudsoni: Durchwachsenblättriger Bitterling; an den Böschungen am King's Field.

Paris quadrifolia: Vierblättrige Einbeere, auch Augenkraut, Kreuzkraut, Schlangenbeere; im Gehölz von Church Litten.

Chrysosplenium oppositifolium: Gegenblättriges Milzkraut; in den dunklen und steinigen Hohlwegen.

Gentiana amarella: Herbstenzian, bitterer Fransenenzian; auf dem Zickzackweg, am Gehänge.

Lathraea squamaria: Schuppenwurz; im Gehölz von Church Litten unter einigen Haselsträuchern nahe dem Fußsteg; in Trimmings Gartenhecke und auf der Trockenmauer gegenüber Grangeyard.

Dipsacus pilosus: Behaarte Karde; im Short Lith und im Long Lith.

Lathyrus sylvestris: Wilde Platterbse; im Gebüsch am Fuße des Short Lith, nahe am Pfad.

Ophrys spiralis: Herbst-Drehwurz oder Schraubenstendel; im Long Lith und gegen die südliche Ecke des Gemeindeangers.

Ophrys nidus avis: Vogelnestwurz; im Long Lith unter den schattigen Buchen im Totlaub; in Great Dorton zwischen den Büschen; in großer Menge am Gehänge.

Serapias latifolia[198]: Weißes oder Bleiches Waldvöglein; im Hochwald unter den schattigen Buchen.

Daphne laureola: Lorbeer-Seidelbast oder Waldlorbeer; am Selborner Gehänge und im Hochwald.

Daphne mezereum: Echter Seidelbast oder Kellerhals; am Selborner Gehänge zwischen den Büschen am südöstlichen Rand oberhalb der Katen.

Lycoperdon Tuber: Trüffel; am Gehänge und im Hochwald.

Sambucus ebulus: Zwergholunder oder Attich; in den Trümmern und verfallenen Fundamenten der Abtei.

Unter allen Eigenheiten der Pflanzen die bemerkenswerteste ist der Umstand, dass sie zu so unterschiedlichen Zeiten blühen. Manche bringen ihre Blüten im Winter hervor, andere zu den ersten Frühlingsanfängen; viele, wenn der Frühling in vollem Schwange ist, einzelne zu Mittsommer, andere erst im Herbst. Wenn wir den *Helleborus foetidus* und den Helleborus *niger* zu Weihnachten blühen sehen, den *Helleborus hyemalis* im Januar und den *Helleborus viridis*, sobald er aus der Erde keimt, nimmt uns das nicht wunder, weil es untereinander verwandte Pflanzen sind, von welchen wir erwarten, dass sie miteinander Schritt halten. Doch andere untereinander verwandte Pflanzen weisen so weite Unterschiede in der Blühphase auf, dass wir nur staunen können. Zum Exempel will ich jetzt nur den *Crocus sativus* anführen, den Frühlings- und den Herbstkrokus, welche einander so nahe sind, dass auch die besten Botaniker sie zu Arten derselben Familie machen, von welcher es nur eine Spezies gibt[199], ohne einen Unterschied in der Blütenkrone oder im inneren Aufbau feststellen zu können. Doch der Frühlingskrokus breitet seine Blüten Anfang März am weitesten aus, oft auch in sehr harschem Wetter, und lässt sich nur durch Gewalteinwirkung vom Blühen abhalten; der Herbstkrokus hingegen widersteht jedem Einfluss von Frühling und Sommer und blüht erst, wenn die meisten Pflanzen schon verwelken und ihre Samen abwerfen. Dieser Umstand ist eines der Wunder der Schöpfung, welche ihrer Geläufigkeit wegen wenig bemerkt werden; dennoch sollte auch die Vertrautheit mit einer Erscheinung nicht dazu führen, dass sie nicht beachtet wird, denn eine Erklärung für selbige mag ebenso schwierig sein wie die für jenes herrlichste Phänomen in der Natur:

Sag an, was treibt umweht von Schnee, im Eis
Den Krokus an, gar feurig zu erblühn?
Sag an, was hält vom Sommerlicht umglüht
Die Knolle ab zu blühn, bis alles welk und bleich?
Der GOTT DER JAHRESZEITEN, dessen Macht
Alles durchwirkt, die Sonne lenkt, die weichen Flocken löst:
Die Blumen folgen, ob er zur frühen Blüte spornt
Oder sie bis zu spätern Tagen verzögern lässt die Pracht.

BRIEF XLII

Selborne, den 7. August 1778

Omnibus animalibus reliquis certus et uniusmodi, et in suo cuique genere incessus est; aves solae vario meatu feruntur, et in terra, et in aere.
Plin. *Hist. Nat.* lib.x cap 38[200]

Verehrter Herr,
Ein guter Ornithologe sollte Vögel durch ihren Gesang ebenso gut unterscheiden können wie durch Farbe und Form, auf der Erde so wie in der Luft und im Gehölz so gut als in der Hand. Wiewohl man nämlich nicht behaupten kann, dass jede Spezies der Vögel eine ihr allein eigene Manier hat, so hat doch zumindest jede Familie etwas, was sie auf den ersten Blick von anderen unterscheidet und den besonnenen Beobachter in den Stand versetzt, sich mit einiger Gewissheit dazu zu äußern. Setze sich ein Vogel in Bewegung

... et vera incessu patuit.[201]

So segeln Milane und Bussarde mit ausgebreiteten, reglosen Schwingen im Kreise, und wegen ihrer Manier des Gleitens werden die Ersteren ausgehend vom sächsischen Verb *glidan* für gleiten noch immer *gleads* geheißen. Der Turmfalke oder Windrüttler hat eine besondere Art und Weise auf einer Stelle in der Luft zu stehen und dabei die Flügel rasch und kurz zu bewegen. Kornweihen fliegen niedrig über Heideland oder Getreidefeldern und stoßen regelmäßig auf den Boden herab wie ein Vorstehhund. Eulen bewegen sich leicht und federnd, als wären sie leichter als die Luft; offensichtlich mangelt es ihnen an Ballast. Raben hingegen haben eine Eigenart, welche nicht einmal denen entgehen kann, die gar nicht neugierig sind, sie verbringen nämlich ihre ganze Mußezeit damit, einander im Fluge wie im spielerischen Kampf zu schlagen und zu stoßen, und wenn sie sich von einem Ort zum anderen bewegen, drehen sie sich häufig mit einem lauten Krächzen auf den Rücken und machen den Eindruck, als fielen sie zu Boden. Wenn dieses seltsame Gebaren sie ankommt, kratzen sie sich mit einem Fuß und verlieren dabei ihr Gleichgewicht.[202] Saatkrähen vollführen gelegentlich spielerisch-ausgelassene Trudel- und Sturzflüge; Krähen und Dohlen haben einen stolzierenden Gang; Spechte fliegen *volato undoso*[203], wobei sie die Flügel mit jedem Schlag ganz öffnen und schließen; alle Vögel der Spechtfamilie benutzen ihre Schwanzfedern als Stütze, wenn sie am Baumstamm hinauflaufen. Papageien haben, wie alle Vögel mit Hakenklauen, einen unbeholfenen Gang und benutzen den Schnabel als dritten Fuß, wenn sie mit lachhafter Vorsicht hinauf- und hinunterklettern. Alle *Gallinae* stolzieren und gehen zierlich und laufen schnell, fliegen jedoch nur mit Mühe und unter einem stoßweisen Surren in einer geraden Linie. Elstern und Häher flattern mit kraftlosen Flügeln und kommen nicht voran, Reiher scheinen für ihre leichten Körper zu viel Luft in den Segeln zu haben, doch diese großen gewölbten Flügel sind nötig, wenn sie Lasten wie etwa große Fische und dergleichen tragen; Tauben, und insbesondere die »Schläger« genannte Art, klatschen die Flügel mit einem lauten Klacken über dem Rücken zusammen; eine andere, »Trudler« genannte Art dreht sich in der Luft. Manche Vögel haben in der Balzzeit eigene Bewegungen, so zum Beispiel die Ringeltauben, welche, wiewohl sonst kräftig und rasch, im Frühling spielerisch-zögernde, neckische Flugbewegungen aufweisen; der Schnepfenhahn indessen vergisst zur Brutzeit sein sonstiges Fluggebaren und fächelt die Luft wie ein Rüttler; der Grünling schließlich legt ein so schmachtendes und schwächelndes Gebaren an den Tag, dass er wie ein verwundeter und verendender Vogel wirkt; der Eisvogel schießt voran wie ein Pfeil; Nachtschwalben oder Ziegenmelker zucken schimmernd im Dämmer über Baumwipfeln auf wie Meteore; Stare schwimmen gleitend, während Misteldrosseln einen ungeregelten und ziellosen Flug pflegen; Schwalben streifen über die Oberfläche von Erde und Wasser und zeichnen sich durch rasche Schwenks und schnelle Drehungen aus; Mauersegler ziehen eilige Kreise, und die Uferschwalbe bewegt sich mit unschlüssigem Schwanken wie ein Schmetterling. Die meisten kleinen Vögel fliegen ruckartig und unter Steigen und Fallen in der Fortbewegung. Die meisten kleinen Vögel hüpfen, doch Stelzen und Lerchen gehen, wobei sie die Beine abwechselnd heben. Feldlerchen steigen und fallen senkrecht, während sie singen; Heidelerchen stehen reglos in der Luft; Wiesenpieper steigen und fallen in großen Kurven, während sie im Absteigen singen. Die Dorngrasmücke vollführt ein seltsames Rucken und andere Gestikulierungen über Hecken und Gebüschen. Alle Entenartigen watscheln; Sturmtaucher und Alke gehen wie in Fesseln und stehen gerade aufgerichtet auf den Schwanzfedern; diese sind die *Compedes* bei Linnaeus. Gänse und Kraniche und die meisten wilden Wasservögel bewegen sich in Flugformationen, wobei sie häufig untereinander die Plätze tauschen. Die Flügelspiegel der *Tringae*[204], Wildenten und einiger anderen Arten sind sehr lang und verleihen den Flügeln in Bewegung ein hakenartiges Aussehen. Zwergtaucher, Blässhühner und Moorhühner fliegen aufrecht, mit abwärts hängenden Beinen, und kommen schwer voran, der Grund liegt auf der Hand, denn ihre Flügel liegen zu weit vor dem eigentlichen Gleichgewichtszentrum, so wie die Beine der Alke und Sturmtaucher zu weit hinten angesetzt sind.

BRIEF XLIII

Selborne, den 9. September 1778

Verehrter Herr,
Von den Bewegungsformen der Vögel lässt sich geradezu natürlich zu deren Stimmen und Sprache übergehen, von welcher ich nun etwas berichten will. Nicht dass ich mir anmaßen würde, ihre Sprache zu verstehen wie jener Wesir, welcher durch die Wiedergabe einer Unterhaltung, die sich zwischen zwei Eulen abspielte, einen Sultan* in Bann schlug, bevor er sich an Eroberung und Verwüstung ergötzte; bei mir indessen soll es nur so verstanden sein, dass viele der geflügelten Stämme die verschiedensten Töne und Stimmen haben, um ihre verschiedensten Leidenschaften, Bedürfnisse und Gefühle zu äußern wie etwa Zorn, Angst, Liebe, Hass, Hunger und dergleichen. Die Arten sind nicht alle gleichermaßen ausdrucksbegabt: Manche verfügen über eine Fülle fließender Laute als Äußerungen, während andere auf ein paar wichtige Töne beschränkt sind. Kein Vogel jedoch ist stumm wie der Fisch, manche allerdings sind eher still. Die Sprache der Vögel ist sehr alt, doch vieles wird bedeutet und verstanden.

Die Töne der Adlerartigen sind schrill und durchdringend und um die Zeit des Nistens sehr vielfältig, wie mir ein wissbegieriger Naturbeobachter versicherte; er hatte lange in Gibraltar gelebt, wo Adler zahlreich sind. Die Töne unserer Habichte sind denen des Königs der Vögel recht ähnlich. Eulen bringen sehr ausdrucksstarke Töne hervor, sie rufen mit einer schön klingenden Stimme, die große Ähnlichkeit mit der *vox humana* hat und von einer Stimmflöte als musikalische Note bestimmbar ist. Dieser Ton ist allem Anschein nach der Ausdruck für Genugtuung und Konkurrenz unter Männchen; sie haben auch einen kurzen Ruf und einen grässlichen Schrei, und wenn sie drohen wollen, können sie schnarchen und zischen. Raben

---

* Siehe *Spectator*, Vol VII, No 512.

können neben ihrem lauten Krächzen einen tiefen, ernsten Ton hervorbringen, welcher in den Wäldern widerhallt; der Liebeslaut einer Krähe indessen ist seltsam und lächerlich; Saatkrähen versuchen in der Brutzeit gelegentlich, aus der Fröhlichkeit ihres Gemüts zu singen, doch ohne großen Erfolg; die Papageienartigen haben viele Modulationen der Stimme, wie sich auch in ihrer Gelehrigkeit bei der Nachahmung menschlicher Töne offenbart; Tauben gurren auf liebeslustige und trauervolle Weise und sind ein Inbegriff unglücklich Verliebter; der Specht bringt ein lautes und herzhaftes Lachen zuwege; die Nachtschwalbe oder der Ziegenmelker bringt der Gefährtin vom Abenddämmer bis zum Tagesanbruch ein Ständchen mit Kastagnetten-Klappern. Alle singfreudigen *Passeres* bringen ihr Wohlgefühl durch süße Modulationen und eine Vielzahl von Melodien zum Ausdruck. Die Schwalbe zieht, wie schon in einem früheren Brief bemerkt, mit einem schrillen Warnruf die Aufmerksamkeit der anderen *Hirundines* auf sich und heißt sie achtsam sein, der Habicht sei im Anzug. Wasserliebende und gesellige Vögel, insbesondere die nächternen, welche ihre Quartiere im Dunkel wechseln, sind sehr laut und geschwätzig, so zum Beispiel Kraniche, Wildgänse und dergleichen; ihr unentwegtes Lärmen verhindert, dass sie sich zerstreuen und ihre Gefährten verlieren.

Da es um einen so umfangreichen Gegenstand geht, kann es hier nicht mehr als Skizzen und grobe Grundzüge geben; denn für die unendliche Vielfalt innerhalb des Volkes der Gefiederten könnten sich unendlich Beispiele finden. Deshalb wollen wir den Rest dieses Briefes den wenigen Arten Federvieh in unseren Höfen widmen, welche am besten bekannt und deshalb auch am leichtesten verstanden sind. Zuvörderst verlangt der Pfau mit seiner herrlichen Schleppe unsere Aufmerksamkeit; allerdings ist seine Stimme, wie die so vieler farbenprächtiger Vögel, harsch und erschreckend für das Ohr; das Kreischen von Katzen und das Schreien eines Esels könnten nicht abstoßender sein. Die Stimme der Gans gleicht der einer Trompete, und sie scheppert; und einmal rettete sie das Kapitol in Rom, wie ernste Historiker behaupten. Das Zischen des Ganterichs ist beeindruckend und voller Drohung und »beschützerisch bei seinen Jungen«. Bei den Enten ist die geschlechtliche Unterschiedlichkeit der Stimme bemerkenswert: Das Quackern des Weibchens ist laut und klangvoll, die Stimme des Enterichs hingegen verhalten und heiser und schwach und kaum vernehmlich. Der Truthahn stolziert und kollert seine Liebste auf höchst ungehobelte Art an; wenn er einen Feind angreift, hat er auch einen frechen und nörgelnden Ton. Wenn eine Pute ihre junge Brut ausführt, hält sie alles wachsam im Blick, und wenn Raubvögel auftauchen, ganz gleich, wie hoch in der Luft sie sich befinden, kündigt die achtsame Mutter den Feind mit einem kleinen leisen Stöhnen an und folgt diesem mit stetem und wachsamem Blick, doch wenn er sich nähert, wird ihre Stimme ernst und beunruhigend und ihre Ausrufe verdoppeln sich.

Kein Bewohner des Geflügelhofs ist im Besitz einer solchen Vielfalt des Ausdrucks und einer so umfangreichen Sprache wie die gemeinen Hühner. Man nehme ein Küken von vier oder fünf Tagen und halte es an eine Fensterscheibe mit Fliegen und sofort wird es seine Beute unter kleinem Zufriedenheitsgezwitscher ergreifen; bietet man ihm jedoch eine Wespe oder eine Biene, wird der Ton gleich rau im Ausdruck des Missfallens und im Angesicht einer geahnten Gefahr. Wenn ein Huhn zum Legen bereit ist, so vermittelt es diesen Umstand durch einen freudigen, weichen Klang. Von all den Dingen, die in seinem Leben geschehen mögen, scheint doch das Eierlegen das Wichtigste zu sein, denn kaum hat eine Henne sich erleichtert, kommt sie mit einer lauthalsen Freude hervor, welche sogleich auf den Hahn und seine restlichen Liebhaberinnen überspringt. Der Aufruhr ist nicht auf die betreffende Familie beschränkt, sondern wallt mit einer lärmenden Fröhlichkeit weiter und verbreitet sich in jedem kleinen Gehöft in Hörweite, bis schließlich das ganze Dorf in Aufregung ist. Sobald ein Huhn Mutter wird, verlangt das neue Verwandte eine neue Sprache; dann rennt sie gackernd und kreischend im Kreis und wirkt außer sich wie eine Besessene. Der Vater des Schwarms hat auch ein beachtliches Vokabular: Wenn er Nahrung findet, ruft er die bevorzugte Konkubine herbei, sie mit ihr zu teilen, und zieht ein Raubvogel über sie hinweg, heißt er mit warnender Stimme seine Familie achtsam sein. Der galante Gockel hat auch verliebte Floskeln zur Verfügung sowie seine Ausdrücke der Wehrhaftigkeit. Doch der Klang, an dem man ihn am besten kennt, ist das Krähen: Damit hat er sich seit unvordenklichen Zeiten als des Landmanns Uhr oder Glocke hervorgetan so wie der Nachtwächter, der die Stundenteilung der Nacht verkündet. So stellt ihn elegant der Dichter dar:

> … Der gekrönte Hahn, dessen Horn
> in stillen Stunden tönt.

Ein Herr in der Nachbarschaft hatte den größten Teil seiner Küken an einen Sperber verloren, welcher zwischen einem Reisighaufen und dem Ende des Hauses gleitend an die Stelle stieß, wo der Hühnerhof war. Der Eigentümer, still erzürnt, seine Herde so stetig dezimiert zu sehen, brachte geschickt ein Vogelnetz zwischen Reisighaufen und Haus an, in welches der Missetäter prallte und sich darin verhedderte. Verdruss befahl die Anwendung des Gesetzes der Vergeltung: Also stutzte er des Sperbers Flügel, schnitt seine Krallen, steckte ihm einen Korken auf den Schnabel und warf ihn so unter die Bruthennen. Keine Fantasie wird sich die Szene ausmalen können, die nun folgte: Die Ausdrucksformen, die Angst, Zorn und Rache eingaben, waren neu oder zumindest waren sie noch nie zuvor bemerkt worden: In Rage gebracht, verfluchten die aufgebrachten Mutterhennen, beleidigten, triumphierten. Kurzum, sie ließen nicht vom Hacken auf ihrem Widersacher ab, als bis sie ihn in hundert Stücke gerissen.

BRIEF XLIV[205]

Selborne

> … monstrent
>
> Quid tantum Oceano properent se tingere soles
> Hyberni; vel quae tardis mora noctibus obstet.[206]

Besitzer von Gärten und Wiesen können deren Gestaltung so einrichten, dass die Verzierungen dem Nutzen untergeordnet sind; ein gefälliger Blickfang mag auch dazu dienen, die Forschung zu befördern; ein Obelisk in einem Garten oder Park kann sowohl zur Zierde als auch als Heliograf dienen.

Jeder Mensch, welcher wissbegierig ist und den Vorteil eines weiten Horizonts genießt, könnte ohne großen Aufwand zwei solche Sonnenzeiger erstellen, einen für die Winter- und einen für die Sommersonnenwende, und diese beiden aufrechten Konstruktionen lassen sich zu sehr geringen Kosten errichten, würden doch zwei Stück Holzbalken, gut zehn oder zwölf Fuß hoch und am unteren Ende vier Fuß breit und ganz mit Brettern umkleidet, dem Zwecke schon dienlich sein. Ersterer sollte, wenn irgend möglich, so errichtet sein, dass er aus einem Fenster des gemeinschaftlichen Wohnzimmers zu sehen sei; denn in jener toten Jahreszeit sind die Menschen gemeiniglich im Hause, wenn der Abend kommt. Letzterer indessen lässt sich gut an jedem beliebigen Flecken in Garten oder Wiesengrund anbringen, von welchem der Eigentümer an schönen Sommerabenden den äußersten Punkt sehen kann, welchen die Sonne zur Zeit der längsten Tage nach Norden hin erreicht. Nun braucht man diese beiden Gegenstände nur noch mit einer solchen Genauigkeit platzieren, dass die westlichen Strahlen der Sonne bei Sonnenuntergang am kürzesten Tag gerade noch den Winterheliografen von Westen streifen und dass die gesamte Sonnenscheibe am längsten Tag bei Sonnenuntergang sich von Norden aus betrachtet gerade oberhalb des Sommerheliografen bewegt.

Auf diesem simplen Wege wäre bald ersichtlich, dass es streng genommen keine Sonnenwende gibt; vom kürzesten Tag an nämlich würde der Besitzer an jedem klaren Abend sehen, wie die Sonnenscheibe im Sinken sich in westliche Richtung vom Objekt bewegt; vom längsten Tag hingegen an könnte er die Sonne beobachten, wie sie sich jeden Abend im Sinken zurückbewegt, in Richtung des Objektes, bis sie nach einigen wenigen Nächten gleich dahinter, also graduell im Westen davon, sinkt; ist es doch so, dass die Sonne in der Annäherung an die Sonnenwende als ganze Scheibe zuerst gleich hinter dem Objekt sinkt: Nach einer gewissen Zeit würde zuerst das nördliche Glied erscheinen und in der Folge mit jedem Abend mehr, bis zuletzt der ganze Durchmesser etwa drei Abende in Folge direkt nördlich davon sinken würde, am mittleren jener drei Abende vernunftgemäß weiter entfernt als am vorhergehenden und nachfolgenden. Zu Beginn des Rückzugs vom Sommerhöchststand würde sie sich mit jedem Abend weiter verbergen, bis sie zuletzt wieder genau hinter dem Objekt sinken würde und ab dann mit jedem Abend weiter westlich.

BRIEF XLV

Selborne

> ... Mugire videbis
> Sub pedibus terram, et descendere montibus ornos[207]

Als Junge las ich gerne, voll Staunen und mit stiller Genugtuung, im *Chronicle*[208] von Baker über wandernde Hügel und reisende Berge. John Philips spielt in seinem *Cyder*[209] mit einem feinen, doch eigenwilligen Humor, wie er den Autor des *Splendid Shilling* auszeichnet, auf den Glauben an, den man solchen Geschichten schenkte.

> Mein Rat geht weder für noch wider diese Wahl
> Des Marcley Hill; der Apfel findet keinerorts
> Wohl bessren Grund, doch traut man sehr riskant
> Dem Boden voller Trug: wer weiß, ob nicht erneut
> Der Berg auf Reisen geht, den jetzgen Ort
> Verlassend deine Frucht von dannen trägt
> Zum Nachbar, dein Gepflanz, und seltsamen Belang
> Gesetzeskundlern so beschert.

Doch bei näherem Überlegen argwöhnte ich, dass unsere Hügel zwar wohl nie so weit gereist sein mochten, doch dass ihre Ränder zu verschiedenen weit zurückliegenden Zeiten abgerutscht und abgestürzt sein mögen und so die Felsen nackt und schroff zurückließen. Dies ist allem Anschein nach der Fall bei den Hügeln Nore und Whetham und insbesondere bei dem Kamm zwischen Harteley Park und Ward le ham, wo der Boden zu ungeheuren Aufwerfungen und Furchen verrutscht ist und weiterhin in solch romantischer Verwirrung daliegt, die sich keinem andern Grunde zuschreiben lassen wird. Ein merkwürdiges Ereignis, welches nicht so weit zurückliegt, scheint unsere Vermutungen zu bestätigen; zwar trug es sich nicht innerhalb der Grenzen dieser Pfarre zu, doch wohl im Bezirk von Selborne, und da die Umstände ganz einzigartig waren, mag das Ereignis wohl mit Recht in diesem Werke zur Natur einen Platz beanspruchen.

Die Monate Januar und Februar des Jahres 1774 waren recht besonders durch Mengen schmelzenden Schnees und ungeheure Regenfälle, sodass gegen Ende des letzteren Monats die Bodenquellen oder »lavants« in Erscheinung traten, und zwar in einer Höhe wie in jenem denkwürdigen Winter des Jahres 1764. Der Anfang März verlief unter ähnlichem Wetter und in der Nacht vom 8. auf den 9. jenes Monats riss sich ein beträchtlicher Teil des großes Waldhangs bei Hawkley von seinem Platz und stürzte ab, einen hohen Kalksteinfels hinterlassend, der nackt und kahl dastand und an die steile Seite einer Kalkgrube erinnerte. Offenbar war es so, dass dieser große Bruchteil, unterwaschen und mit Wasser vollgesogen, ins Rutschen kam und in senkrechter Richtung abwärtsgerissen wurde, denn ein Gatter, welches oben auf dem Hügel in einem Feld gestanden hatte, verharrte auch nach dem Absturz um gut dreißig oder vierzig Fuß mitsamt seinen Pfosten in so gerader aufrechter Stellung, dass es sich mit völliger Genauigkeit ebenso wie an der vorherigen Stelle öffnen und schließen ließ. Einige Eichen stehen auch noch und gedeihen nach diesem entsetzlichen Sprung. Dass ein großer Teil dieser überwältigenden Menge von einer darunterliegenden Kluft aufgenommen wurde, lässt sich auch an dem geneigten Boden am Fuße des Hügels ersehen, welcher frei und unberührt blieb, jedoch unter Haufen von Abraum begraben worden wäre, hätte sich der obgenannte Teil losgerissen, um vornüber zu stürzen. Etwa hundert Yards vom Fuße dieses bewaldeten Gehänges stand eine Kate an einem Weg und zweihundert Yards weiter unterhalb, auf der anderen Seite des Weges, ein Bauernhaus, in welchem ein Arbeiter mit seiner Familie lebte, und dicht bei stand eine feste neue Scheune. In der Kate lebte eine alte Frau mit ihrem Sohn und dessen Frau. An jenem Abend, welcher sehr dunkel und stürmisch war, beobachteten obgenannte Bewohner, dass die Ziegelböden in ihren Küchen zu wanken und zu reißen begannen, und dass es war, als täten sich die Wände auf und als reiße das Dach entzwei. Doch sie alle sind sich einig darin, dass der Boden zu keinem Augenblick wie zum Anzeichen eines Erdbebens schwankte, nur dass der Wind immer weiter in den Wäldern und am Waldgehänge unter ungeheurem Brausen lärmte. Die bejammernswerten Bewohner wagten nicht, zu Bett zu gehen, und verweilten in äußerster Bangigkeit und Verwirrung und erwarteten, jeden Augenblick unter den Trümmern ihrer zusammenstürzenden Gebäude begraben zu werden. Als der lichte Tag anbrach, hatten sie wohl Zeit und

Muße, die Verheerungen der Nacht zu betrachten: Da stellten sie fest, dass sich hinter ihren Häusern ein tiefer Riss, ein Abgrund aufgetan und diese sozusagen entzweigerissen hatte. Eine Seite der Scheune war auf ähnliche Weise in Mitleidenschaft gezogen und ein Teich in der Nähe hatte eine merkwürdige Umkehrung erfahren, indem er am seichten Ende tief geworden war und umgekehrt. Sie fanden viele große Eichen aus dem Lot gehebelt, manche ganz niedergestürzt und andere in den Wipfeln der Nachbarbäume verfangen; und ein Gatter war mitsamt der Hecke um volle sechs Fuß versetzt, sodass ein neuer Weg dorthin geebnet werden musste. Vom Fuß des Felsens aus verläuft der Boden, welcher Weideland ist, in einer sanften Neigung und ist mit kleinen Erhebungen besetzt, durch welche in alle Richtungen, sowohl auf den großen Hangwald zu als auch von diesem weg, Risse verliefen. In der ersten Weide begannen tiefe Klüfte, die über den Weg verliefen und unter den Häusern her, und sie bildeten solche ungeheuren Spaltungen, dass die Straße einige Zeit unpassierbar war; so ging es weiter bis an einen Acker auf der anderen Seite, welcher seltsam verworfen und durcheinandergebracht wirkte. Die zweite Weide, als Land weicher und federnder, hatte sich ohne große Risse im Grasboden vorwärtsbewegt und bildete jetzt lange Wülste ähnlich frischen Gräbern, die im rechten Winkel zur Bewegung lagen. Am Fuße dieser Einhegung lagen Erde und Grasboden viele Fuß hoch an der Masse einiger Eichen gestaut, welche ihren weiteren Verlauf behindert und diesem furchtbaren Aufruhr ein Ende bereitet hatten.

Senkrecht gemessen beläuft sich die Höhe des Steilhangs im Allgemeinen auf dreiundzwanzig Yard; die Länge des Erdrutsches oder der Mure von den Feldern unterhalb betrachtet war einhundertachtzig Yard, und ein teilweiser Bergsturz, den das Gehölz verbirgt, reicht noch einmal siebzig Yard weiter, die gesamte Länge dieses abgestürzten Bruchs war also zweihundertundeinundfünfzig Yard lang. Etwa fünfzig Acre Land waren von dieser gewaltigen Erschütterung betroffen; zwei Häuser waren gänzlich zerstört, die eine Seite einer neuen Scheune lag in Trümmern, die Wände klafften in Rissen, die durch ebendiese Steine liefen, die sie gebildet hatten; ein hängendes Gehölz wurde in einen bloßen Fels verwandelt und einige Grasflächen und ein Anbauacker so von den Klüften verworfen und zerrissen, dass sie auf gewisse Zeit weder für den Pflug geeignet noch für das Weidevieh sicher sein würden, bis nicht beträchtliche Arbeitskraft und Ausgaben aufgewandt würden, um die Oberfläche zu ebnen und die klaffenden Risse zu füllen.

BRIEF XLVI

Selborne

Resonant arbusta.[210]

Nah an der Rückseite unseres Dorfes gibt es eine steile schroffe Weide, übersät mit Stechginsterbüschen, wohlbekannt unter dem Namen Short Lithe, bestehend aus einem felsigen trockenen Erdreich und der Nachmittagssonne zugeneigt. Diese Weide ist voll von der *Gryllus campestris* oder Feldgrille, welche zwar in unserer Gegend häufig vorkommt, in vielen anderen Ländern jedoch keineswegs ein geläufiges Insekt ist.

Da ihr fröhlicher Sommerruf unabdingbar die Aufmerksamkeit des Naturkundlers auf sich zieht, habe ich mich oft auf die Erde begeben, um die Lebensumstände dieser *Grylli* zu untersuchen und ihre Lebensweise zu studieren, doch sie sind so furchtsam und vorsichtig, dass es nicht leicht ist, sie zu Gesicht zu bekommen; spüren sie nämlich eines Menschen Schritte, brechen sie mitten im Lied ab und ziehen sich behende rückwärts in ihren Bau zurück, wo sie auf der Lauer liegen, bis sie keine Gefahr mehr argwöhnen.

Anfangs versuchten wir, sie mit einem Spaten auszugraben, doch ohne viel Erfolg, denn entweder konnten wir nicht bis an den Boden des Lochs gelangen, weil dieses häufig unter einem großen Stein zu Ende ging, oder wir zerquetschten versehentlich das arme Insekt zu Tode bei dem Versuch, die Erde aufzubrechen. Einem derart geschädigten Exemplar entnahmen wir eine Vielzahl Eier, welche länglich und schmal waren, gelblich in der Farbe und mit einer sehr zähen Haut überzogen. Durch dieses Missgeschick lernten wir, das Männchen vom Weibchen zu unterscheiden; Ersteres ist glänzend schwarz und hat einen goldenen Streifen quer über die Schultern; Letzteres ist bräunlicher, umfänglicher im Unterleib und trägt eine lange schwertförmige Waffe an seinem Schwanz, welcher wahrscheinlich als Instrument für die Eiablage in Ritzen und sicheren Hohlräumen dient.

Wo Anwendung von Gewalt nichts bewirkt, sind sanftere Methoden doch oft erfolgreich, und so bewahrheitete es sich auch in diesem Fall: Während der Spaten ein viel zu lärmendes und grobes Werkzeug gewesen war, ließ sich ein biegsamer Grashalm sanft in die Hohlräume einführen und brachte den Bewohner bald zum Vorschein, und so kann der menschliche Forscher seine Neugier befriedigen, ohne den Gegenstand zu verletzen. Es ist bemerkenswert, dass diese Insekten zwar mit langen Hinterbeinen und stämmigen Schenkeln zum Springen ausgestattet sind wie die Grashüpfer, doch wenn sie aus ihrem Bau getrieben werden, zeigen sie keinerlei Aktivität, sie krabbeln planlos umher und lassen sich leicht aufnehmen, auch wenden sie, wiewohl mit einem kuriosen Apparat in Gestalt von Flügeln versehen, diese Flügel nie dann an, wenn sich die dringendste Gelegenheit dazu bietet. Die Männchen bringen ihren schrillenden Ton vielleicht nur aus Konkurrenz und Nachahmung hervor wie so viele Tiere, welche in der Brutzeit lebhafte Töne von sich geben: Der Ton der Feldgrille nun entsteht durch das rasche Reiben eines Flügels am anderen. Die Feldgrillen sind einzelgängerische Wesen, die für sich allein leben, ob männlich oder weiblich: Doch es muss eine Zeit geben, zu welcher die Geschlechter einigen Umgang haben, und in den Nachtstunden mögen die Flügel von Nutzen sein. Wenn die Männchen aufeinandertreffen, kämpfen sie erbittert, wie ich feststellte, als ich einmal mehrere Männchen in die Ritzen einer Trockensteinmauer setzte, wo ich sie gerne angesiedelt hätte. Obwohl sie verstört schienen, aus dem ihnen Vertrauten fortgenommen zu werden, war es doch so, dass der Erste, welcher von einer Ritze Besitz ergriff, sich mit einer gebleckten ungeheuren Reihe sägeartiger Greifzähne auf jeden stürzte, der ihm aufgedrängt wurde. Mit ihren kräftigen Kiefern, die wie die Scheren der Hummerklauen bezahnt sind, perforieren sie, in Ermangelung von Grabschaufeln, wie Maulwurfsgrillen sie besitzen, ihre kuriosen gleichmäßigen Zellen und runden sie aus. Wann immer ich eine in die Hand nahm, konnte ich nicht umhin zu staunen, dass sie nie probierte, sich zu verteidigen, wenngleich sie mit so furchterregenden Waffen ausgestattet war. Die Kräuter und Pflanzen, welche vor den Ausgängen ihren Bauten wachsen, fressen sie ohne Unterschied und auf einer kleinen Erhöhung, welche sie nahebei errichten, lassen sie ihre Exkremente fallen, und bei Tage scheinen sie sich nie mehr als zwei, drei Zoll von ihrem

Bau fortzubewegen. Am Eingang ihrer Höhlen sitzend zirpen sie die ganze Nacht sowie den ganzen Tag von der Mitte des Monats Mai bis zur Mitte des Juli; und bei heißem Wetter, wenn sie am lautesten sind, hallen die Hügel wider von ihrem Zirpen; während man sie in den stilleren Stunden der Dunkelheit über eine ziemliche Entfernung vernehmen kann. Am Anfang der Jahreszeit sind ihre Töne noch schwächer und zaghaft, doch werden sie kräftiger mit dem Voranschreiten des Sommers und versiegen sodann wieder nach und nach.

Töne bereiten uns nicht immer ein an Lieblichkeit und Melodie gemessenes Vergnügen, noch erregen raue Töne immer unser Missfallen. Was uns gefangen nimmt, ist nicht der Ton selbst, sondern vielmehr die Assoziation, welche dieser hervorruft. So ist das Schrillen der Feldgrille zwar scharf und schnarrend, aber erfüllt doch manchen, der es vernimmt, mit Wonne, weil es dem Sinn lauter sommerliche Vorstellungen eingibt, von allem, was ländlich, grün belaubt und heiter ist.

Um den 10. März erscheinen die Grillen an der Öffnung ihrer Zellen, welche sie dann öffnen und bohren und sehr fein gestalten. Alle, die ich in dieser Jahreszeit je gesehen habe, waren in ihrem Puppenzustand und hatten nur die Ansätze von Flügeln, welche noch unter einer Haut oder Decke lagen; diese Decke muss abgeworfen werden*, damit das Insekt seinen vollkommenen Zustand erreicht. Daraus ist, so dünkt mich, zu schließen, dass die Alten vom Vorjahr den Winter nicht immer überleben. Ab August verwischen sich ihre Löcher, und das Insekt kommt erst im folgenden Frühjahr wieder zum Vorschein.

Vor einigen Sommern machte ich den Versuch, eine Grillenkolonie auf die Terrasse in meinem Garten umzusiedeln, und bohrte zu diesem Zwecke tiefe Löcher in den abfallenden Grasboden. Die neuen Bewohner blieben eine Zeitlang, sie fraßen und sangen, doch nach und nach wanderten sie davon und ließen sich mit jedem Morgen aus weiterer Entfernung hören, so dass sie in diesem Notfall wohl allem Anschein nach ihre Flügel benutzten, um zurück an den Ort zu gelangen, von welchem sie fortgeholt worden waren.

Wenn man eine solche Grille in einem Papierkäfig in die Sonne setzt und mit befeuchteten Pflanzen versorgt, dann wird sie fressen und gedeihen und

---

* Wir haben beobachtet, dass sie diese Haut im April abwerfen, diese findet man dann am Eingang ihrer Löcher.

so heiter und laut werden, dass sie im selben Raum mit einem Menschen lästig wird; wenn man die Pflanzen nicht mit Wasser befeuchtet, wird die Grille sterben.

BRIEF XLVII

Selborne

Fern von allem Ort der Freude,
nur die Grille bei dem Herde
(Milton, *Il Penseroso*)

Verehrter Herr,
Viele andere Insekten muss man in Feld und Wald und am Wasser suchen, die *Gryllus domesticus* oder Hausgrille jedoch lebt ganz und gar innerhalb unserer Behausungen und drängt sich unserer Wahrnehmung auf, ob wir es wollen oder nicht. Die Art hat besondere Vorliebe für neugebaute Häuser, denn wie die Spinne liebt sie die Feuchtigkeit der Mauern, zudem erlaubt die Weichheit des Mörtels ihnen, Bauten und Gänge in den Fugen zwischen den Wänden oder Steinen anzulegen und Verbindungen zwischen einem Raum und dem anderen herzustellen. Besonders bevorzugen sie Küchen und Backöfen, weil es dort immer warm ist.

Zarte Insekten, welche draußen leben, genießen entweder nur den kurzen Zeitraum eines einzigen Sommers oder sie verdämmern die kalten widrigen Monate in tiefem Schlummer; diese jedoch, welche stets in einer heißen Zone leben, sind stets wach und heiter: ein schönes Weihnachtsfeuer ist für sie wie die Hitze der Hundstage. Wenngleich man sie häufig am Tage hört, ist die Nacht die eigentliche Zeit, in der sie sich bewegen. Sobald der Dämmer sinkt, wird das Zirpen stärker, und sie kommen alle zum Vorschein, von der flohgroßen bis hin zum voll ausgewachsenen Exemplar. Wie man aus der sengenden Atmosphäre, in der sie leben, folgern kann, sind sie eine durstige Rasse und zeigen eine große Neigung zu Flüssigkeiten; häufig findet man sie ertrunken in Töpfen mit Wasser, Milch, Brühe und dergleichen. Was immer feucht ist, zieht sie an, und deshalb nagen sie oft auch Löcher in nasse Wollstrümpfe und Schürzen, die am Feuer zum Trocknen aufgehängt sind; sie sind der Hausfrau Barometer und kündigen ihr den bevorstehenden Regen an und sind auch gelegentlich, so dünkt es sie, Voraussager von Glück oder Pech, vom Tod eines nahen Verwandten oder dem Nahen eines abwesenden Liebsten. Da sie die steten Gefährten des einsamen Daseins einer Hausfrau sind, werden sie die Objekte ihres Aberglaubens. Diese Grillen sind nicht nur sehr durstig, sondern auch sehr vielfräßig; sie fressen das Festgebackene im Topf und Hefe, Salz und Brösel sowie jede Art von Küchenabfall und Kehricht. Im Sommer haben wir sie dabei beobachtet, wie sie bei Einbruch der Dämmerung aus dem Fenster fliegen und über die Dächer der Nachbarhäuser. Dieses Kunststück an Betriebsamkeit erklärt die Plötzlichkeit, mit der sie oft ihre Behausungen verlassen, doch auch die Methode, mit der sie Häuser aufsuchen, in denen man sie nie zuvor gesehen hatte. Es ist bemerkenswürdig, dass viele Insekten ihre Flügel offenbar nur dann benutzen, wenn sie die Wohnung wechseln und neue Kolonien anlegen wollen. In der Luft bewegen sie sich *volato undoso,* in Wellen und Kurven wie Spechte, dabei öffnen und schließen sie die Flügel bei jedem Schlag und sind deshalb in einem steten Steigen und Fallen begriffen.

Wenn sie sich stark vermehren, wie es einmal in dem Haus geschah, in welchem ich jetzt schreibe, werden sie zu einer geräuschvollen Plage, sie fliegen in Kerzenflammen und prallen an die Gesichter von Menschen, doch können sie durch Sprengen vernichtet werden, indem man Schießpulver in ihre Ritzen und Winkel hinein detonieren lässt. In Familien sind sie zu gewissen Zeiten wie Pharaos Froschplage und finden sich »in ihren Schlafkammern und auf ihren Betten und in ihren Öfen und in ihren Teigtrögen«*. Ihr schrilles Geräusch wird durch geschwindes Aneinanderreiben der Flügel erzeugt. Katzen fangen Herdgrillen, sie spielen mit ihnen wie mit Mäusen und verschlingen sie dann. Grillen lassen sich, wie auch Wespen, dadurch vernichten, dass man halb mit Bier oder einer anderen Flüssigkeit gefüllte Gefäße in ihre Behausungen stellt, da sie nämlich stets begierig trinken wollen, werden sie sich in die Gefäße drängen, bis diese voll sind.

* *Exodus*, 8,3.

BRIEF XLVIII

Selborne

Wie vielfältig sind die Lebensweisen nicht nur einander ganz artfremder Lebewesen, sondern auch derer, die zu einer Familie gehören. Und dennoch sind ihre spezifischen Unterschiede nicht breiter gefächert als die ihnen gemeinsamen Neigungen. Während also die Feldgrille sich an trockenen sonnigen Böschungen ergötzt und die Hausgrille die Gluthitze des Küchenherdes oder des Ofens genießt, ist die *Gryllus gryllotalpa*, die Maulwurfsgrille, in feuchten Wiesen zu Hause und bewohnt die Ränder von Teichen und die Ufer von Bächen und übt alle ihre Funktionen in nasser, sumpfiger Erde aus. Mit einem Paar eigentümlich zu diesem Zweck geformter Vorderfüße bohrt und arbeitet sie unter der Erde wie ein Maulwurf und wirft im Verlauf ihrer Arbeit einen kleinen Erdkamm auf, selten aber Hügel.

Da Maulwurfsgrillen häufig Gärten an Kanalufern heimsuchen, sind sie dem Gärtner unwillkommene Gäste, da sie in ihrer unterirdischen Fortbewegung Erdwälle aufwerfen und die Gartenwege auf diese Weise verunzieren. Wenn sie in den Küchengarten gelangen, verursachen sie großen Schaden an Pflanzen und Wurzeln, sie zerstören ganze Kohlbeete, junges Gemüse und Blumen. Gräbt man sie aus, so erscheinen sie sehr langsam und hilflos und machen bei Tage keinen Gebrauch von ihren Flügeln, doch in der Nacht kommen sie hervor und machen lange Ausflüge, wovon ich mich selbst habe überzeugen können, als ich eines Morgens an einer ganz unpassenden Stelle einzelne Ausreißer fand. Etwa ab Mitte April beginnen sie bei schönem Wetter just gegen Abend, sich mit einem tiefen, dumpfen, schnurrenden Ton zu vergnügen, welcher lange Zeit ohne Unterbrechung durchgehalten wird und ein wenig an das Schnurren der Nachtschwalbe, auch Ziegenmelker genannt, erinnert, doch ist es verhaltener. Um die Mitte Mai legen sie ihre Eier, was ich einmal mit eigenen Augen sehen konnte: In einem Haus, wo ich zu Besuch weilte, mähte der Gärtner zufällig am 6. des obgenannten Monats längs eines Kanals, einmal fiel die Sense zu tief und schnitt ein großes Stück Grasboden ab, wobei eine bemerkenswürdige Szene der Häuslichkeit offengelegt wurde:

Ingentem lato dedit ore fenestram:
Apparet domus intus, et atria longa patescunt:
Apparent ... penetralia.[211]

Etliche Höhlen und gewundene Gänge führten zu einer säuberlich rund ausgehöhlten und geglätteten Kammer, die etwa die Ausmaße einer mittelgroßen Schnupftabaksdose hatte. In dieser abgeschiedenen Kinderstube waren an die hundert Eier abgelegt, sie hatten eine schmutziggelbe Farbe und waren mit einer festen Haut umgeben, doch zu kürzlich erst ausgeschieden, um Ansätze von Jungen zu enthalten; sie waren voll von einer zähflüssigen Substanz. Die Eier lagen nur wenig unter der Erde, an einer der Sonne ausgesetzten Stelle, gleich unter einem kleinen, frisch aufgeworfenen Haufen, wie Ameisen ihn anlegen.

Im Fluge bewegen sich die Maulwurfsgrillen *cursu undoso*, sie steigen und fallen in Kurven und Bögen so wie die anderen obgenannten Arten. In anderen Teilen unseres Königreiches heißen die Leute sie Fenn-Grillen, Schnurrwürmer und Abendschnurrer, lauter sehr passende Namen.

Anatomen, welche die Innereien dieser Insekten untersucht haben, erstaunen mich mit ihren Berichten: Sie behaupten nämlich, nach Aufbau, Lage und Anzahl ihrer Mägen oder Gekröse könne man mit gutem Grund annehmen, dass diese sowie die obgenannten beiden Grillenarten wiederkäuen, wie viele Vierbeiner es tun.[212]

BRIEF XLIX

Selborne, den 7. Mai 1779

Seit mehr als vierzig Jahren nun widme ich der Ornithologie dieser Gegend meine Aufmerksamkeit, ohne dass sich der Gegenstand für mich erschöpft: Solange die Erkundungen lebendig erhalten werden, solange gibt es auch Neues zu bemerken.

In der letzten Woche des vergangenen Monats schoss man fünf jener äußerst seltenen Vögel, zu wenig geläufig, um mit einem englischen Namen bedacht zu sein, Naturkundlern indessen unter den Begriffen *Himantopus* oder *Loripes* und *Charadrius himantopus*[213] bekannt, am Rande von Frinsham Pond, einem großen See im Besitz des Bischofs von Winchester, welcher zwischen dem Wolmer-Forst und der Stadt Farnham in der Grafschaft Surrey gelegen ist. Der Teichwärter sagte, es seien drei Paare im Schwarm gewesen, doch nachdem er seine Neugier befriedigt hatte, ließ er den sechsten Vogel unbeschadet davonkommen. Ich besorgte mir eines der Exemplare und stellte fest, dass die Beine eine so außerordentliche Länge hatten, auf den ersten Blick hätte man vermuten können, die Unterschenkel seien künstlich angebracht, um die Gutgläubigkeit des Betrachters auf die Probe zu stellen: es waren dies Beine *in caricatura*; und hätten wir solche Proportionen auf einem chinesischen oder japanischen Blatt gesehen, hätten wir einiges der Fantasie des Zeichners zugeschrieben. Diese Vögel gehören zur Familie der Regenpfeifer und können mit Fug und Recht als Stelzenregenpfeifer bezeichnet werden. Im Angesicht dieses Umstandes gibt Brisson[214] dem Vogel den sehr treffenden Namen »l'échasse«. Als mein Exemplar präpariert und mit Pfeffer gestopft war, hatte es ein Gewicht von nur vier und ein Viertel Unzen, wiewohl der nackte Teil des Schenkels dreieinhalb Zoll lang maß und die Beine viereinhalb Zoll. Also können wir gewisslich sagen, dass dieser Vogel durch das Verhältnis von Gewicht zu Zoll die unvergleichlich längsten Beine eines jeden bekannten Vogels hat. Der Flamingo, zum Exempel, ist einer der längstbeinigen Vögel und dennoch steht das in keinem Verhältnis zum *Himantopus*, denn ein Flamingomännchen wiegt im Durchschnitt um vier Pfund Avoirdupois und seine Beine und Schenkel messen gemeiniglich um die zwanzig Zoll. Vier Pfund indes sind etwas mehr als das Fünfzehnfache von viereinviertel Unzen; und wenn viereinviertel Unzen acht Zoll lange Beine haben, müssen vier Pfund ein wenig mehr als einhundertundzwanzig Zoll messen, beziehungsweise ein wenig mehr als zehn Fuß, ein so ungeheuerliches Verhältnis, wie es die Welt noch nie gesehen hat! Stellte man das Rechenexperiment bei noch größeren Vögeln an, fiele die Diskrepanz noch größer aus. Es muss höchst interessant sein, den Stelzenvogel in Bewegung zu sehen, zu beobachten, wie er mit Muskeln, so schwach wie jene, mit denen seine Schenkel allem Anschein nach ausgestattet sind, einen solch langen Hebel einsetzen kann. Im besten Fall sollte man nur einen schlechten Läufer vermuten; doch was noch zur Wunderlichkeit beiträgt, ist die Abwesenheit jeglichen Zehs. Ohne dieses stabilisierende Zubehör bei der Unterstützung seiner Schritte muss er, wie man nicht anders spekulieren kann, für ständiges Wanken anfällig und selten imstande sein, sein eigentliches Gleichgewichtszentrum zu finden.

Der alte Name *Himantopus* stammt von Plinius und besagt mittels einer unbeholfenen Metapher, dass seine Beine biegsam und schmal sind, als wären sie aus Leder geschnitten. Weder Willughby noch Ray haben bei all ihren wissbegierigen Forschungen, weder zu Hause noch im Ausland, diesen Vogel je zu Gesicht bekommen. Mr. Pennant hat ihn in ganz Großbritannien nie angetroffen, ihn jedoch in den Kuriositätenkabinetten in Paris häufig betrachten können. Hasselquist stellt fest, er ziehe im Herbst nach Ägypten, und ein höchst genauer Naturbeobachter hat mir versichert, ihn an den Ufern von Bächen in Andalusien gesehen zu haben.

Unsere Verfasser verzeichnen nur zwei Male, dass er in Großbritannien gesichtet wurde. Aus all diesen Darstellungen geht es sehr klar hervor, dass diese langbeinigen Regenpfeifer Vögel Südeuropas sind und unsere Insel sehr selten aufsuchen; und wenn sie erscheinen, dann als Verirrte und Einzelgänger, welche aus Gründen und solcher Motive wegen, die wir nicht zu erklären wissen, eine so weite und weit in den Norden führende Reise zu unternehmen sich genötigt fühlen. Eines nur lässt sich mit Fug und Recht schließen, nämlich dass diese Vögel vom Kontinent zu uns kommen, denn niemand kann annehmen, dass eine über ein ganzes Zeitalter hinweg unbemerkt gebliebene Spezies von so außergewöhnlichem Bau in unserem Königreich sollte ständig ungesehen brüten können.

BRIEF L

Selborne, den 21. April 1780

Verehrter Herr,

Die alte Landschildkröte in Sussex, die ich Euch gegenüber schon häufig erwähnt habe, ist nun in meinen Besitz gekommen. Ich habe sie im vergangenen März, als sie wach genug war, um zischend Erzürnung kundzutun, aus ihrem Winterschlafplatz ausgegraben und dann, in einer Kiste mit Erde verpackt, achtzig Meilen in Postkutschen transportiert. Die Eile und das Rütteln der Reise hat sie so vollends aufgeweckt, dass sie, nachdem ich sie auf einem Beet ausgesetzt hatte, zweimal bis ans untere Ende meines Gartens gewandert ist. Das Wetter war jedoch kalt, und so grub sie sich am Abend in einen lockeren Hügel ein und verharrt immer noch dort im Verborgenen.

Da ich sie nun im Blick haben werde, wird sich mir Gelegenheit bieten, meine Beobachtungen ihrer Lebensweise und Neigungen zu erweitern; und schon habe ich wahrgenommen, dass sie, gegen den Zeitpunkt ihres Hervorkommens, nahe ihrem Kopf ein Atemloch in der Erde anlegt, da sie, so dünkt mich, bei der allmählichen Rückkehr ins Leben das Bedürfnis nach freierem Atmen hat. Dieses Wesen verzieht sich nicht nur von Mitte November bis Mitte April unter die Erde, es verschläft auch große Teile des Sommers, denn an den längsten Tagen geht es um vier Uhr am Nachmittag zu Bett und regt sich oft erst spät am Morgen. Zudem zieht es sich bei jedem Schauer zur Ruhe zurück und bewegt sich an nassen Tagen überhaupt nicht.

Sinnt man über den Zustand dieses seltsamen Geschöpfes, so nimmt es wohl wunder, dass die Vorsehung einen solchen Reichtum der Tage, eine solche allem Anschein nach verschwendete Langlebigkeit einem Reptil zuteilwerden lässt, welches diese Gabe so wenig zu genießen weiß, dass es mehr als zwei Drittel seines Daseins in freudloser Starre verschwendet und monatelang jeglicher Empfindung im tiefstmöglichen Schlummer abhandenkommt.

Während ich an diesem Brief schrieb, lockte ein feuchter, warmer Nachmittag, an dem das Thermometer auf 50 Grad[215] stand, ganze Abteilungen von Gehäuseschnecken hervor, und zum selben Zeitpunkt durchstieß auch die Schildkröte den Erdhügel und streckte ihren Kopf heraus; am nächsten Morgen kam sie, wie von den Toten erstanden, ganz hervor und spazierte bis etwa vier Uhr am Nachmittag umher. Dies war ein sonderbarer Zufall! Ein sehr erheiterndes Zusammentreffen! Solche Ähnlichkeit der Gefühle zwischen den beiden φερέοικοι, denn so nennen die Griechen sowohl die Gehäuseschnecke als auch die Schildkröte.

Die Sommervögel erscheinen in diesem kalten und verzögerten Frühjahr außergewöhnlich spät: Ich habe bislang nur eine Schwalbe gesehen. Diese Übereinstimmung mit dem Wetter bringt mich mehr und mehr zu der Überzeugung, dass sie den Winter schlafend verbringen.

BRIEF LI

Selborne, den 3. September 1781

Ich habe Eure Miszellen nun mit viel Sorgfalt und Genugtuung ganz durchgelesen; und ich entbiete Euch hier meinen tiefen Dank für die ehrenvolle Erwähnung meiner Person als Naturkundler darin, eine Bezeichnung, welche zu verdienen ich mir wünsche.

In einigen sonstigen Briefen habe ich meinem Verdacht Ausdruck verliehen, dass sich viele Mehlschwalben nicht weit von unserem Dorfe fortbegeben. Ich beschloss daher, am südöstlichen Ende des Hügels, wo ich mir vorstellte, dass sie die unwirtlichen Monate des Winters verschlafen möchten, einige Suche anzustellen. Doch in der Annahme, dass eine solche Erkundung zum besten Erfolge im Frühling vorzunehmen sei, und da ich beobachtet hatte, dass sich bis zum 11. des vergangenen April keine Mehlschwalben hatten blicken lassen, wies ich einige Männer an, die Gestrüppe und Höhlungen am obgenannten Ort zu untersuchen. Die Männer machten sich Mühe bei ihrer Suche, jedoch ohne Erfolg; allerdings aber begab sich ein bemerkenswürdiger Zwischenfall im Verlaufe unserer Anstalten: Während nämlich die Arbeiter bei ihrer Tätigkeit waren, kam die erste Mehlschwalbe, welche in diesem Jahr gesichtet wurde, vor den Augen einiger Leute in unserem Dorfe an und begab sich sogleich zu einem Nest, wo sie sich eine Weile aufhielt, um dann über den Häusern umherzufliegen; daraufhin wurden einige weitere Tage keine Mehlschwalben gesichtet, und zwar bis zum 16. April, an welchem Tag ein einzelnes Paar erschien. Die Mehlschwalben sind allgemein in diesem Jahr sehr spät angekommen.

BRIEF LII

Selborne, den 9. September 1781

Ich bin gerade auf einen Umstand hinsichtlich der Mauersegler gestoßen, welcher eine Ausnahme von der grundsätzlichen Tendenz aller Beobachtungen darstellt, welche ich seit Beginn meiner auf diese Art von *Hirundines* gerichteten Aufmerksamkeit gemacht habe. Unsere Mauersegler zogen in diesem Jahr um den ersten Tag des August fort; alle jedenfalls bis auf ein Paar, welches zwei oder drei Tage später auf nur noch einen Vogel reduziert war. Die Ausdauer und das Durchhaltevermögen dieses Einzelnen ließ mich vermuten, dass der stärkste alle Instinkte, nämlich die Fürsorge für Junge, der alleinige Grund dafür sein konnte, dass der Vogel sein Bleiben so in die Länge zog. Ich beobachtete ihn also bis zum 24. August, als ich entdeckte, dass die Vogelmutter sich unter dem Dachvorsprung der Kirche zwei Jungen widmete, welche flügge geworden waren und nun ihre weißen Kehlen aus einer Ritze reckten. Diese blieben bis zum 27., wirkten mit jedem Tag lebhafter und sehnsüchtig danach zu fliegen. Nach diesem Tag waren sie plötzlich verschwunden, noch konnte ich sie je dabei beobachten, wie sie mit der Mutter bei ihren Flugübungen, wie sie die erste Brut ganz offenbar vornimmt, um den Kirchturm kreisten. Am 31. hieß ich die Dachvorsprünge absuchen, doch fanden wir im Nest nur zwei unfertige, tote, stinkende Mauersegler, auf welchen ein zweites Nest errichtet worden war. Dieses Doppelnest war voll von den schwarzen glänzenden Panzern der *Hippoboscae hirundinis*.

Die folgenden Bemerkungen zu dieser ungewöhnlichen Begebenheit liegen auf der Hand. Die erste ist, dass es Mauerseglern wohl nicht gefallen mag, über den Anfang des August hinaus zu bleiben, doch dass sie länger zu bleiben imstande sind, das lässt sich nicht leugnen. Die zweite ist, dass dieses ungewöhnliche Vorkommnis, welches dem Verlust der ersten Brut geschuldet war, also meine frühere Beobachtung belegt, nämlich dass Mauersegler gemeiniglich nur einmal brüten, denn wäre das Gegenteil der Fall, so könnte das obgenannte Geschehen weder neuartig noch selten sein.

PS: In Lyndon, in der Grafschaft Rutland, wurde im Jahre 1782 noch am 3. September ein Mauersegler gesichtet.

BRIEF LIII

Da Ihr nach meinem Wissen Erkundungen zu einigen Insektenarten anstellt, will ich Euch nun die Beschreibung einer Sorte übersenden, welche ich in unserem Königreich hier kaum erwartet hätte. Ich hatte oft schon beobachtet, dass ein bestimmter Teil eines Weinstocks, der sich an den Mauern meines

Hauses emporrankte, im Herbst mit einer schwarzen staubartigen Substanz überzogen schien, an welcher sich die Fliegen gierig gütlich taten; auch gediehen die so befallenen Triebe und Blätter nicht mehr und die Frucht reifte nicht mehr. Ich betrachtete die Substanz durch mein Vergrößerungsglas, konnte jedoch keinerlei Verbindung mit tierischem Leben feststellen, wie ich anfangs erwartet hatte; bei genauerer Untersuchung hinter den größeren Zweigen jedoch stellten wir zu unserer Überraschung fest, dass diese ganz mit hülsenartigen Schalen überzogen waren, aus deren Seiten eine baumwollartige Substanz hervortrat, welche eine große Zahl Eier umgab. Diese eigenartige und ungewöhnliche Hervorbringung brachte mir in Erinnerung, was ich mit Bezug auf den *Coccus vitis viniferae*[216] von Linnaeus gelesen und gehört hatte; dieser befällt im Süden Europas viele Weinstöcke und ist eine üble und verhasste Plage. Kaum hatte ich mich den Darstellungen dieses Insekts zugewandt, erkannte ich sogleich, dass es auf meinen Weinstock geschwärmt war und sich von dem außergewöhnlichen strengen Winter, der voraufgegangen war, nicht im Geringsten hatte dezimieren lassen.

Da ich seinerzeit mir überhaupt nicht bewusst war, dass dieses Insekt irgendeine Verbindung mit England haben könnte, neigte ich stark der Meinung zu, dass es mit den vielen Kisten und Paketen mit Pflanzen und Vögeln aus Gibraltar, welche ich einst von dort bekam, angekommen sei, insbesondere da der befallene Weinstock unmittelbar unter dem Fenster meines Studierzimmers wuchs, in welchem ich gewöhnlich meine Exemplare und Proben aufbewahrte. Es ist zwar wahr, dass ich schon einige Jahre nichts mehr von dort erhalten hatte, doch Insekten werden, wie wir wissen, auf sehr unerwartete Weisen vom einen ins andere Land befördert und haben eine wundersame Fähigkeit, ihre Existenz aufrechtzuerhalten, bis sie in einen *nidus* fallen, welcher ihnen für Ernährung und Vermehrung geeignet ist. So kann ich dennoch nicht umhin zu vermuten, dass diese *Cocci* ursprünglich aus Andalusien zu mir gefunden hatten. Indessen jedoch hält mich die Aufrichtigkeit an zuzugestehen, dass Mr. Lightfoot[217] mir hat Nachricht zukommen lassen, dass er einmal, ein einziges Mal, diese Insekten an einem Weinstock in Weymouth in der Grafschaft Dorset gesichtet habe; dieser Ort, dies sei hier zu bemerken, ist eine Hafenstadt am Meer, in welche der *Coccus* ohne Weiteres auf dem Wege eines Schiffstransports überführt worden sein mag.

Da viele meiner Leser möglicherweise noch nie von diesem seltsamen und ungewöhnlichen Insekt gehört mögen haben, will ich hier einen Abschnitt aus einer Naturgeschichte von Gibraltar abschreiben, verfasst vom Reverend John White, dem ehemaligen Pfarrer von Blackburn in Lancashire, jedoch noch nicht zur Veröffentlichung gebracht:

»Im Jahre 1770 erschien ein Weinstock, welcher an der Ostseite meines Hauses wuchs und seit Jahren die herrlichsten Erträge an Trauben geliefert hatte, an allen holzigen Zweigen wie überzogen mit großen Klumpen einer weißen, faserigen Substanz, welche Spinnweb oder mehr noch roher Baumwolle ähnelte. Diese war von klebrig feuchter Art, heftete sich fest an alles, was sie berührte, und ließ sich in lange Fäden spinnen. Anfänglich hatte ich die Vermutung, es handele sich um das Erzeugnis von Spinnen, doch konnte ich keine solchen entdecken. Nichts ließ sich in Zusammenhang damit auffinden als viele braune, ovale, hülsenartige Schalen, welche nicht im Geringsten aussahen wie Insekten, sondern eher Stücken trockener Rinde des Weinstocks glichen. Das Gewächs hatte eine üppige Menge an Früchten bereits im Ansatz vorhanden, als die Plage auftrat, und dieser üble Befall fügte der Frucht großen Schaden zu. Der Befall hielt sich den ganzen Sommer über, nahm stetig zu und lag schwer auf den holzigen und fruchttragenden Zweigen. Ich nahm oft ganze Händevoll ab, doch war die Masse so schleimig und klebrig, dass man sie mit keinem Mittel abwaschen konnte. Die Trauben reiften nicht zu ihrer natürlichen Vollendung heran, sondern wurden wässrig und schal. Als ich später die Werke von M. de Réaumur las, fand ich die Materie vollkommen beschrieben und erklärt. Diese hülsenartigen Schalen, welche ich beobachtet hatte, waren nichts anderes als die weiblichen *Cocci*, aus deren Seiten obgenannte baumwollige Substanz austritt und zur Bedeckung und Verwahrung ihrer Eier dient.«

Dieser Darstellung gehörte nun, wie mich dünkt, hinzugefügt, dass die weiblichen *Cocci* zwar ortsfest sind und sich ganz selten von der Stelle fortbewegen, an der sie kleben, die männlichen jedoch geflügelte Insekten sind; und dass der schwarze Staub, welchen ich sah, zweifellos die Ausscheidung der Weibchen ist, die Ameisen sowie Fliegen als Speise dient. Das äußerst strenge Wetter unseres Winters hatte diese Insekten zwar nicht vernichtet, die ein oder zwei Sommer währende Pflege und Achtsamkeit meines

Gärtners indessen hat meinen Weinstock von dieser widerwärtigen Plage vollends befreit.

Da wir zuvor bemerkt haben, wie Insekten oft auf ganz unberechenbare Weise vom einen Land in ein anderes geraten, will ich hier die Emigration kleiner *Aphiden* anführen, welche sich erst kürzlich, nämlich den 1. August 1785, im Dorf Selborne zugetragen hat.

Etwa um drei Uhr am Nachmittag dieses Tages, an dem es sehr heiß war, sahen sich die Bewohner des Dorfes von einem Regen aus *Aphiden*, oder Blattläusen, überrascht, welche in dieser Gegend hinabgefallen kamen. Wer zu diesem Zeitpunkt draußen auf der Straße ging, fand sich mit den Insekten bedeckt, welche sich auch auf den Hecken und Gärten niederließen und die Pflanzen, auf die sie trafen, mit einer schwarzen Schicht überzogen. Sie verfärbten meine Sommerpflanzen und die Stengel in einem Zwiebelbeet waren noch sechs Tage lang mit ihnen bedeckt. Diese Heere befanden sich damals zweifellos auf Wanderung und verlegten ihr Quartier; sie mögen, soweit wir wissen, von den großen Hopfenanpflanzungen in Kent oder Sussex gekommen sein, denn der Wind wehte jenen ganzen Tag lang aus östlicher Richtung. Zur gleichen Zeit sichtete man sie in großen Wolken in der Gegend von Farnham und das ganze Tal von Farnham nach Alton entlang.*

BRIEF LIV

Verehrter Herr,

Wann immer ich eine Familie besuche, bei der Gold- und Silberfische in einer Glasschale gehalten werden, bin ich erfreut, solches zu sehen, bietet es mir doch eine Gelegenheit, Verhaltensweisen und Neigungen jener Wesen zu beobachten, mit welchen wir uns in ihrem natürlichen Zustande kaum vertraut machen können. Vor nicht allzu langer Zeit verbrachte ich zwei Wochen im Haus eines Freundes, wo gerade ein solches Vivarium vorhanden war, und ich schenkte selbigem einige Aufmerksamkeit und nutzte jede Gelegenheit zu vermerken, was innerhalb seiner engen Grenzen vor sich ging. Dort beobachtete ich auch zum ersten Mal, wie Fische sterben. Kaum

---

* Was die verschiedenen Methoden der Ortswechsel bei Insekten angeht, siehe die *Physico-Theology* von Derham.

ist das Geschöpf erkrankt, sinkt sein Kopf immer tiefer, bis es gleichsam auf dem Kopfe steht und schließlich, immer schwächer werdend, seine ganze Spannkraft verliert, der Schwanz kippt hintenüber und zuletzt treibt der Fisch an der Wasseroberfläche, den Bauch zuoberst gekehrt. Der Grund, aus welchem tote Fische so schwimmen, liegt auf der Hand: Wenn der Körper nämlich nicht mehr von den Bauchflossen im Gleichgewicht gehalten wird, überwiegt der breite muskulöse Rücken durch seine eigene Schwerkraft und kehrt den Bauch so zuoberst, weil dieser als Hohlraum leichter ist und zudem die Schwimmblasen enthält, welche ihn federn machen. Manche, welche sich an Gold- und Silberfischen ergötzen, hängen der Ansicht an, selbige brauchten keine Nahrung. Es ist wohl wahr, dass sie lange Zeit existieren können, ohne sichtbares Futter zu sich zu nehmen, bis auf das, was sie häufig gewechseltem frischem Wasser entnehmen können; dennoch müssen sie eine gewisse Zehrung aus *Animalcula* und anderen im Wasser enthaltenen Nährstoffen beziehen; wiewohl sie nämlich allem Anschein nach nichts zu sich nehmen, treten die Folgen der Nahrungsaufnahme bei ihnen häufig auf. Dass ihnen solche Fastenspeise am besten zusagt, mag man rasch widerlegen, wirft man ihnen nämlich Brosamen ins Wasser, nehmen sie diese höchst bereitwillig, um nicht zu sagen gierig auf. Brot allerdings sollte sehr sparsam verabreicht werden, damit es nicht im Sauerwerden das Wasser verderbe. Sie ernähren sich außerdem auch von der Wasserpflanze *Lemna,* Entengrütze, und von ganz kleinen Fischen.

Wenn sie sich ein wenig bewegen wollen, schieben sie sich mittels ihrer *pinnae pectorales* sanft vorwärts, doch sind es nur die starken muskulösen Schwänze, mit welchen sie – ebenso wie alle Fische – in so unvorstellbarer Schnelligkeit voranschießen. Es heißt, die Augen von Fischen seien unbeweglich; diese jedoch rollen ihre Augen offenbar nach vorne und hinten, je nach Bedarf. Eine entzündete Kerze nehmen sie kaum wahr, auch wenn diese ihnen nah an den Kopf gehalten wird; bei einem plötzlichen Schlag gegen den Träger, an welchem die Glasschale aufgehängt ist, hingegen scheinen sie zusammenzuzucken und sich zu erschrecken, insbesondere wenn sie zuvor reglos trieben und vielleicht schliefen. Da Fische keine Augenlider haben, ist es nicht leicht festzustellen, wann sie schlafen oder nicht, denn ihre Augen sind immer offen.

Nichts kann vergnüglicher sein als eine Glasschale mit solchen Fischen; die doppelte Brechung von Glas und Wasser stellen sie, so sie sich bewegen, in einer veränderlichen und wandelnden Vielfalt der Dimensionen, Schattierungen und Farben dar; während die beiden Medien, unterstützt von der konkav-konvexen Form des Gefäßes sie ungeheuer verzerren und vergrößern; einmal ganz davon zu schweigen, dass diese Einführung eines anderen Elements und seiner Bewohner in unsere Salons die Fantasie aufs Angenehmste anregt.

Gold- und Silberfische stammen ursprünglich aus China und Japan, doch haben sie sich unserem Klima so angepasst, dass sie in unseren Teichen und Fischtümpeln[218] gut gedeihen und sich rasch vermehren. Linnaeus zählt diesen Fisch zur Familie des *Cyprinus,* Karpfens, und nennt ihn *Cyprinus auratus*.

Manche präsentieren diese Art Fische auf sehr einfallsreiche Weise, sie lassen nämlich eine Glasschale mit einem großen, nicht mit der Außenschale verbundenen Hohlraum darin blasen. In diesen Hohlraum setzen sie gelegentlich einen Vogel, sodass man einen Distelfink oder Bluthänfling sieht, welcher mitten im Wasser zu hüpfen scheint, umgeben von Fischen, welche ihn umkreisen. Die schlichte Darbietung der Fische ist angenehm und zuträglich; doch eine so komplizierte Präsentation wirkt grillenhaft und unnatürlich und lässt sich leicht mit ihr gebührenden Einwänden anfechten.

> Qui variare cupit rem prodigialiter unam.[219]

Ich verbleibe, etc.

BRIEF LV

den 10. Oktober 1781

Verehrter Herr,
Ich meine, schon früher bemerkt zu haben, dass der weitaus größte Teil der Rauchschwalben in der ersten Oktoberwoche von hier fortzieht; doch dass manche, die letztere Brut, wie ich nunmehr überzeugt bin, bis etwa um die Mitte jenes Monats hier verweilen und dass sich zuweilen, wohl einmal in

zwei oder drei Jahren, ein Schwarm für einen Tag noch einmal in der ersten Novemberwoche zeigt.

Da ich im Oktober 1780 wohl bemerkt hatte, dass der letzte Schwarm mit vielleicht einhundertundfünfzig Vögeln sehr zahlreich war und dass die Jahreszeit mild und ruhig war, nahm ich mir vor, jenen späten Vögeln besondere Aufmerksamkeit zu schenken; womöglich herauszufinden, wo sie rasteten, und den genauen Zeitpunkt ihres Fortzugs zu vermerken. Die Lebensweise dieser letzteren *Hirundines* kommt einer solchen Absicht sehr entgegen, denn sie verbringen den ganzen Tag in der wettergeschützten Gegend zwischen mir und dem Gehänge, segeln leicht und gelassen durch die Lüfte und tun sich gütlich an jenen Insekten, welche sich gern an einem von rauen Winden so geschützten Streifen aufhalten. Da es mein oberstes Ziel war, ihren Rastplatz ausfindig zu machen, war ich sorgsam bemüht, sie zu beobachten, bevor sie sich zur Rast zurückzogen, und war sehr erfreut festzustellen, dass sie mehrere Abende hintereinander just um viertel sechs des Nachmittags alle miteinander in großer Hast in Richtung Südosten davonschwirrten und pfeilschnell zwischen den niedrigen Gebüschen oberhalb der Katen am Ende des Hügels hinabschossen. Diese Stelle scheint in vielfacher Hinsicht als Winterwohnort für sie wohl bedacht: In vielen Teilen nämlich ist sie steil wie ein Hausdach und somit gegen andringendes Wasser gefeit; zudem ist sie bedeckt mit Buchenbüschen, welche, von Schafen abgefressen und benagt, den dichtesten Schutz bereiten, welchen man sich denken kann, und weiters sind sie so verwuchert, dass auch der kleinste Spaniel nicht hindurchgelangt; auch ist es in der Natur des buchenen Unterholzes, den ganzen Winter nicht das Laub abzuwerfen, sodass es, angesichts des Laubs auf dem Boden und an den Zweigen keinen geschützteren Ort geben kann. Ich beobachtete sie bis zum 13. und 14. Oktober und stellte so fest, dass der abendliche Fortzug pünktlich und immer gleich war; doch nach diesem Datum ließen sie sich nicht mehr regelmäßig blicken. Dann und wann war ein Nachzügler zu sehen und am Morgen des 22. Oktober beobachtete ich zwei über dem Dorfe, und damit waren meine Beobachtungen für diese Jahreszeit beendet.

Betrachtet man all diese Umstände gemeinsam, so ist es mehr als wahrscheinlich, dass dieser noch verweilende Schwarm zu einem so späten Zeitpunkt im Jahr gar nicht unsere Insel verließ. Hätten sie mir in jenem Herbst einen weiteren Besuch im November vergönnt, wie ich ihn so erwünschte, hätte ich vermutlich mit den rechten Helfern die Frage so entscheiden können, dass kein Zweifel mehr bliebe, da jedoch der 3. November ein lieblicher Tag war und in jeder Weise meinen Wünschen entsprach, ließ sich nicht eine einzige Rauchschwalbe blicken und ich war so widerstrebend genötigt, meine Erkundungen aufzugeben.

Ich habe mit Hinsicht auf die obgenannten Gebüsche nur noch eines hinzuzufügen, nämlich dass sich, wenn diese, welche einige Acre bedecken und nicht zu meinem Besitz gehören, durchkämmt und sorgsam untersucht würden, wahrscheinlich dort jene späten Bruten, ja womöglich gar die gesamten Verbände der Rauchschwalben dieser Gegend in einzelnen abgeschiedenen Schlafplätzen entdecken ließen und dass sie sich, weit davon entfernt, wärmere Klimata aufzusuchen, doch offenbar kaum je mehr als dreihundert Yard vom Dorfe fortbewegen möchten.

BRIEF LVI

Wer über die Naturgeschichte schreibt, kann sich nicht oft genug dem Instinkt zuwenden, jener wundersamen beschränkten Fähigkeit, welche in manchen Fällen die dumpfe Kreatur gleichsam über die Vernunft erhebt, und sie in anderen Fällen jedoch so weit unter diese sinken lässt. Philosophen haben den Instinkt als jenen geheimen Einfluss benannt, nach welchem jede Spezies gedrängt ist, natürlicherweise und immer ohne Unterweisung und Beispiel demselben Pfad oder derselben Spur zu folgen; wohingegen die Vernunft ohne Belehrung oft andere Wege gehen und dies auf vielerlei Weise tun würde, was der Instinkt auf eine allein bewirkt. Diese Maxime nun ist indes mit gewisser Einschränkung zu verstehen, gibt es doch Fälle, in welchen der Instinkt unterschiedlich agiert und sich den Umständen von Ort und Annehmlichkeit anpasst.

Es ist bereits bemerkt worden, dass jede Art Vogel eine ihr eigene Art des Nistens hat, sodass ein Schuljunge sich sogleich zu jedem Nest äußern kann, welches er vor sich sieht. Dies ist der Fall, wo es Felder und Wälder und Wildnis gibt, doch in den Dörfern rings um London, wo Moose und Altweiberfäden und Pflanzenwolle kaum zu finden sind, hat das Nest des Buchfinken nicht diese fein säuberlich geformte Gestalt, noch ist es so hübsch mit Flechten besteckt wie in einer ländlicheren Gegend, und der Zaunkönig kann nicht anders, als sein Haus mit Stroh und trockenen Gräsern zu bauen, welche nicht die Kompaktheit und Rundung verleihen, durch welche sich die Bauten dieses kleinen Architekten so bemerkenswürdig auszeichnen. Das gewöhnliche Nest der Rauchschwalbe wiederum ist halbkugelförmig, doch wo ein Balken, eine Strebe oder ein Gesims im Wege steht, wird das Nest so angelegt, dass es sich dem Hindernis anpasst, und so wird es flach oder oval oder breitgedrückt.

In den folgenden Fällen ist der Instinkt völlig gleichbleibend und gleichförmig. Drei Kreaturen, das Eichhörnchen, die Feldmaus und ein Vogel namens Kleiber (*Sitta europaea*) ernähren sich viel von Haselnüssen, und doch öffnet eine jede Spezies die Nuss auf eine andere Art und Weise. Das Eichhörnchen spaltet nach dem Abfeilen des unteren Endes die Schale mit seinen langen Vorderzähnen in zwei Teile, so wie ein Mensch es mit dem Messer macht; die Feldmaus nagt mit den Zähnen ein Loch hinein, das so gleichmäßig aussieht, wie mit dem Bohrer gemacht, und dabei jedoch so klein ist, dass man sich fragt, wie denn der Kern durch diese Öffnung herausgebracht werden kann; und der Kleiber schließlich hackt ein unregelmäßig gezacktes Loch in die Nuss, doch da dieser Künstler keine Pfoten hat, die Nuss zu halten, während er ihre Schale durchstößt, befestigt er sie wie ein geschickter Handwerker in einer Baumspalte wie im Schraubstock, um dann, darüber gebeugt, die hartnäckige Schale zu durchbohren. Wir haben häufig schon Nüsse in die Ritze eines Gatterpfostens gesteckt, wo nach unserem Wissen Kleiber wohnten, und stets fanden wir die Nüsse von den Vögeln bereitwillig durchbohrt. Bei der Arbeit machen sie ein schlagendes Geräusch, welches man aus beträchtlicher Entfernung hört.

Da Ihr doch sowohl die Theorie als auch die Praxis der Musik versteht, könnt Ihr uns am besten erklären, warum Harmonie oder Melodie manche Menschen so eigentümlich und in Erinnerung noch Tage nach einem Konzert berührt. Was ich meine, wird der folgende Abschnitt gewisslich erklären:

> Praehabebat porro vocibus humanis, instrumentisque harmonicis, musicam illam avium: non quod alia quopque non delectaretur; sed quod ex musica humana relinqueretur in animo continens quaedam, attentionemque et somnum conturbans agitatio: dum ascensus, exscensus, tenores, ac mutationes illae sonorum et consonantiarum, euntque, redeuntque per phantasiam: cum nihil tale relinqui possit ex modulationibus avium, quae, quod non sunt perinde a nobis imitabiles, non possunt perinde internam facultatem commovere. (Gassendus, *Vita Peireskii*[220])

Dieses sonderbare Zitat frappiert mich sehr, indem es meinen eigenen Fall so gut darstellt und beschreibt, was ich so oft schon empfunden, doch nie so gut habe ausdrücken können. Wenn ich herrliche Musik höre, verfolgen mich Passagen daraus Tag und Nacht und insbesondere beim ersten Erwachen; was mir in seiner Ungelegenheit mehr Unbehagen bereitet als Vergnügen; gepflegter Vortrag reizt meine Vorstellungskraft und kehrt mir zu bestimmten Zeiten immer in der Erinnerung wieder, selbst dann, wenn meine Gedanken sich lieber mit ernsteren Dingen beschäftigen möchten.

Ich verbleibe, etc.

BRIEF LVII

Ein seltener und, wie ich glaube, neuer kleiner Vogel kommt in meinen Garten und ich habe guten Grund, diesen für eine Klappergrasmücke[221] zu halten: Sie ist in einigen Teilen des Königreiches geläufig, und ich habe mehrere tote Exemplare von Gibraltar bekommen. Dieser Vogel hat große Ähnlichkeit mit der Dorngrasmücke, doch sind seine Brust und sein Bauch eher weiß oder vielmehr silbrig; er ist ruhelos und geschäftig wie der Fitis und hüpft von Zweig zu Zweig, wobei er jeden Teil auf Nahrung untersucht; er läuft auch an den Stengeln der Kaiserkronen hinauf und kostet die Flüssigkeit, welche im *Nektarium* einer jeden Blüte steht. Manchmal sucht er seine Nahrung am Boden wie die Heckenbraunelle, indem er auf Rasenflächen und gemähten Pfaden umherhüpft.

Einer meiner Nachbarn, ein gescheiter und genau beobachtender Mann, berichtet mir, dass er Anfang Mai etwa um zehn vor acht des Abends eine große Gruppe Rauchschwalben, mindestens dreißig an der Zahl, wie er annimmt, entdeckt hat, welche auf einem Weidenbaum, der sich über den Rand von James Knights oberem Teich wölbt, auf der Warte saßen. Seine Aufmerksamkeit hatte zuerst das Zwitschern dieser Vögel erregt, die bewegungslos alle nebeneinander auf dem Zweig saßen, die Köpfe sämtlich in eine Richtung gewandt, und durch ihr Gewicht drückten sie den Zweig so weit nach unten, dass dieser beinah das Wasser berührte. In dieser Stellung beobachtete er sie, bis er nichts mehr sehen konnte. Wiederkehrende Berichte dieser Art im Frühling wie im Herbst nähren in uns doch den starken Verdacht, dass Rauchschwalben eine ganz unabhängig von ihrer Nahrung starke Bindung ans Wasser haben; und auch wenn sie sich nicht in dieses Element zurückziehen mögen, so mag es doch wohl so sein, dass sie sich während der unbehaglichen Wintermonate in den Uferböschungen von Teichen und Flüssen verbergen.

Einer der Heger vom Wolmer-Forst ließ mir einen Wanderfalken zukommen, welchen er am Rande des besagten Bezirks geschossen hatte, während dieser dabei war, eine Hohltaube zu verschlingen. Der *Falco peregrinus* ist eine edle Habichtsart, welche wir in den südlichen Grafschaften selten zu Gesicht bekommen. Im Winter 1767[222] wurde einer in der Nachbarspfarre Faringdon geschossen, welchen ich Mr. Pennant nach Nord Wales schickte.* Seit jener Zeit hatte ich nicht noch einmal einen solchen gesehen. Das obgenannte Exemplar war in gutem Zustand und von dem Schuss nicht versehrt: Es maß zweiundvierzig Zoll in der Flügelspanne und einundzwanzig vom Schnabel bis zum Schwanz und es wog zweieinhalb Pfund. Diese Art ist sehr kräftig und zum Beuteraub wunderbar gebaut: Die Brust war voll und muskulös, die Schenkel lang, dick und stark, die Beine bemerkenswert kurz und gut proportioniert: Die Füße waren mit höchst beeindruckenden, scharfen, langen Krallen versehen, die Augenlider und die Wachshaut des Schnabels waren gelb, doch die Iriden der Augen bräunlich; der Schnabel war dick und gebogen und von dunkler Farbe, er besaß einen gezackten Fortsatz auf beiden Seiten zum Ende der Oberkiefer hin. Der Schwanz war im Verhältnis zur Masse des Körpers kurz, die geschlossenen Flügel jedoch reichten nicht

---

* Siehe meinen zehnten und elften Brief an obgenannten Herrn.

bis ans Ende der Schwanzfedern. Den großen und schönen Proportionen des Vogels nach zu urteilen, mochte es sich um ein Weibchen handeln, doch man gestattete mir nicht, das Exemplar aufzuschneiden. Für einen Raubvogel, welche gemeiniglich schlank sind, war dieser füllig: In seinem Kropf befanden sich etliche Gerstenkörner, welche wahrscheinlich aus dem Kropf der Hohltaube stammten, welche zu fressen der Falke im Begriff gewesen war, als er geschossen wurde. Raubvögel nämlich fressen keine Körner, doch beim Fressen ihrer erlegten Beute verschlingen sie mit wahlloser Vehemenz Knochen und Federn und alles Weitere ohne Unterschied. Diesen Falken hatten wahrscheinlich das harsche Wetter und der jüngst gefallene tiefe Schnee von den Bergen Schottlands oder Wales' vertrieben, wo sie bekanntlich brüten.

Ich verbleibe, etc.

BRIEF LVIII

Mein nächster Nachbar, ein junger Herr in Diensten der East India Company, hat einen Rüden und eine Hündin der chinesischen Kanton-Rasse, welche im Land gemeiniglich zum Schlachten und Verspeisen gemästet werden, mit nach Hause gebracht. Sie haben die Größe eines mittleren Spaniels, sind von blassgelber Farbe mit rauem, borstigem Fell auf dem Rücken, spitzen, aufrechten Ohren und spitzigen Köpfen, welche ihnen etwas sehr Fuchshaftes verleihen. Ihre Hinterbeine sind ganz ungewöhnlich gerade, ohne eine Beuge am Schenkel oder Sprunggelenk, so dass sie eine ganz unbeholfene Haltung haben, wenn sie trotten. Beim Laufen halten sie den Schwanz hoch über den Rücken gebogen, wie man es auch bei manchen Jagdhunden sieht, und auf halber Höhe vom Schwanzende aus haben sie eine kahle Stelle, welche offenbar nicht zufällig dort ist, sondern eine Eigenheit darstellt. Ihre Augen sind glänzend schwarz, klein und durchdringend, die Innenseite ihrer Lippen und des Mauls sind von derselben Farbe, und die Zunge ist blau. Die Hündin hat eine Afterkralle an jedem Hinterbein, der Rüde hat keine. Beim Auslauf im offenen Gelände zeigte die Hündin eine gewisse Anlage zur Jagd und blieb an der Fährte einer Gruppe Rebhühner, bis sie sie aufstöberte, dabei gab sie unentwegt Laut. Die Hunde in Südamerika sind stumm, doch diese bellen viel mit kurzen, heiseren Stößen wie Füchse und zeigen eine mürrische, wilde Verhaltensweise wie ihre Vorfahren, welche nicht domestiziert sind, sondern in Ställen gezüchtet wurden, wo sie mit Reis und anderer mehliger Nahrung für die Tafel gemästet werden. Diese Hunde wurden, als sie kaum den Zitzen entwöhnt waren, aufs Schiff gebracht und konnten so nicht viel von ihrer Mutter lernen, doch fanden sie keinen Gefallen an rohem Fleisch, als sie nach England kamen. Auf den Inseln des Pazifischen Ozeans wurden die Hunde mit Gemüse ernährt und nahmen kein Fleisch als Nahrung an, als unsere Weltumsegler es ihnen boten.

Wir glauben, dass alle Hunde im natürlichen Zustand spitze, aufrechte fuchsartige Ohren haben und dass Schlappohren, welche als so anmutig gepriesen werden, das Ergebnis ausgewählter Züchtung und langer Kultivierung sind. In den Reisen von Ysbradt Ides vom Moskowiterreich nach China werden die Hunde, welche die Tartaren nahe dem Fluss Oby auf Schlitten ziehen, mit Spitzohren dargestellt, so wie jene aus Kanton. Die Kamtschatker richten dieselbe Art spitzohriger und spitzmäuliger Hunde zum Ziehen ihrer Schlitten ab, wie man in einem feinen Druck sehen kann, welcher für Captain Cooks letzte Reise um die Welt gestochen wurde.

Da wir nun beim Thema Hunde sind, mag es nicht abwegig sein hinzuzufügen, dass Spaniel, wie alle Jäger wissen, zwar Fasane und Rebvögel wie dem Instinkt nach und mit viel Wonne und Behändigkeit jagen, doch kaum deren Knochen anrühren, wenn sie ihnen als Nahrung geboten werden; das Gleiche gilt für meinen Mischlingshund, wiewohl er dergleichen Wild mit bemerkenswürdigem Geschick aufstöbert. Wie wir jedoch den beiden chinesischen Hunden die Knochen der Fasanen boten, verschlangen sie diese mit großer Gier und leckten den Teller sauber.

Kein Jagdhund wird Waldschnepfen aufscheuchen, bevor er nicht gegen die Fährte gefeit und für die Jagd eingeübt ist, welche er dann mit großem Eifer und viel Hingabe ausübt, doch er wird keine Knochen des Wilds anrühren, ja sich sogar angewidert abwenden, selbst wenn er hungrig ist.

Dass nun Hunde, welche nicht zur Jagd veranlagt sind, die Knochen derartiger Vögel verschmähen, sollte nicht wundernehmen; warum indes Hunde ihre natürliche Beute verschmähen und nicht fressen mögen, ist nicht so leicht erklärt, denn der ganze Zweck des Jagens ist doch wohl der, dass das verfolgte Wild gefressen werde. Auch die strengen fettigen Wasservögel werden Hunde nicht fressen noch die Knochen gleich welcher Wildvögel; auch rühren sie die übelriechenden Kadaver von gedärm- und aasfressenden Vögeln nicht an; und in der Tat mag in jener Abneigung ein gewisser Instinkt der Vorsehung am Werke sein, waren doch Geier* und Weihen und Raben und Krähen und dergleichen als Fressgenossen der Hunde** am Kadaver gedacht und scheinen so von der Natur zu geselligen Aasfressern bestimmt worden zu sein, um alles anstößige Aas vom Gesicht der Erde zu tilgen.

Ich verbleibe, etc.

BRIEF LIX

Das in den Sümpfen vom Wolmer-Forst begrabene fossile Holz ist noch nicht ganz aufgebraucht, denn dann und wann stoßen die Torfstecher auf einen Stamm. Ich habe gerade ein Stück gesehen, das ein Arbeiter vom Gehänge an einen Zimmermann in diesem Dorfe gesandt hat; dies war das untere Ende einer kleinen Eiche, rund fünf Fuß lang und fünf Zoll im Durchmesser. Der Stamm war offensichtlich mit einer Axt von der Wurzel getrennt worden, er wog sehr schwer und war schwarz wie Ebenholz. Auf meine Frage, zu welchem Zwecke der Zimmermann es sich hatte bringen lassen, antwortete dieser, es sei für seinen Bruder bestimmt, der Tischler in Farnham sei und es für einen Schrank benutzen wolle, für Intarsien im Verband mit hellerem Holz.

Wer in Frühling und Sommer am Abend nach Einbruch der Dunkelheit oft draußen ist, wird häufig einen Nachtvogel im Fluge hören, welcher einen kurzen Ton schnell und vielfach wiederholt. Diesen Vogel habe ich selbst bemerkt, doch konnte ihn erst kürzlich bestimmen. Ich bin nun überzeugt, dass es der Triel ist, *Charadrius oedicnemus*. Einige solche Vögel fliegen fast jeden Abend nach Einbruch der Dunkelheit über mein Haus; von den Höhen der Hügel und Northfield hinab in Richtung Dorton; dort finden sie an den

---

* Hasselquist bemerkt auf seinen *Reisen im Levantinischen*, dass die Hunde und Geier im großen Kairo so freundschaftlichen Umgang miteinander pflegen, dass sie ihre Jungen am selben Ort großziehen.

** Das chinesische Wort für Hund klingt dem europäischen Ohr wie »quihloh«.

Bächen und auf den Wiesen Nahrung in größerer Menge. Vögel, die in der Nacht fliegen, müssen laut hörbar sein, ihre oft wiederholten Laute werden zu Signalen oder Warnungen, damit sie im Verbund bleiben, sich im Dunkel nicht verirren oder einander verlieren.

Die abendlichen Manöver und Unternehmungen der Saatkrähen im Herbst sind unterhaltsam und merkwürdig. Kurz vor der Dämmerung kehren sie in langen Ketten von der Futtersuche des Tages zurück und finden sich zu Tausenden über dem Selborne-down zusammen, wo sie in der Luft Räder schlagen und im Spiel Stoß- und Sturzflüge veranstalten, dabei üben sie unentwegt ihre Stimmen und stoßen ein lautes Krächzen aus, welches, durch die Entfernung von den Vögeln, in welcher wir uns unten im Dorf befinden, gemildert und verschwommen und so ein undeutlicher, mahnender Laut wird, eher ein angenehmes Murmeln, sehr anregend für die Fantasie und dem Laut einer Hundemeute in einem Hohlweg, einem Widerhall im Wald, dem Rauschen des Windes in hohen Bäumen oder dem Auftreffen der Meereswogen auf einem Kieselstrand nicht unähnlich. Wenn diese Zeremonie vorüber ist, ziehen sie sich mit dem allerletzten Schimmer des Tages in die tiefen Buchenwälder von Tisted und Ropley zurück. Wir erinnern uns an ein kleines Mädchen, welches beim Zubettgehen bei einer solchen Gelegenheit im wahren Geist der Physikotheologie erklärte, nun sprächen die Saatkrähen ihr Gebet; und doch war dieses Kind viel zu jung, um zu wissen, dass die Bibel von Gott sagte, dass er »die Raben ernährt, welche zu ihm rufen«.

Ich verbleibe, etc.

BRIEF LX

Bei der Lektüre von Dr. Huxhams[223] *Observationes de Aere*, welche in Plymouth verfasst wurden, entnehme ich aus seinen sonderlichen und treffenden Beobachtungen, welche auch einen Bericht über das Wetter der Jahre 1727 bis 1748 einschließlich enthalten, dass es in jenem Teil von Devonshire oft Regen gibt, die Menge des Niederschlags jedoch nie groß ist, und dass sie in manchen Jahren gar sehr gering war. Im Jahre 1731 maß man nur 17,266

Zoll und im Jahre 1741 20,354 Zoll, dann 1743 wieder nur 20,908 Zoll. Orte in Nähe des Meeres haben viel Wolkenaufkommen, welches die Luft feucht hält, jedoch nicht weit ins Land hineinreicht. So wirken die Küstenlagen nass, ohne dass ansehnlicher Regen fällt. In den nässesten Jahren maß der Doktor in Plymouth einmal nur 36 Zoll und dann wieder einmal, nämlich 1734, 37,114 Zoll: eine Regenmenge, welche in Selborne bereits zweimal in der kurzen Zeit seit Beginn meiner Aufzeichnungen übertroffen wurde. Dr. Huxham bemerkt, dass häufiger, schwacher Regen die Luft feucht hält, während stärkere Regenfälle die Luft trockener machen, weil sie die Dämpfe zu Boden drücken. Er ist auch der Ansicht, dass das trübe, rauchige Aussehen des Himmels in sehr trockenen Jahreszeiten daran liegt, dass es an genügender Feuchtigkeit mangelt, um das Licht hindurchscheinen zu lassen und die Atmosphäre durchsichtig zu machen; er hatte nämlich mehrere Körper beobachtet, welche bei Nässe durchsichtiger schienen als im trockenen Zustand, und er konnte sich nicht erinnern, die Luft in Regenzeiten jemals so gesehen zu haben.

Mein Freund[224], welcher gleich hinter dem Kamm des Hügels lebt, brachte seine drei Drehbassen[225] herüber, um sie in meinem Garten auszuprobieren; er richtete die Läufe gegen das Gehänge in der Annahme, der Hall der Schüsse würde große Wirkung tun, doch erfüllte das Experiment nicht seine Erwartungen. Dann brachte er sie in die Laube am Gehänge, von wo der Hall, der an Lythe und Combwood entlang getragen wurde, sehr groß war; doch an der Einsiedelei erst gab es Echo und Nachhall, an welchem sich die Hörer recht ergötzten, nicht nur erfüllte der Klang den Lythe mit einem Dröhnen, als würden sämtliche Buchen bei den Wurzeln herausgerissen, er durchdrang auch nach links schwenkend das Tal über den Combwood-Teichen und schien nach kurzer Pause das Krachen noch einmal aufzunehmen und sich um die Waldhänge von Harteley zu legen, um zuletzt zwischen den Gehölzen und Gebüschen von Ward le ham zu ersterben. Es wurde schon an früherer Stelle erwähnt, dass diese Gegend ein Anathoth ist, ein Ort des Widerhalls und Nachhalls und somit für solche Experimente gut geeignet, zudem können wir noch darauf hinweisen, dass die Pausen beim Echo, wenn der Ton ausklingt und dann doch wiederkehrt, so wie die Pausen in der Musik den Zuhörer überraschen und eine schöne Wirkung auf die Fantasie tun.

Obgenannter Herr hat in seinem Salon in Newton Valence jüngst einen Barometer angebracht. Zuerst wurde die Röhre hier in Selborne sorgfältig aufgefüllt, als das Quecksilber mit meinem übereinstimmte und genauso stand wie dieses; doch nach weiterem zweimaligem Auffüllen in Newton stand das Quecksilber wegen der ausgesprochenen Höhenlage des Hauses drei Zehntel Zoll tiefer als die Barometer in diesem unserm Dorf und steht auch weiterhin so, ganz gleich wie das Gewicht der Atmosphäre auch sei. Die Anzeige des Barometers in Newton geht bis 27 hinunter, bei stürmischem Wetter sinkt das Quecksilber dort nämlich gelegentlich unter 28. Wir haben die Annahme gemacht, dass Newton House zweihundert Fuß höher steht als dieses Haus hier, doch wenn die Regel zutrifft, dass das Quecksilber in einem Barometer für jede hundert Fuß Höhe um ein Zehntel Zoll sinkt, beweist dies, dass bei einem Barometerstand von drei Zehntel unterhalb dem von Selborne Newton House dreihundert Fuß höher liegen muss als jenes, in welchem ich schreibe, und nicht bloß zweihundert.

Es mag nicht unangebracht sein, hier hinzuzusetzen, dass die Barometer in Selborne drei Zehntel Zoll tiefer stehen als die Barometer in South Lambeth; daraus können wir schließen, dass ersterer Ort rund dreihundert Fuß höhergelegen ist als letzterer, und dies aus gutem Grund, denn die Bäche, welche bei uns entspringen, fließen bei Weybridge in die Themse und somit nach London. Deshalb ist es nur natürlich, dass der Boden sich den ganzen Weg von Selborne bis South Lambeth über senkt; die Entfernung zwischen beiden Orten kann, alle Windungen und Einbuchtungen der Bäche eingedenk, nicht weniger als hundert Meilen betragen.

Ich verbleibe, etc.

BRIEF LXI

Da das Wetter einer Gegend zweifelsohne Teil seiner Naturgeschichte ist, werde ich nicht weiter um Nachsicht für die vier folgenden Briefe bitten, welche viele Einzelheiten hinsichtlich der großen Frostzeiten enthalten und einige auch mit Hinsicht auf die Sommer, welche sich im Zeitraum meiner Beobachtungen durch ihre Hitze vor den übrigen auszeichneten. Der Frost im Januar 1768 war, so kurze Zeit er auch währte, der strengste, welchen wir bis dato seit vielen Jahren gekannt, und er richtete besonders viel Schaden an den immergrünen Pflanzen an; so mag ein Bericht über seine Strenge und die Gründe für die angerichteten Versehrungen von Nutzen und nicht unangemessen für jene sein, welche sich am Pflanzen und Anlegen von Ziergärten erfreuen, und insbesondere mag ein solcher Bericht ein Werk werden, welches sich dazu bekennt, die Nützlichkeit nie aus dem Blick zu verlieren.

Die letzten zwei oder drei Tage des vergangenen Jahres über fiel eine beträchtliche Menge Schnee, welcher ganz ohne Verwehungen tief und gleichmäßig über den Boden gebreitet lag und die niedere Vegetation in vollkommenen Schutz hüllte. Vom ersten bis zum fünften Tag des neuen Jahres fiel noch mehr Schnee, doch vom letzten Tag an wurde die Luft gänzlich klar und die Sonnenwärme um die Mittagszeit hatte in geschützten Lagen einen beträchtlichen Einfluss.

In einer solchen Lage ereignete es sich, dass der Schnee auf des Verfassers Immergrün jeden Tag schmolz und jede Nacht darauf wieder hart fror, sodass Lorbeer und *Viburnum* und *Arbutus*[226] nach drei oder vier Tagen einen Eindruck machten, als wären sie vom Feuer verbrannt, während eines Nachbars Anpflanzung derselben Art in einer hohen kalten Lage, wo der Schnee überhaupt nicht schmolz, ganz unversehrt geblieben ist.

Daraus möchte ich schließen, dass es das wiederholte Schmelzen und Gefrieren ist, welches der Vegetation so viel Schaden zufügt, und nicht die Strenge der Kälte selbst. Daher steht es jedem Pflanzengärtner, welcher der grausamen Schmach entgehen möchte, innerhalb weniger Tage die Mühen und Hoffnungen von Jahren zu verlieren, wohl an, sich für solche Notfälle vorzubereiten und, so seine Anpflanzungen klein sind, sich für kurze Zeit mit Matten, Tüchern, Erbsenstroh, Stroh, Binsen oder dergleichen anderen Abdeckmitteln zu versehen oder im Falle ausgedehnter Gebüsche dafür zu sorgen, dass seine Leute mit Stech- und Mistgabeln umhergehen und sorgsam den Schnee von den Zweigen streifen, denn das Laub weiß sich bloß viel besser zu schützen, als wenn der Schnee teilweise schmilzt und dann wieder gefriert.

Es mag sich vielleicht anfangs paradox anhören, doch zweifellos sollten die zarteren Bäume und Sträucher nie in heißen Lagen gepflanzt werden;

und dies nicht nur aus den obgenannten Gründen, sondern auch weil sie in einer solchen Platzierung dazu neigen, früher im Frühling zu sprießen und im Herbst noch bis in spätere Tage zu wachsen, als sie es normalerweise tun würden, und so nachzüglerischen oder frühzeitigen Frösten zum Opfer fallen würden. Aus diesem Grunde auch werden Pflanzen aus Sibirien unser Klima schwerlich ertragen, sprießen sie doch mit Macht bei den allerersten Anzeichen von Frühling und werden dann von den harten Frösten im März und April gefällt.

Dr. Fothergill[227] und andere haben dieselbe Misslichkeit mit Hinsicht auf die zarteren Gebüsche aus Nordamerika erfahren, weshalb sie diese an nordwärtigen Mauern pflanzen. Es sollte also vielleicht auch eine ostwärtige Mauer geben, welche sie vor den durchbohrenden Windstößen aus jener Richtung bewahrt.

Diese Beobachtung lässt sich ohne jede Unziemlichkeit auf das Tierreich übertragen, denn kundige Bienenmeister stellen auch fest, dass ihre Stöcke im Winter nicht der direkten heißen Sonne ausgesetzt sein dürfen, eine so unjahreszeitgemäße Wärme nämlich weckt die Bewohner zu früh aus ihrem Schlummer, und da sie ihre Säfte dann zu früh kreisen lassen, finden sie sich hinterher Unbilden ausgesetzt, wenn harsches Wetter zurückkehrt.

Weitere Umstände, welche sich gleichzeitig mit diesem kurzen, doch intensiven Frost zusammen zutrugen, war eine Erkrankung der Pferde an einer epidemischen Verstimmung, welche die Gedärme einiger Tiere arg in Mitleidenschaft zog und manche auch umbrachte; die menschliche Spezies indessen litt ganz allgemein an Erkältungen und Husten und mehrere Nächte hintereinander bildete sich unter den Betten der Leute Eis; Fleisch war so hart gefroren, dass es sich nicht mehr auf den Spieß stecken ließ und nur noch in Kellern gelagert werde konnte; etliche Rotdrosseln und Singdrosseln erfroren; die Kohlmeise zog unentwegt aufs Geschickteste Strohhalme der Länge nach aus den Dächern der Häuser und Scheunen, um sie für einen bereits erklärten Zweck zu verwenden.*

Am 3. Januar fiel Benjamin Martins Innenthermometer in einem geschlossenen Salon ohne Kaminfeuer in der Nacht auf 20, am 4. auf 18 und am 7. auf 17½ Grad, eine Kälte, welche der Besitzer an dieser Stelle seither

---

* Siehe Brief XLI an Mr. Pennant.

nie wieder erlebt hat, und er bedauerte sehr, zu diesem Zeitpunkt nicht in der Lage gewesen zu sein, sein Instrument im Freien zur Anwendung zu bringen. Diesen ganzen Zeitraum über wehte der Wind aus Nord und Nordost und dennoch begannen am 8. die Hähne, welche bislang geschwiegen hatten, zu krähen und die Saatkrähen hoben an mit ihrem Lärmen, was eine Ankündigung milderen Wetters war; und zugleich machten sich die Maulwürfe daran, Erdhügel aufzuwerfen und ein starkes Tauwetter machte sich bemerkbar. Aus letzterem Umstand können wir schließen, dass Tauwetter oft unterirdisch aus warmen Dämpfen entsteht, welche aufsteigen; wie sonst sollten unterirdisch lebende Tiere so frühe Anzeichen dafür haben, dass ein Tauen bevorsteht? Zudem haben wir oft beobachtet, dass Kälte von oben herabsinkt, denn wenn ein Thermometer in einer Frostnacht draußen hängt, bewirkt das bloße Vorüberziehen einer Wolke einen Anstieg des Quecksilbers um zehn Grad, während ein klarer Himmel es wieder dazu bringt, auf den vorherigen Stand zu fallen.

Und hier mag es nun angebracht sein, zum Obgenannten noch weiters zu bemerken, dass Fröste zwar in einer Art regelmäßiger Steigerung ihre äußerste Strenge erreichen, Tauwetter sich hingegen nicht über einen entsprechend regelmäßigen Abbau von Kälte entwickeln, sondern oft unmittelbar im Anschluss an den intensivsten Frost stattfinden; so wie Menschen in der Krankheit oft schlagartig und wie in einem Anfall genesen.

Zum Lobe portugiesischen Kirschlorbeers und amerikanischen Wacholders sei erwähnt, dass diese in der allgemeinen Verheerung unangetastet blieben, und so sollten also die Menschen lernen, ihren Gartenschmuck mit solchen Gewächsen zu gestalten, welche gelegentlichen strengen Wettern standhalten können, und sie sollten sich nicht dem Verdruss eines Verlustes aussetzen, welcher ihnen einmal in zehn Jahren zustoßen mag, in ihrem ganzen weiteren Leben jedoch vielleicht nie mehr wettzumachen sein wird.

Wie sich nach dem Frost zeigte, waren die *Ilex* sehr angegriffen, die Zypressen waren halb zerstört, die *Arbuten* hielten sich noch so gerade, erholten sich aber nie, während das *Viburnum* bis auf den Boden zerstört war, die sehr wilden Stechpalmen indessen waren an sonnigen Stellen so angegriffen, dass sie alle ihre Blätter ließen.

Bis zum 14. Januar war der Schnee ganz verschwunden; die Rüben keimten und zeigten sich gar nicht angegriffen, außer an sonnigen Stellen, der

Weizen keimte zart, und die Gartenpflanzen hatten alles gut überstanden; Schnee nämlich ist der freundlichste Mantel, in den junge Vegetation gehüllt sein kann, und gäbe es diesen freundlichen fallenden Meteor nicht, so könnte in den nördlichen Regionen überhaupt kein Gemüse existieren. In Schweden nämlich ist die Erde im April, kaum zwei Wochen, nachdem der Schnee verschwunden ist, mit Blumen übersät.

BRIEF LXII

In Begleitung des bemerkenswürdigen Frosts im Januar 1776 gab es einige Umstände, welche so einzigartig und auffallend waren, dass eine kurze Beschreibung angebracht sein mag.

Um der Genauigkeit möglichst gewiss zu sein, werde ich die Abschnitte aus meinem Tagebuch kopieren, wo ich von Mal zu Mal die Begebenheiten verzeichnet habe. Doch zuvor sei zur Vollständigkeit bemerkt, dass die erste Woche im Januar ungewöhnlich nass gewesen war, mit heftigen Regenfällen aus allen Windrichtungen: Dies mag zu dem Schluss führen, welchen anzunehmen man guten Grund hat, dass starke Fröste selten vorkommen, bevor die Erde gänzlich mit Wasser gesättigt und ausgekühlt sei,* was also heißt, dass auf einen trockenen Herbst selten ein strenger Winter folge.

7. Januar: Schneetreiben den ganzen Tag, gefolgt von Frost, Graupel und weiterem Schnee, bis zum 12., an welchem eine ungeheure Masse Schnee alle Menschenarbeit überkam, die Gatter unter sich begrub und die Hohlwege anfüllte.

Am 14. des Monats hatte der Verfasser dringende Geschäfte außerhalb des Hauses und meint, sich nicht erinnern zu können, jemals so raues sibirisches Wetter erfahren zu haben. Viele der schmalen Straßen waren mit Schnee bis über die Hecken hinauf bedeckt, wodurch der Schnee zu solch romantischen und grotesken Formen verweht worden war, welche die Vorstellungskraft derart in Bann schlugen, dass sie nicht anders als Staunen und

---

* Der dem Januar 1768 voraufgegangene Herbst war sehr nass, insbesondere der Monat September, in welchem in Lyndon, Grafschaft Rutland, sechseinhalb Zoll Regen fiel. Und der schreckliche lange Frost 1739/40 setzte auch nach einer Regenperiode ein, als das Bodenwasser sehr hoch stand.

Vergnügen wecken konnten. Das Geflügel wagte sich nicht aus seinem Rastplatz, sind doch Hühner und Hähne so vom Gleißen des Schnees verwirrt, dass sie ohne Hilfe bald verenden würden. Auch die Hasen lagen verdrossen in ihren Bauten und regten sich nur, wenn der Hunger sie dazu trieb, die armen Tiere sind sich ja bewusst, dass die Wehen und Verwerfungen ihre Fußstapfen verräterisch bloßlegen und vielen von ihnen zum Verhängnis werden.

Vom 14. an fiel noch mehr Schnee und brachte die Straßenkutschen und Wägen zum Stillstand, denn diese konnten ihre regelmäßigen Strecken nicht mehr befahren, und zwar insbesondere auf den Straßen im Westen, wo der Schneefall dem Vernehmen nach noch tiefer war als im Süden. Die Partie aus Bath, welche dem Geburtstag der Königin beiwohnen wollte, fand sich in eine außergewöhnliche Bedrängnis gebracht: Etliche Kutschen mit Personen, welche auf ihrem Weg von Bath in die Stadt nach vielen Behinderungen bis Marlborough gelangt waren, sahen sich dort mit einem *ne plus ultra* konfrontiert. Die Damen gerieten in helle Aufregung und boten Arbeitern hohen Lohn, wenn diese ihnen einen Weg nach London freischaufeln würden, doch die unnachsichtigen Schneemengen waren zu schwer und massig, um sich entfernen zu lassen, und so verging der 18., welchen die Gesellschaft in sehr misslichen Umständen im Castle und anderen Gasthäusern zubrachte.

Den 20. schien die Sonne zum ersten Mal seit Beginn des Frostes; ein Umstand, welcher zuvor als sehr günstig für die Vegetation beschrieben wurde. Diese ganze Zeit über war die Kälte nicht allzu streng, das Thermometer stand bei 29, 28, 25 und dergleichen, am 21. jedoch sank es auf 20 Grad. Die hungernden Vögel gerieten nun in eine höchst bejammernswerte Verfassung. Vom Wetter zur Zahmheit gezwungen, ließen sich Feldlerchen in Stadtstraßen nieder, weil sie dort den bloßen Boden erspähten, Saatkrähen besiedelten Misthaufen in der Nähe von Häusern, und Krähen hatten vorüberziehende Pferde im Blick, um sich gierig auf das zu stürzen, was sie fallen ließen; Hasen kamen nun in die Gärten der Menschen und scharrten den Schnee beiseite, um alle Pflanzen, die sie finden konnten, zu verschlingen.

Am 22. hatte der Verfasser Gelegenheit, durch eine gleichsam lappländische Landschaft nach London zu reisen, fürwahr sehr wild und bizarr. Die Metropole indessen bot einen noch einzigartigeren Anblick als das Land:

Die Straßen waren so tief in Schnee gebettet, dass die Räder und die Hufe der Pferde nicht auf das Pflaster trafen, und so liefen die Kutschen ohne den geringsten Laut dahin. Eine solche Ausgenommenheit von allem Lärmen und Rattern war seltsam und nicht angenehm, vermittelte sie doch eine beklemmende Vorstellung von Verlassenheit:

> ... ipsa silentia terrent.[228]

Den 27. fiel den ganzen Tag lang Schnee und am Abend wurde der Frost sehr scharf. In South Lambeth fiel das Thermometer in den folgenden vier Nächten auf 11, 7, 6, 6 Grad und in Selborne auf 7, 6, 10 Grad, den 31. Januar, unmittelbar bevor Sonnenaufgang, fiel das Quecksilber bei Raureif an den Bäumen und auf der Glasröhre des Thermometers auf exakt Null, also 32 Grad unter dem Gefrierpunkt, doch um elf Uhr am Morgen sprang es, wiewohl im Schatten, auf 16 ½ Grad,* also eine höchst ungewöhnliche Kälte für Südengland! Im Laufe dieser vier Nächte war die Kälte so durchdringend, dass sich selbst in warmen Räumen und unter Betten Eis bildete; und im Verlaufe des Tages war der Wind so scharf, dass auch Menschen mit sehr robuster Veranlagung es kaum ertragen konnten. Die Themse war stromauf und stromab so fest gefroren, dass die Menschen auf dem Eise umherliefen. Die Straßen waren inzwischen nun eigentümlich mit Schnee befrachtet, welcher in Brocken zerfallen und schmutzig zertrampelt war und, so grau geworden, wie ungereinigtes Meersalz aussah. Der Schnee war so trocken auf die Dächer gefallen, dass er, den ganzen Zeitraum gerechnet, sechsundzwanzig Tage auf den Häusern in der City liegen blieb, länger als auch die ältesten lebenden Hausbesitzer sich je erinnern konnten. Allen Anzeichen nach hätten wir nun die Fortdauer dieses strengen Wetters über Wochen erwarten können, da der Frost jede Nacht zunahm, jedoch, siehe da – den 1. Februar stellte sich ein Tauwetter ein, und etwas Regen erfolgte noch vor Abend, was die obgenannte Beobachtung belegte, dass ein Frost häufig ganz plötzlich zu Ende geht und ohne die schrittweise Abnahme der

---

* In Selborne war die Kälte größer als an jedem anderen Ort, von welchem der Verfasser dies mit Gewissheit in Erfahrung bringen konnte, wenngleich seinerzeit manche berichteten, in einem Dorf in Kent sei das Thermometer auf zwei Grad minus gefallen, also 34 Grad unter dem Gefrierpunkt.
Das in Selborne verwendete Thermometer wurde von Benjamin Martin graduiert.

Kälte. Den 2. Februar hielt sich das Tauwetter, und am 3. kreisten und jagten Schwärme kleiner Insekten im Hof in South Lambeth, als hätte ihnen der Frost gar nicht zugesetzt. Warum die Säfte in den kleinen Körpern und noch kleineren Gliedern solch winziger Geschöpfe nicht gefrieren, ist ein höchst sonderbarer Umstand, welcher zu untersuchen wäre.

Strenge Fröste sind allem Anschein nach partiell oder verlaufen in Strömungen, denn zu demselben Zeitpunkt stand, wie der Verfasser von zuverlässigen Korrespondenten erfuhr, das Thermometer in Lyndon in der Grafschaft Rutland bei 19, in Blackburn in Lancashire bei 19, in Manchester indessen bei 21, 20 und 18. Somit gibt es einen unbekannten Umstand, welcher sonderlicherweise größeren Einfluss hat als der Breitengrad und bewirkt, dass die Kälte in den südlicheren Teilen dieses Königreiches gelegentlich gar größer ist als in den nördlichen.

Die Auswirkungen dieses strengen Wetters waren so, dass beim Schmelzen des Schnees in Hampshire der Weizen gut aussah und die Rüben kaum beschadet hervorkamen. Lorbeer und *Viburnum* hatten einige Versehrung aufzuweisen, doch nur in sonnigen Lagen.

Keine Immergrüne waren gänzlich zerstört; nicht halb so viel Schaden war angerichtet wie im Januar 1768. Jene Lorbeerpflanzen, welche auf der südwärtigen Seite etwas verbrannt waren, waren auf der nordwärtigen Seite unberührt geblieben. Die Sorgfalt, mit welcher Tag für Tag der Schnee von den Zweigen geschüttelt worden war, war den Immergrünen des Verfassers offenbar sehr gut bekommen. Die hochgelegene und nach Norden weisende Lorbeerhecke eines Nachbarn war vollkommen grün und kräftig, und der portugiesische Kirschlorbeer blieb ganz unversehrt.

Was die Vögel angeht, so waren Drosseln und Amseln weitgehend vernichtet, und die Rebhühner waren durch das Wetter und die Wilderer so dezimiert, dass im folgenden Jahr wenige übrig geblieben waren, die brüteten.

BRIEF LXIII

Da der Frost im Dezember 1784 ganz außerordentlich war, werdet Ihr gewiss nicht wenig erfreut sein, Einzelheiten darüber zu erfahren, zumal ich damit verspreche, nach der Beendigung dieses Briefes nichts Weiteres mehr über die Harschheiten des Winters zu berichten.

Die erste Woche des Dezember war sehr nass, und das Barometer stand sehr tief. Den 7., bei einer Barometeranzeige von 28 fünf Zehntel, brach ein ungeheurer Schneefall herein, welcher den ganzen Tag und auch den folgenden anhielt, sodass zum Morgen des 9. der Menschen Wirken ganz zum Erliegen kam, die Wege waren zur Unpasssierbarkeit verschneit und der Boden lag unter einer Schneedecke von zwölf oder fünfzehn Zoll ohne jede Verwehung. Am Abend des 9. bekam die Luft eine kalte Schärfe, so dass uns einfiel, die Bewegungen eines Thermometers im Blick zu haben, und also hängten wir zwei draußen auf, ein von Martin gefertigtes und eines von Dollond, welche uns bald anzeigten, was uns bevorstand: Um zehn Uhr waren sie auf 21 gesunken und um elf Uhr, als wir zu Bett gingen, auf 4. Den 10. war das Quecksilber in Dollonds Glas auf einen halben Grad unter Null gesunken und das von Martin, welches absurderweise nur bis 4 Grad über Null Gradierungen hatte, war ganz im Messingschutz der Säule verschwunden, sodass dieses Thermometer sich als gänzlich nutzlos erwies, wie das Wetter erst interessant zu werden versprach. Den 10. um elf Uhr des Abends fiel, vollkommener Windstille ungeachtet, Dollonds Glas auf ein Grad unter Null! Die sonderliche Bitterkeit des Wetters weckte in mir doch sehr den Wunsch zu wissen, wie viel Grad Kälte es in einer benachbarten, jedoch so ausgesetzten Lage wie Newton haben mochte. Also hatte ich am Morgen des 10. an Mr. ... geschrieben und ihn gebeten, sein von Adams angefertigtes Thermometer draußen aufzuhängen und den Morgen und Abend einen Blick darauf zu werfen; dabei war ich in Erwartung wundersamer Phänomene an so erhöhter Stelle gut zweihundert Fuß oberhalb meines Hauses. Doch siehe da!, den 10. um elf Uhr des Nachts war es dort nur auf 17 gesunken, und den nächsten Morgen stand es auf 22 Grad, während meines auf 10 stand. Diese unerwartete Verkehrung der verhältnismäßigen Kältegrade am Ort verstörte uns so, dass wir eines meiner Thermometer hinaufschickten, nämlich in der Meinung, jenes von Mr. ... müsse auf irgendeine Weise falsch konstruiert sein. Wie die beiden Instrumente jedoch einander gegenübergestellt wurden, zeigten sie genau die gleiche Temperatur an, sodass also zumindest in einer Nacht die Kälte in Newton 18 Grade weniger betrug als die in Selborne;

und die ganze Frostperiode hindurch um etwa 10 oder 12 Grad; und wie wir später die Folgen der Kälte begutachteten, war dies leicht nachzuvollziehen: Alle meine *Viburnum*, Lorbeer, *Ilex*, *Arbutus* und sogar mein portugiesischer Kirschlorbeer* sowie, was mich noch mehr dauert, meine schöne abfallende Lorbeerhecke waren verbrannt, während die gleichen Gewächse in Newton nicht ein Blatt verloren hatten!

Bis zum 25., an welchem Morgen das Thermometer bei uns auf 10, in Newton nur auf 21 gesunken war, hatten wir unablässigen Frost. Starker Frost hielt sich bis zum 31., an welchem Tag einige Neigung zu Tauwetter zu beobachten war, und den 3. Januar 1785 stellte sich das Tauwetter tatsächlich ein, und es fiel Regen.

Ein Umstand, welchen zu erwähnen ich nicht versäumen darf, war er uns doch etwas ganz Neues, nämlich am Freitag, den 10. Dezember, war die Luft bei hellem Sonnenschein voll eisiger *Spiculae*, welche in alle Richtungen trieben wie Staubpartikel in einem Sonnenstrahl, der in einen dunklen Raum fällt. Anfangs hielten wir diese für Reifpartikel, die von meinen hohen Hecken fielen, doch waren bald vom Gegenteil überzeugt, als wir unsere Beobachtungen an offenen Stellen durchführten, wo uns kein Reif erreichen konnte. Waren dies wässrige Luftpartikel, welche treibend gefroren waren, oder waren es Ausdämpfungen des Schnees, welche im Aufsteigen zu Eis wurden?

Wir waren den Thermometern sehr dankbar für die frühzeitigen Hinweise, die sie uns gaben und beeilten uns, unsere Äpfel, Birnen, Zwiebeln, Kartoffeln und dergleichen in den Keller und warme Kammern zu schaffen; jene hingegen, die keine solchen Warnungen bekamen oder ihrer nicht achteten, verloren alles, was sie an Wurzeln und Früchten gelagert hatten, und selbst Brot und Käse gefroren ihnen.

Ich will auch nicht versäumen, Euch zu berichten, dass an jenen beiden sibirischen Tagen meine Salonkatze so elektrisch war, hätte jemand mit ausreichender Isolierung diese gestreichelt, er hätte den Schock an einen ganzen Kreis von Personen weitergeben können.

---

* Mr. Miller sagt in seinem *Gardeners Dictionary* ausdrücklich, dass der portugiesische Kirschlorbeer in dem bemerkungswürdigen Frost 1739/40 unbeschadet blieb. Also war entweder der genaue Beobachter im Irrtum, oder der Frost im Dezember 1784 war noch viel strenger und zerstörerischer als jener im obgenannten Jahren.

Ich habe zuvor vergessen zu erwähnen, dass an jenen beiden strengen Frosttagen zwei Männern, welche im Schnee Hasen nachspürten, die Füße erfroren; und zwei weiteren Männern, welche mit einer viel verdienstvolleren Arbeit befasst waren, indem sie nämlich in einer Scheune droschen, griff der Frost die Finger so an, dass diese abstarben, wovon die Männer sich über viele Wochen nicht erholten.

Dieser Frost tötete allen Stechginster und den meisten Efeu und beraubte an vielen Stellen die Stechpalmen aller Blätter. Er kam sehr früh im Jahr, bevor der November nach alter Rechnung noch zu Ende war, und dennoch mag man aus seinen Auswirkungen schließen, dass er schlimmer war als jeder andere Frost seit 1739/40.

BRIEF LXIV

Da die Auswirkungen von Hitze im nördlichen Klima Englands, wo es den Sommern oft so an Wärme und Sonnenschein mangelt, dass die Früchte der Erde nicht so gut reifen, wie man es sich wünscht, selten bemerkungswürdig sind, will ich in meinem Bericht von den Extremen einer Sommerszeit knapper sein und so den umfänglichen Bericht von den Kältegraden und den in harten Wintern jüngerer Zeit erlittenen Misslichkeiten ausgleichen.

Die Sommer der Jahre 1781 und 1783 waren ungewöhnlich heiß und trocken, und auf diese werde ich also in meinen Tagebüchern zurückgreifen, ohne auf weiter zurückliegende Perioden einzugehen. Im ersteren dieser Jahre litten meine Pfirsich- und Nektarinenbäume so stark an der Hitze, dass die Rinde an den Stämmen versengt wurde und sich schälte. Seither sind die Bäume im Zustand des Verfalls. Dies mag strebsamen Gärtnern als Rat dienen, ihre Spalierbäume an der Mauer mit Matten oder Brettern zu umzäunen und zu schützen, was leicht zu bewerkstelligen ist, zumal eine solche Unannehmlichkeit selten von langer Dauer ist. Ebenfalls in jenem Sommer bemerkte ich, dass meine Äpfel gleichsam am Baum weich wurden, ihr Aroma war schal und sie ließen sich nicht über den Winter lagern. Dieser Umstand brachte mir in Erinnerung, was ich Reisende sagen hörte, nämlich dass sie im Süden Europas noch nie einen wohlschmeckenden Apfel oder eine solche Aprikose gekostet hatten, wo die Hitze so groß ist, dass sie die Säfte wässrig und geschmacklos werden lässt.

Die große Plage eines Gartens sind die Wespen, welche alle edleren Früchte zerstören, wenn diese gerade zur Vollkommenheit gedeihen wollen. Im Jahr 1781 hatten wir keine Wespen, 1783 hingegen Unmengen, diese hätten alle Erträge meines Gartens verschlungen, hätten wir nicht Burschen angewiesen, die Nester auszunehmen, und Tausende Wespen wurden an zuvor mit Vogelleim bestrichenen Haselruten gefangen; seither haben die Burschen die Aufgabe, schon im Frühling die großen Brutwespen zu fangen und zu vernichten. Solche Maßnahmen haben große Wirkung auf die Plünderer und halten sie im Zaum. Wespen gibt es in Fülle zwar nur in heißen Sommern, jedoch schwärmen sie nicht in jedem heißen Sommer, wie ich an den beiden obgenannten Jahren zum Exempel zeigen kann.

In der schwülen Jahreszeit des Jahres 1783 erschien der Honigtau in solcher Menge, dass er die Schönheiten meines Gartens gar entstellte und zerstörte. Mein Geißblatt, welches in einer Woche noch unvergleichlich hübsch und lieblich anzusehen war, war in der nächsten widerwärtiger, als man sich vorstellen mag: bedeckt mit einer zähen Substanz und übersät mit schwarzen Blattläusen. Der Hergang dieser klebrigen Erscheinung ist wohl der, dass die Ausdünstungen der Blumen in Feldern und Wiesen und Gärten im Laufe des Tages in rascher Verdampfung emporsteigen und in der Nacht mit dem Tau, in welchen sie gemischt sind, wieder hinabsinken; dass die Luft im sommerlichen Wetter stark mit Düften versetzt und daher mit den Blumenpartikeln geschwängert ist, das sagen uns die eigenen Sinne; und dass diese süße, klebrige Substanz zum Pflanzlichen gehört,[229] können wir von den Bienen lernen, welche sehr großen Nutzen daraus ziehen; und ebenso können wir gewiss sein, dass sie in der Nacht fällt, denn sie ist das Erste, was wir an warmen, windstillen Morgen sehen.

Auf kreidigen und sandigen Böden und in den heißen Dörfern rings um London hat man das Thermometer oft auf 83 oder 84 steigen sehen, doch bei uns, in dieser hügeligen und waldigen Gegend, habe ich es selten höher steigen sehen als auf 80, oft erreicht es nicht einmal diese Grade. Dies, so schließe ich, wird daran liegen, dass unsere dichte, lehmige Erde, beschattet von so vielen Bäumen, nicht so leicht durchhitzt wird wie die obgenannten Böden; zudem verursachen unsere Berge Luftströmungen und Brisen und die ungeheuren Ausdünstungen unserer Waldflächen mäßigen und beschwichtigen die Hitze bei uns.

BRIEF LXV

Der Sommer des Jahres 1783 war verwunderlich und unheilschwanger und voller schrecklicher Phänomene; neben den beunruhigenden Blitzen und gewaltigen Gewittern nämlich, welche die verschiedenen Grafschaften unseres Königreiches in Angst und Schrecken versetzten, war doch der sonderbare Dunst oder rauchige Nebel[230], welcher über viele Wochen über dieser Insel und in jedem Teil Europas und gar über dessen Grenzen hinaus zu sehen war, eine höchst außerordentliche Erscheinung, die im Menschengedenken nicht ihresgleichen hatte. Meinem Tagebuch zufolge stelle ich fest, dass ich dieses seltsame Vorkommnis vom 23. Juni bis einschließlich dem 20. Juli anmerke, im Verlaufe welchen Zeitraums der Wind in jede Richtung drehte, ohne in der Luft eine Veränderung zu bewirken.

Die Sonne sah am Mittag so fahl aus wie ein bewölkter Mond und warf ein rostfarbenes, eisenhaltiges Licht auf den Erdboden und die Böden der Zimmer, war indessen sonderlich grell und blutfarben beim Aufgang und beim Untergang. Die ganze Zeit über war die Hitze so stark, dass man Fleisch am Tag nach der Schlachtung kaum noch essen konnte, und die Fliegen schwärmten in solchen Massen um Wege und Hecken, dass es die Pferde schier rasend und das Reiten mühselig machte. Das Landvolk begann diesen roten, stierenden Anblick der Sonne mit abergläubischer Furcht zu betrachten; und in der Tat gab es auch für den aufgeklärtesten Menschen Grund genug zur Furcht; wurden doch Kalabrien und ein Teil der Insel Sizilien von Erdbeben heimgesucht und erschüttert; etwa um diese Zeit schoss ein Vulkan aus dem Meer vor der Küste von Norwegen. Unter diesen Umständen kam mir Miltons edler Vergleich der Sonne im ersten Buch seines *Paradise Lost* oft in den Sinn, und es ist in der Tat sonderlich passend, geht es doch gegen Ende um eine abergläubische Form des Grauens, welches die Gemüter der Menschen stets bei so seltsamen und ungewöhnlichen Erscheinungen ereilt.

... so wie die Sonne, frisch erstanden
Durch den Dunst des Horizontes blickt,
Der Strahlen ganz beraubt; oder hinter dem Mond
In trüber Finsternis schreckvolles Zwielicht wirft
Aufs halbe Erdenrund und mit Entsetzen vor Veränderung
Monarchen schreckt ...

BRIEF LXVI

Selten plagen uns Gewitter, und es ist ebenso bemerkenswürdig wie wahr, dass jene, welche sich im Süden entwickeln, kaum je dieses Dorf erreichen; bevor sie sich nämlich über uns entladen können, wenden sie sich in östliche oder westliche Richtung oder teilen sich gar entzwei und wandern zum einen Teil in jene Richtung, zum anderen in die entgegengesetzte; fürwahr war es der Fall im Sommer 1783, als zwar das Land ringsum von Gewittern heimgesucht war und gar oft von solchen aus dem Süden, wir indessen ihnen allen entgingen, wie sich aus meinem Tagebuch jenes Sommers ersehen lässt. Die einzige Art und Weise, auf welche ich diese Tatsache – denn eine solche ist es – erklären kann, ist, dass sich in jener Richtung zwischen uns und dem Meer eine fortlaufende Reihe von Bergen befindet, Hügel folgt auf Hügel, wie etwa Nore Hill, der Barnet, Butser Hill und Ports-down, und dass diese die Stürme abwenden und in andere Richtungen lenken. Hohe Bergvorsprünge und Erhebungen haben Beobachtungen zufolge immer Wolken angezogen und ihrer schadenbringenden Inhalte begeben, denn diese entladen sich in die Bäume und Gipfel, sobald sie in Kontakt mit jenen ungestümen Wettern kommen; die bescheidenen Täler hingegen entkommen, weil sie so viel tiefer liegen.

Jedoch wenn ich sage, dass ich mich keines Gewitters von Süden entsinnen kann, so will ich damit nicht behaupten, dass wir überhaupt nie an Gewittern zu leiden hatten: Den 5. Juni 1784 nämlich, an welchem das Thermometer morgens bei 64 stand und am Mittag bei 70, das Barometer unterdessen bei 29 sechs zehntel und einhalb, und der Wind von Norden wehte, bemerkte ich einen blauen Dunst mit einem starken Schwefelgeruch, welcher über unserem Waldabhang hing und anzudeuten schien, dass Unwetter nahte. Etwa um zwei Uhr am Nachmittag rief man mich herein, und so versäumte ich den Anblick der sich sammelnden Wolken im Norden, von welchem mir jene, die damals draußen gewesen waren, versicherten, sie seien von ungewöhnlichem Aussehen gewesen. Um etwa ein Viertel nach zwei Uhr hob der Sturm in der Pfarre Hartley an und bewegte sich dann langsam von Norden in südliche Richtung, von dorther kam er über den Nortoner Hof und dann zum Grange Hof, welche beide in unserer Pfarre liegen. Es begann mit dichten, dicken Regentropfen, diesen folgten bald runde Hagelkörner und dann konvexe Stücke Eis, die drei Zoll im Umfang maßen. Wäre das Gewitter so ausgedehnt gewesen, wie es heftig war, und zudem von Dauer (es war nämlich sehr kurz), hätte es die gesamte Gegend verwüsten müssen. In der Pfarre Hartley verursachte es an einem Hof einigen Schaden; Norton hingegen, im Zentrum des Sturms, war stark beschädigt und ebenso das benachbarte Grange. Es gelangte gerade noch bis in die Mitte des Dorfes, wo der Hagel meine nordwärtigen Fenster zerschlug sowie alle meine Garten- und Handlaternen und auch viele Fenster bei meinen Nachbarn. Die Ausdehnung des Sturms betrug etwa zwei Meilen in der Länge und eine Meile in der Breite. Wir hatten uns gerade zum Mittagsmahl gesetzt, doch das Scheppern von Ziegeln und Klirren von Glas lenkten unsere Aufmerksamkeit bald von der Mahlzeit ab. Zur gleichen Zeit stürzten Regenfluten auf die obgenannten Höfe hernieder, was eine ebenso plötzliche wie heftige Flut verursachte, die auf Wiesen und Feldern großen Schaden anrichtete, indem sie Erstere überschwemmte und von Letzteren die Krume fortwusch. Der Hohlweg in Richtung Alton war so aufgerissen und verschüttet, dass er erst nach Ausbesserungen, in deren Verlauf 2 Zentner schwere Felsen beseitigt wurden, wieder passierbar war. Jene, welche die Wirkung des Hagels auf Teiche und Tümpel beobachten konnten, berichten, dass das Aufprallen auf das Wasser ganz außergewöhnliche Anblicke bot, Gischt und Wasserdunst standen bis zu drei Fuß hoch über der Wasseroberfläche. Das Rauschen und Dröhnen des herannahenden Hagels war wahrlich gewaltig.

Wiewohl die Wolken um diesen Zeitpunkt bei South Lambeth nahe London dünn und hell schienen und auch kein Sturm in Hörweite war, erschien die Luft doch sehr elektrisch, denn die Glocken einer elektrischen Maschine dort läuteten wiederholt und große Funken entluden sich.

Als ich das vorliegende Werk zuerst in Angriff nahm, war es mein Ansinnen, ein *Annus historico-naturalis* oder eine Naturgeschichte der zwölf Monate des Jahres anzufügen; dieses hätte etliche Vorfälle und Begebenheiten enthalten, welche sich nicht zur Erwähnung in meinen Briefen anboten; da nun indessen Mr. Aikin aus Warrington kürzlich etwas in dieser Art publiziert hat und da die Länge meiner Korrespondenz Eure Geduld recht auf die Probe gestellt hat, werde ich hiermit nun achtungsvoll meinen Abschied von Euch und der Naturgeschichte insgesamt nehmen und verbleibe

mit aller gebotenen Hochachtung und Verehrung
Euer dankbarer
und bescheidenster Diener
Gil. White

Selborne, den 25. Juni 1787

-ceptible that appears to enjoy it so little; s
than two thirds of it's existence in a joyless
; lost to all sensation for months togeth
-ofoundest of slumbers.

Since I began writing these pages
-arm afternoon with the thermometer at
troops of shell-snails: & at the same jun
-rtoise heaved-up the mould, & put-out it's
next morning, Apr: 22: emerged from the ground
a similarity of propensities is there be
~~[illegible]~~ φερεοικοι! for so the Greeks
-he shell-snail, & the tortoise.

Summer-birds are, in this cold, & backwar
-ally late in their appearance. I have seen
yet. This conformity with the weather con
-re & more that they sleep in the winter.

I am, with great es
Your obliged, &
humble servant
Gil: Whit

-rne: April 22: 1780.
Alton.

Anmerkungen

1 Die ersten neun Briefe sind nicht datiert, und es ist gut möglich, dass White sie erst unmittelbar vor Drucklegung zusammengestellt hat. Er brauchte eine Art Einführung zur Beschreibung der Szenerie des Buchs und entschied sich deshalb, diese Einführung als Korrespondenz im Stil des restlichen Buches zu tarnen.

2 Um die Mitte des 18. Jahrhunderts wurden Rüben ins Feldrotationssystem eingeführt, sie dienten als Viehfutter und, wie hier beschrieben, dem Bereinigen eines Stück Lands vom Unkraut. So wurde der Ackerbau auf mageren Böden revolutioniert.

3 Wahrscheinlich *Ulmus glabra*, heimisch im nördlichen Großbritannien, aber als angepflanzter Baum auch in anderen Teilen zu finden. Den von White angegebenen Maßen nach zu urteilen, kann der Baum 250 Jahre alt gewesen sein.

4 John Ray (1627–1705) englischer Naturkundler, er gilt als der erste »Naturhistoriker-Pastor«.

5 Der Acre ist ein englisch-amerikanisches Flächenmaß, das keine genaue Entsprechung im Deutschen hat. Es beträgt etwa 4047 m^2 oder 0,4 ha.

6 Raben hörten im Laufe des 19. Jahrhunderts auf, in Mittel- und Südengland zu nisten, es gibt aber noch einige Exemplare in Devon und Cornwall.

7 Dieses Fossil ist *Ostrea ricordeana*, nicht Linnaeus' *Mytilus cristagalli*.

8 Das Museum von Ashton Lever, eine der größten Privatsammlungen überhaupt.

9 Gemeine Ammoniten.

10 Werkstein: Greensand: grüner Sandstein, mit Glaukonit.

11 Alter Ausdruck für Farne.

12 Das Vorkommen von Wachteln und Wachtelkönigen war infolge der Revolutionierung landwirtschaftlicher Methoden anscheinend schon zu Whites Lebzeiten rückläufig. Beides sind Sommervögel, die in Feldern und Wiesen nisten, und zweifellos hatten neue Getreidearten und Erntemethoden Auswirkungen auf ihr Vorkommen. Der Wachtelkönig ist aus dem britischen Tiefland inzwischen so gut wie verschwunden, weil die Wiesen rund einen Monat früher als im 19. Jahrhundert gemäht werden und somit die Vögel in der Brutzeit die Deckung verlieren.

13 Die Abkürzung »Hund.« im Original kann sich nur auf »Hundred«, Bezirk, beziehen, also einen Zusammenschluss mehrere Pfarren. Hundred war eine Verwaltungseinheit innerhalb der Grafschaften. Dargestellt ist hier die Diskrepanz zwischen dem in Selborne gefallenen Niederschlag in Zoll und dem Niederschlag im Bezirk.

14 White benutzt »Forst« hier im alten Sinn als Jagdgebiet. Heutzutage ist der Wolmer-Forst ein Waldgebiet im herkömmlichen Sinne.

15 Dr. Plot war der Direktor des Ashmolean Museum in Oxford.

16 In Irland und womöglich auch in anderen Gegenden wurden Eichenstämme absichtlich im Moor versenkt, um eine andere Farbe und Härte zu bekommen.

17 Das schwarze Moorhuhn ist in Großbritannien durch Jagd und Zerstörung des natürlichen Lebensraumes ausgestorben. In Hampshire gab es schon in den 1920ern keine Moorhühner mehr.

18 Als Waltham Blacks wurden nach dem drakonischen *Black Act* liederliche und böswillige Personen bezeichnet, welche unter dem Namen »Blacks« »Wild stahlen, Fischbestände dezimierten, Kaninchenbauten aushoben, Schonungen verwüsteten und anderen gesetzlosen Handlungen nachgingen sowie in großer Zahl, bewaffnet mit Schwertern, Feuerwaffen und anderen Angriffsinstrumenten, einige mit geschwärzten Gesichtern oder maskiert, unrechtmäßig in Forsten jagten, die seiner Majestät gehörten, sowie in den Feldern etlicher Untertanen seiner Majestät …«

19 Lurcher bezeichnet eine britische Mischung aus Greyhound und Collie oder Terrier, vom »fahrenden Volk« früher speziell zum Wildern gezüchtet.

20 Wahrscheinlich ein altes Mittsommer-Ritual; Barnabas ist am 11. Juni, welcher früher als längster Tag des Jahres galt.

21 Bin's Teich.

22 Ein in kissenartigen Büscheln wachsendes Seggengras. Linguistisch interessant ist, dass der englische Name »hassock« ein Bettkissen bezeichnet, das traditionell mit diesem Gras gefüllt war.

23 »Purlieu« ist ein Rechtsbegriff, der einen Randbereich definiert. Relevant ist dabei, dass ein am Wald gelegener »purlieu« den Forstgesetzen unterworfen war.

24 James Thomson, schottischer Lyriker des 18. Jahrhunderts, dessen »Jahreszeiten«-Zyklus sich großer Beliebtheit erfreute. Thomson ist heute so gut wie vergessen.

25 Auf Englisch »lop and top«; zur freien Verfügung zum Einsammeln für die Armen der Gemeinde bzw. des Besitzes.

26 White kehrt immer wieder zu den Themen von Vogelzug und Überwinterung zurück. Hinsichtlich der Übereinstimmung seiner und anderer zeitgenössischer Theorien mit unserem aktuellen Wissensstand, ist zu bemerken, dass es keinen einzigen Nachweis für die Winterstarre von Schwalben oder andren Vögeln gibt. Einzelne Exemplare unterschiedlicher Spezies jedoch hat man bei plötzlichen Kälteeinbrüchen in starrem Zustand entdeckt, wobei Starre als drastische Verlangsamung des gesamten Metabolismus eine Art vorübergehender Winterstarre sein mag, eine Anpassung an Zustände, in denen Nahrungssuche unmöglich ist.

27 White spricht von seinen Einträgen in seinem Tagebuch oder Kalendarium natürlicher Vorkommnisse.

28 Baumpieper.

29 Laubsänger / Fitis.

30 Hier ist zu vermerken, dass White zwischen dem Gesang der Mönchsgrasmücke und dem ganz ähnlichen der Gartengrasmücke nicht zu unterscheiden weiß. Er erwähnt die Gartengrasmücke an keiner Stelle.

Der Vogel war allerdings sicher damals (wie auch heute) in Selborne heimisch, doch er lebt im Verborgenen und White hielt ihn nur vom Hören her wahrscheinlich für eine Mönchsgrasmücke.

31 Mit großer Wahrscheinlichkeit handelt es sich hier um die Schermaus (große Wühlmaus), und White hat ganz richtig beobachtet, dass diese keine Schwimmhäute hat. Die andere Spezies »Wasserratte«, die er gesehen hat, mag wohl eine Braunratte gewesen sein, diese waren etwa vierzig Jahre zuvor aus Russland gekommen. Diese Ratte ist eine gute Schwimmerin und verbreitete sich rasend im ganzen Land und verdrängte dabei die heimische schwarze Ratte. Ganz sicher war sie zehn Jahre später in Selborne angekommen, denn am 16. Dezember 1777 schreibt White in sein *Tagebuch*: »Vor einigen Monaten wurde eine schwarze Ratte getötet und galt als große Seltenheit. Die Norwegen-Ratten vernichten alle einheimischen Ratten.«

32 *natat in fossis et urinatur* = schwimmt und taucht in Gruben / Abzugsgräben [so bei Vergil] / Wasserlöchern.

33 Bei diesem Falken handelte es sich offensichtlich um einen Wanderfalken, wie White später erfuhr. Wenn er im Inland jagte, kann es sich um einen entkommenen Jagdvogel oder einen sonderbar gezeichneten Jungvogel gehandelt haben. Dennoch nimmt es wunder, dass White Schwierigkeiten gehabt haben sollte, den Vogel zu identifizieren. Wollte er vielleicht höflich Pennant die Gelegenheit geben, seine Fähigkeiten unter Beweis zu stellen?

34 *qualem dices ... antehac fuisse, talem cum sint reliquiae* = du wirst sagen, wie muss er zuvor gewesen sein, da / wenn solches von ihm übrig ist.

35 White meint hier höchstwahrscheinlich die gemeine Fledermaus *Pipistrellus pipistrellus* und an zweiter Stelle die langohrige Fledermaus.

36 Es handelt sich hier um die Eurasische Zwergmaus, eine von Whites eigenen Entdeckungen. Es gibt bis heute keine bessere Beschreibung als seine, die insbesondere interessant ist durch den Hinweis auf die Gewohnheit dieser Mäuse, in Disteln zu nisten. Bis vor Kurzem ging man davon aus, dass die Zwergmaus nur in Getreidefeldern nistet und wegen moderner Erntetechniken vom Aussterben bedroht ist. Jetzt nimmt man an, dass das Getreidefeld eher ein »Überschusshabitat« war und dass die Mäuse weiterhin häufig (und unverändert unauffällig) in natürlichem Wildwuchs, Binsen, niedrigen Gebüschen und dergleichen vorkommen.

37 Der Seidenschwanz sucht die Britischen Inseln – mit Unterbrechungen – aus nordischen Ländern kommend im Winter auf.

38 Eine der Stellen, aus denen ersichtlich wird, wie geplant und durchgearbeitet dieser Briefwechsel war.

39 Übersetzung des *Calendarium Florae*, genauer Titel verfasst von einem A. M. Name Berger, einem Studenten von Linnaeus.

40 White wird zwar von der grauen Gebirgsstelze gewusst haben (vielleicht kam sie in den Bächen um Selborne sogar vor) und unterscheidet sie später auch von der gelben, scheint hier jedoch die beiden Arten zu verwechseln. Die gelbe Stelze (englische Schafsstelze) ist ein Sommergast und zieht im Oktober davon. Die Gebirgsstelze ist das ganze Jahr über vertreten und

ihre Bestände vergrößern sich im Winter noch um Zuwanderer von den Gebirgsbächen im Norden und Westen Großbritanniens.
Die weiße Bachstelze ist *Motacilla alba*, deren hellere Art in Nordeuropa brütet und in Großbritannien als durchziehender Gast erscheint.

41 Hasselquist war ein Student von Linnaeus, der ihn zum Studium der Naturkunde in den Nahen Ostens entsandte.

42 Avoirdupois ist ein Messsystem in Unzen und Pfund.

43 Der kleinste Vierfüßer ist allerdings die Zwergspitzmaus, die oft nur die Hälfte einer Eurasischen Zwergmaus wiegt und noch zwei Zentimeter kürzer ist.

44 Es handelt sich dabei um Moschusdrüsen.

45 Dabei handelt es sich eigentlich nur um das Wieselweibchen, das wesentlich kleiner ist als das Männchen.

46 Schneeammer, ein Wintergast an Küsten und in Hügellagen.

47 *Brit. Zool.* = Thomas Pennant: *British Zoology*. Auch bekannt unter dem Namen: *Pennant's Zoology*.

48 Meisen s. o.

49 Diese Beschreibung passt am ehesten auf einen Erlenzeisig, eine kleine, sehr aktive Finkenart. Der Erlenzeisig brütet jetzt regelmäßig in Hampshire, wird jedoch zu Whites Zeiten eher ein kontinentaler Gast gewesen sein. Er ist streng genommen kein weichschnäbliger Vogel (nach Whites Definition ein Insektenfresser), sondern ein Kornfresser.

50 *circa aquas versantes* = die sich in der Nähe von Gewässern aufhalten / sie halten sich in der Nähe von Gewässern auf.

51 White war der erste Beobachter, der unsere drei herkömmlichen Laubsänger klar differenzierte. Die Gesänge, die er beschreibt, sind immer noch die beste Art, diese Vögel draußen im Freien zu unterscheiden (und wahrscheinlich unterscheiden die Vögel auch einander am Gesang). Da diese Arten des Öfteren in Whites Text erwähnt werden, findet sich hier der Schlüssel zu Whites Gesangsbeschreibungen und Namen: Der kleinste Laubsänger mit »klirrendem, lauten Zirpen« ist unser Zilpzalp, *Phylloscopus collybita*. Der mittlere Laubsänger hat einen »freudigen, leichten, lachenden Ton«, das ist der Fitis, *Phylloscopus trochilus*. Der größte Laubsänger, der »einen lispelnden, schwirrenden Ton« von sich gibt, ist der Waldlaubsänger, *Phylloscopus sibilatrix*.

52 Kleinste Avoirdupois Gewichtseinheit, 1 Dram = 1/16 Unze.

53 »Jar-bird« ist ein lokal begrenzter Name für den Kleiber. Der Name ist unklarer Herkunft und kann nichts mit dem »Nightjar«, dem Ziegenmelker, zu tun haben, auf den White immer wieder besonders eingeht.

54 Einhundert Jahre nach Whites Beobachtung wurde nachgewiesen, dass das »Trommeln« der Schnepfe von kurzen Vibrationen in den äußeren Schwanzfedern des Vogels verursacht wird, die während des raschen Sturzfluges im Schauflug in rechtem Winkel zum Körper gestellt werden.

55 J. J. Swammerdam (1637–1680) war Amphibienspezialist.

56 Es ist sonderbar, dass White nie beobachtet haben soll, dass männliche Kröten auf der mühevollen Reise zum Laichgrund die Weibchen oft bespringen. Wie Frösche sind auch die Kröten ovipar, die Weibchen legen

die Eier auf Wasserpflanzen und die Männchen befruchten sie *in situ.* Das sogenannte Gift ist eigentlich ein Abwehrschleim, der für Raubtiere einen abstoßenden Geschmack hat. Interessanterweise – in Anbetracht von Whites späterer Darstellung der »Krötenkuren« – ist eine der aktiven Bestandteile, das Bufotenin, versuchsweise in der Behandlung von Schizophrenie eingesetzt worden.

57 *Gottes Weisheit in der Schöpfung.*

58 Er wird eher vom Körper absorbiert, als dass er abfällt.

59 Der europäische Baumfrosch ist gewiss keine einheimische englische Amphibie (es handelt sich strenggenommen nicht um ein Reptil), obwohl eingefangene Exemplare gelegentlich mit Erfolg in freier Wildbahn ausgesetzt wurden. Doch White vermutet ganz richtig, dass Christopher Merret (1619–1695) kein zuverlässiger Berichterstatter war. Sein *Pinax Rerum Naturalium* ist eine ungenaue und planlose Auflistung britischer Tiere, Pflanzen und Mineralien.

60 Ellis verdankt diesen Beinamen der Tatsache, dass er als Erster nachgewiesen hat, dass die Koralle ein Tier ist.

61 White bezieht sich hier auf den Kammmolch, Triturus cristatus, welcher nicht die Larve eines Landlurches oder einer Eidechse ist. Zu seinen Lebzeiten herrschte einige Verwirrung bezüglich der Unterscheidung von Eidechsen und Lurchen. Eidechsen sind echte Reptilien und in allen Lebensphasen vom Wasser unabhängig. Lurche sind, wie Frösche, Amphibien, sie durchlaufen eine wassergebundene Quappenphase und verbringen einen großen Teil ihres Erwachsenenlebens im Wasser. Die Verwirrung lag zum Teil daran, dass der männliche Lurch in der außerhalb des Wassers verbrachten Phase seinen Kamm verliert und dann dem Aussehen und Verhalten nach viel mit der Eidechse gemein hat.

62 Hier meint White die Ringelnatter, auf die er sich später mehrere Male als »gemeine Schlange« bezieht.

63 Es gibt nur zwei Spezies *Lacerti* oder Eidechsen, die auf den Britischen Inseln heimisch sind, nämlich die gemeine Eidechse und die Sandeidechse, männliche Exemplare letzterer Spezies sind allerdings oft grün. Die echte grüne Eidechse, *Lacerta viridis*, ist gelegentlich von Frankreich oder den Kanalinseln eingeführt worden. Es gibt demnach fünf einheimische britische Reptilien: zwei Eidechsen und drei Schlangen.

64 Neunstachliger Stichling, auch Zwergstichling oder Kleiner Stichling genannt, er ist im Unterschied zum häufigen dreistachligen Stichling selten.

65 *cantat voce stridula locustae* = singt mit der zirpendenden Stimme einer / der Heuschrecke.

66 Es ist seltsam, dass der Neuntöter bei einigen Autoren zu den Vögeln gezählt wurde, »die nur in den nördlichen Grafschaften vorkommen«, und dass White ein Exemplar dieser Spezies erst 1768 entdeckte. Obwohl der Neuntöter inzwischen in Großbritannien stark rückläufig ist, ist er doch immer ein Vogel der wärmeren südlichen Grafschaften gewesen, und das raue Heideland des Wolmer-Forsts wäre ein idealer Lebensraum gewesen.

67 Der große Kammmolch, der fast alle Wände hochklettern kann.

68 Höchstwahrscheinlich John Hunter, der zu diesem Zeitpunkt dabei war, als Anatom Berühmtheit zu erlangen.

69 Speziell zur Aufzeichnung naturkundlicher Beobachtungen gedruckte Kalendarien und Tagebücher.

70 Pennant lebte in Flintshire, weit von den Brutplätzen des Triel entfernt.

71 Pennant irrte sich da: Die Ringdrossel zieht für den Winter nach Afrika, passiert auf ihrem Weg die südlichen Grafschaften in September und Oktober und wieder auf dem Rückweg im frühen Frühjahr. White hatte diese Vermutung aufgrund seiner eigenen Beobachtungen und Schlussfolgerungen und war mit Pennants Auffassung nie zufrieden. Immer wieder kehrt er fragend zu diesem Thema zurück, und sein vorsichtiger, schulmeisterlicher Vorbehalt gegenüber Pennant wird in Brief XXXI zur offenen Skepsis.

72 Eine Maikäferart, die auf den Britischen Inseln nicht vorkommt.

73 Sir Joseph Banks (1743–1820), der namhafte Naturkundler, der Captain Cook auf seinen Expeditionen begleitete; sowohl White als auch Pennant machten seine persönliche Bekanntschaft.

74 Schilfrohrsänger.

75 *incredulus odi* = ungläubig müsste ich es verabscheuen / könnte ich es nicht glauben und müsste es verabscheuen.

76 *equidem credo, quia sit divinitus illis ingenium* = freilich glaube ich / scheint mir, dass sie über eine durch göttliche Kraft eingegebene Fähigkeit verfügen [Anm. d. Ü.: Das ist ein verkürztes und in sein Gegenteil verkehrtes Zitat aus den *Georgica* Vergils. Der sagt nämlich: *haud equidem credo, quia sit divinitus illis ingenium aut rerum fato prudentia maior* = Ich freilich glaube nicht, dass sie (= die Tiere) über eine durch göttliche Kraft eingegebene Fähigkeit (erg.: der Zukunftsschau) oder ein vom Schicksal geschenktes größeres Vorherwissen künftiger Dinge verfügen. Rudolf Alexander Schröder (Vergil, *Bucolica – Georgica – Aeneis*, München o. J., S. 50) übersetzt den Passus so: »Nicht daß ich mein, als habe das Schicksal ihnen Voraussicht / Göttlicher Art verliehn und größere Kunde des Zukunft.« (Verg. georg. 1,415–416)].

77 *Rostrum et pedes in hac avicula multo majores sunt quam pro corporis ratione* = Schnabel und Füße sind bei diesem Vögelchen viel größer (als) im Verhältnis zum Körper.

78 Rotkopfwürger, seltener Irrgast aus Südeuropa.

79 Der Uhu ist ein höchst seltener Durchzieher auf den Britischen Inseln.

80 Diese vermittelte Geschichte von dem Hibernaculum mit einem Nahrungsvorrat legt nahe, dass es sich um eine Wanderratte handelt. Wasserratten legen keine Vorräte an und bewegen sich nie weit vom Wasser. Es ist wunderbar, hier zu sehen, wie White mit seiner intuitiven Intelligenz sogleich ahnte, dass etwas daran nicht stimmte, und mit dem Beweismaterial argumentierte.

81 *Bat-fowling*: eine Technik des Vogelfangs, bei der die Vögel nachts durch helles Licht überrumpelt und dann mit Stöcken getötet oder in Netzen gefangen werden.

82 *Verbositas praesentis saeculi, calamitas artis* = Die Geschwätzigkeit des gegenwärtigen Zeitalters, das Unheil / Verderben der Wissenschaft.

83 Vor seiner Vogelkunde gab Scopoli eine umfangreiche Insektenkunde heraus.

84 »Tor«: ursprünglich keltisches Wort für einen freistehenden hohen Fels.

85 *pullos extra nidum non nutrit* = sie füttert die / ihre Küken / Jungen nicht außerhalb des Nests.

86 Übersetzt heißt das: »Sie trägt die Jungen im Schnabel, wenn sie vor dem Feinde flieht.« White hatte ganz recht, dieser Aussage zu misstrauen, es ist allerdings inzwischen erwiesen, dass die Waldschnepfe gelegentlich ein Junges zwischen ihren Schenkeln trägt.

87 Die Felsenschwalbe kommt nie in Großbritannien vor.

88 *Supra murina, subtus albida; retrices macula ovali alba in latere interno; pedes nudi, nigri; rostrum nigrum; remiges obscuriores quam plumae dorsales; retrices remigibus concolores; cauda emarginata, nec forcipata* = oben mausgrau, unten weißlich; Schwanzgefieder weißer eiförmiger Fleck an der Innenseite; nackte, schwarze Füße; schwarzer Schnabel; dunkleres Flügelgefieder als das flaumige Rückengefieder; Schwanzgefieder und Flügelgefieder gleichfarbig; ausgezackter, kein dornartiger Schwanz.

89 *statura hirundinis urbicae* = von der Gestalt der Mehlschwalbe
definito hirundinis ripariae Linnaei huic quoque convenit = Linnés / Linnaeus' Bestimmung der Strandschwalbe kommt auch mit ihr / dieser [= der Bestimmung der Mehlschwalbe] überein.

90 heute *Apus melba*, der Alpensegler.

91 *Omnia prioris, sed pectum album; paulo major priore* = alles wie bei der Ersteren, aber weiße Brust; ein wenig größer als die Erstere.
nidificat in excelsis Alpium rupibus = sie nistet auf hoch aufragenden Alpenfelsen.

92 White hatte einen Bruder namens John in Gibraltar.

93 Die rote Larve der Milbe *Trombicula autumnalis*, die fast jedes Tier im Spätsommer befällt. Im ausgewachsenen Zustand ist sie merkwürdigerweise nie beobachtet worden.

94 *Piophila casei*, Käsefliege.

95 Generell Blattkäfer.

96 Die Dasselfliege, *Gastrophilus equi*, die ihre Eier auf die Haare der Vorderbeine der Pferde legt. Beim Schlüpfen verursachen sie Irritationen, welche das Pferd veranlassen, an den Haaren zu lecken und die Larven zu verschlucken. Die Larven ernähren sich von der Magenschleimhaut, bis sie nach einem Jahr mit dem Dung ausgeschieden werden. Dann dringen sie zur Verpuppung in die Erde ein. Der »alte Moufet« war Dr. Thomas Moufet oder Muffet, der Elisabethanische Autor von *Theatre of Insects*.

97 Die »Gemsenkugel« ist ein Haarball, mit halbverdauten Pflanzenfasern vermischt.

98 Mit Sicherheit die Nachtfledermaus, *Nyctalus noctula*, zehn Jahre zuvor von dem Franzosen zum ersten Mal beschrieben, doch von White zum ersten Mal in England bezeugt.

99 Der Raubwürger, *Lanius excubitor*, heute ein regelmäßig in Großbritannien vorkommender Vogel.

100 *rarae aves* = seltene Vögel.

101 *Pyrrhocorax*, die Alpenkrähe, gibt es heute nur noch in Wales und Irland.

102 Baumpieper; White unterscheidet hier nicht zwischen Baum- und Wiesenpieper.

103 Braunkehlchen sind Zugvögel, die zum Winter fortziehen. White mag weibliche und jugendliche Schwarzkehlchen im Winterkleid irrtümlich für Erstere gehalten haben.

104 *flumina summa libant* = sie [die Bienen] trinken im Fluge/sie nippen

im Flug am Schaum des Wassers [Das stammt aus Verg. georg. 4,54–55 und ist da hinsichtlich der Wortstellung nicht ganz richtig zitiert. Korrekt lautet georg. 4,54–55 – schon aus metrischen Gründen – so: *purpureosque metunt flores et flumina libant / summa leves* = Den purpurnen Blütenstaub ernten sie ab und nippen im Flug am Schaum des Wassers, die Schwebenden / Leichten (die Bienen)].

105 Alle Aale kommen im Sargassomeer zur Welt, und dort findet auch die Fortpflanzung statt. Die »Fäden«, die hier erwähnt sind, sind parasitäre Würmer.

106 Eine etwas unklare Passage: Die Gesangsbeschreibung ist vage, denn fast alle Meisenarten haben eine solche Tonfolge im Repertoire. Es ist der häufigste Ruf der Kohlmeise (die allerdings über dreißig klar unterschiedene Rufe verfügt, einschließlich Whites »drei freudigen Tönen«), kommt aber auch bei der Weidenmeise vor. Dieser Vogel ist der Sumpfmeise so ähnlich, dass White sie nicht als zwei einzelne Spezies erkannte, und sie wurden erst Ende des 19. Jahrhunderts entsprechend getrennt klassifiziert.

107 Es handelt sich um Nebelkrähen, Wintergäste auf den Britischen Inseln.

108 *Rhizotrogus solstitialis, neben Brachkäfer* auch Junikäfer genannt; Nachtschwalben ernähren sich auch von etlichen anderen Käfern, die im Dämmer fliegen.

109 vgl. Endnote 25.

110 In der Tat hat der Fliegenschnäpper einen leisen, quietschigen Gesang.

111 Inzwischen gibt es, einschließlich aller Durchzieher und Irrgäste, 500 Spezies auf der Liste der britischen Vögel. Dieser Zuwachs hat wahrscheinlich mit der zunehmenden Häufigkeit scharfblickender Nachfolger Whites zu tun wie mit tatsächlichen Veränderungen in der Verbreitung von Vögeln.

112 Eine vorausschauende Bemerkung, in der Tat entdeckte man im Süden Irlands eine Gruppe von Pflanzen, die zur sogenannten lusitanischen Flora gehören und zumeist als Gruppe auf der iberischen Halbinsel wachsen.

113 Der Wespenbussard brütete zu Whites Lebzeiten regelmäßig in Südengland. 1787 gab es wieder ein Paar im Gehänge, das dort seine Jungen aufzog. Gegen Ende des 19. Jahrhunderts war der Vogel fast ausgestorben und leider spielte das Sammeln von Vogeleiern, wie es in diesem Abschnitt beschrieben wird, eine Rolle bei seinem Verschwinden. Inzwischen gibt es wieder einen Zuwachs zu verzeichnen und einige Paare brüten jedes Jahr, vornehmlich in Whites Gegend.

114 Diese Argumentation wird in der Übersetzung nicht klar, weil es keine Unterscheidung zwischen »pigeon« (Ringeltaube ist hier »wood pigeon«) und »dove« gibt (»stock dove« ist die Hohltaube, »house dove« die gemeine Haustaube).

115 Mast: Jägersprache für Waldnahrung wie Insektenlarven, Bucheckern, Eicheln usw.

116 *Naturam expellas furca, tamen usque recurret* = Du magst die Natur mit der Forke vertreiben, sie wird dennoch zurückkehren [Hor. ep. 1,10,24 = Horaz, *Epistulae*, 1. Buch, 10. Brief, Vers 24; Ü.: Horaz, *Epistulae/Briefe*, lat.-dt., übers. u. hg. v. Bernhard Kytzler, Stuttgart 1986, S. 41].

117 Schilfrohrsänger.

118 Heute: *Corvus corone cornix.*

119 Heute: *Lymnocryptes minimus.*

120 Der lateinische Name wurde im 16. Jahrhundert von Conrad Gessner geprägt, heute ist die Gattung *Bombycilla*, (*Garrulus* ist die Bezeichnung für Häher).

121 John Milton (1608–1674) englischer Dichter, sein bedeutendstes Werk ist *Paradise Lost* (*Verlorenes Paradies*), auf das sich White an verschiedenen Stelle bezieht.

122 Heute: *Lullula arborea.*

123 White unterscheidet nicht zwischen den einzelnen Rohr-, Schilf- und Teichsängern, die heute die Familie der *Acrocephali* bilden. *Paser* ist ein breiter generischer Name für Sperlingsvögel.

124 Von White noch als Lerche klassifiziert *(Alauda)*, heute Wiesenpieper, *Anthus pratensis.*

125 Gemeint ist die Grauammer.

126 Shakespeare, *Wie es euch gefällt*, II. 5.

127 Rotkehlchen singen in Wirklichkeit häufig in der Nacht.

128 Das »etc.« am Ende eines Briefes war eine übliche Schlussformel, die andeutete, dass alle Grußfloskeln impliziert waren.

129 Die Jungen der meisten Vogelarten, derer mit harten und mit weichen Schnäbeln, werden mit Insekten gefüttert.

130 Griechisch für die elterliche Liebe und Fürsorge.

131 Gemeint ist die Rohrammer.

132 Kuckuckseier sind allerdings nur wenig größer als die ihrer Wirte und in der Farbe kaum zu unterscheiden.

133 Eine erste Erwähnung der Idee zu der vorliegenden *Naturgeschichte.*

134 Giovanni Scopoli (1723–1788), gebürtig in Trento, studierte in Tirol und ging seinen naturgeschichtlichen Studien im Süden der österreichischen Alpen nach; Carniola erstreckt sich praktisch von der östlichen Grenze Tirols bis in den Alpenbereich des heutigen Slowenien, die genannten Quecksilberminen befinden sich in Idrija, heute im Bezirk Gorica, Slowenien.

135 *Quem si puellarum insereres choro, / Mire sagaces falleret hospites / Discrimen obscurum, solutis / Crinibus, ambiguoque vultu* = würdest du ihn unter die Mädchen einreihn im Reigen, / wunderbar würde täuschen die scharfsinnigen Gäste / ihr Urteil verwirrt durch die wehenden/Locken und das zwiefach deutbare Antlitz [Hor. carm. 2,5; Ü.: Horaz, *Oden und Epoden*, lat.-dt., übers. u. hg. v. Bernhard Kytzler, Stuttgart 1995, S. 81].

136 *in tenui re / Majores pennas nido extendisse* = und [erg.: dass ich] in ärmlichen Verhältnissen / die Schwingen ausgespreizt [erg.: hätte] weit übers Nest [Hor. ep. 20,20–21; Ü.: Kytzler 1995, S. 81].

137 Linnaeus und viele andere Naturschriftsteller klassifizierten den Kuckuck als Raubvogel, und zwar nur aufgrund seiner Gestalt und der Bänderung des Brustgefieders.

138 Die Wasserdrossel brütet in felsigen Gebirgsbächen und überwintert gelegentlich an Flussmündungen.

139 Großtrappen sollten bald in Sussex aussterben, und um 1833 waren sie als britische Brutart verschwunden. Brighthelmstone ist Brighton.

140 Es handelt sich um den berühmten Timothy, eine iberische Schildkröte, welche schließlich in Whites Besitz gelangte und in späteren Briefen und seinen Tagebüchern häufig Erwähnung findet. Sein Panzer wird im British Museum aufbewahrt.

141 Waldschnepfen brüten heute ganz gewöhnlicherweise in Hampshire.

142 Rotdrosseln brüten heute gelegentlich in Schottland.

143 *maximis in arboribus nidificat* = nistet in den höchsten Bäumen.

144 *nidificat in mediis arbusculis, sive sepibus: ova sex caeruleo-viridia maculis nigris variis* = nistet in Büschen sowie Hecken; sechs blau-grünliche Eier, unterschiedlich schwarz gefleckt.

145 *nidifcat in paludibus alpinis: ova ponit 3 - 5* = nistet in sumpfigen Alpenwäldern; legt 3–5 Eier.

146 *Avis haec septentrionalium provinciarum aestivo tempore incola est; ubi plerumque nidificat. Appropinquante hieme australiores provincias petit: hinc circa plenilunium mensis Octobris plerumque Austriam transmigrat. Tunc rursus circa plenilunium potissimum mensis Martii per Austriam matrimonio juncta ad septentrionales provincias redit* = Dieser Vogel ist in der Sommerzeit ein Bewohner nördlicher Provinzen / Gegenden; wo er in der Regel nistet. Naht der Herbst, begibt er sich in südlichere Provinzen / Gegenden: von hier siedelt er um den Oktobervollmond herum nach Österreich über. Darauf kehrt er hauptsächlich um den Märzvollmond herum über Österreich vermählt wieder in die nördlichen Provinzen / Gegenden zurück.

147 Pierre Belon (1516–1564) war ein französischer Reisender, Naturgeschichtler und Diplomat.

148 Gemeint ist der Wiesenpieper.

149 Gilbert Whites Bruder, Pastor Henry White, der die Pfarrstelle in Fyfield, Hampshire, innehatte.

150 »Vögel der Rallenfamilie fliegen davon wie auf gemeinsamen Beschluss: nicht ein einziger kann mehr bei uns gesichtet werden; im Sommer können sie in südlichen Gefilden nicht überleben, weil es in der ausgetrockneten Erde an Würmern fehl, und im Winter nicht im Norden, aus denselben Gründen.«

151 *Stenopteryx hirundinis*, Mauersegler-Lausfliegen, eine Fliege, die keine Eier, sondern Junge hervorbringt, welche so groß sind, dass sie sich sofort verpuppen.

152 René-Antoine Ferchault de Réaumur (1683–1757), bedeutender französischer Wissenschaftler.

153 In der Tat sind es beide Geschlechter, die sich mit Nestbau, Brüten und Aufzucht der Jungen befassen.

154 *generis lapsi sarcire ruinas* = den Sturz des gesunkenen Geschlechts/ Volks wiedergutzumachen [Verg. georg. 4,249: die Stelle wird sofort verständlich, wenn man weiß, dass Vergil hier von den Bienen spricht, die immer wieder genötigt sind, ihre durch Hornissen, Motten, Spinnen ruinierten Waben zu restituieren, das Bienenvolk wird dadurch zu einem *genus lapsum*, einem gesunkenen Geschlecht = Volk].

155 Der betreffende Brief wurde der Royal Society am 10. Februar 1774 vorgetragen.

156 Heidelandschaft zwischen Sussex und Hampshire, etymologisch ist der Name mit dem deutschen »Wald« verwandt.

157 Siehe oben, *Weisheit Gottes in den Geschöpfen*.

158 Die Schafsrasse der South-downs, die Vorfahren fast aller britischen schwarzgesichtigen Schafe.

159 Wahrscheinlich waren es Schwarzkehlchen, da Braunkehlchen nur Sommergäste sind. Milane sollten bald darauf in England ausgestorben sein. Es halten sich jetzt noch einige wenige Paare in Wales.

160 … *ante / garrula quam tignis nidos suspendat hirundo* = eh die geschwätzige Schwalbe ihr Nest am Balken aufhängt [Verg. georg. 4,306–307. Das *nidos* in dem Zitat muss durch *nidum* ersetzt und das Ganze kleingeschrieben werden: *ante / garrula tignis nidum suspendat hirundo*].

161 Man darf nicht vergessen, dass die Schornsteine zu Whites Zeiten wegen der großen Holzfeuer viel geräumiger waren.

162 *nigra velut magnas domini cum divitis aedes / pervolat, et pennis alta atria lustrat hirundo, / pabula parva legens, nidisque loquacibus escas, / et nunc porticibus vacuis, nunc umida circum / stagna sonat* = Wie das geräumige Haus eines reichen Mannes die schwarze / Schwalbe durchfliegt und durchsucht im Fluge die hohen Gemächer / Nach bescheidenem Futter für Junge, die zwitschern im Neste, / Nun in verlassener Halle, nun über dem Wasser des Teiches / Zirpt [Verg. Aen. 12,473–477; Übersetzung: Staiger 1981, S. 350].

163 Es handelt sich um die »essbare Schwalbe«, *Collocalia esculenta*, deren mit Speichel verbauten Nester für »Schwalbennestersuppe« benutzt werden. Es ist eigentlich ein Segler, von White fälschlicherweise – doch entschuldbar – zusammen mit den Schwalbenartigen *(Hirundines)* klassifiziert.

164 Uferschwalben werden von einem ganz bestimmten Floh heimgesucht, *Ceratophyllus styx*, nicht dem Bettfloh.

165 Uferschwalben haben durchaus einen Gesang, allerdings mit einer leisen, flachen, schwatzenden Stimme.

166 Gemeint ist sein Bruder John White.

167 Die häufigste Anzahl ist eigentlich drei, wenngleich zwei und vier nicht ungewöhnlich sind. Diese brauchen achtzehn bis neunzehn Tage bis zum Schlüpfen der Jungen, welche dann etwa sechs Wochen im Nest bleiben. Diese langen Phasen unterstreichen die Zugehörigkeit des Mauerseglers zu einer anderen Ordnung *(Apodiformes)* als die Schwalben *(Passeriformes)*, welche nur halb so lange brauchen, um einen Brutzyklus abzuschließen. Im Unterschied zu den Gewohnheiten der *Hirundines* ist bei den Mauerseglern die Aufzucht der Jungen vornehmlich die Verantwortung des Weibchens, allerdings gesellt sich das Männchen manchmal nachts im Nest dazu. Häufiger aber verbringt das Männchen die Nacht im Fluge und schläft auch dabei.

168 Es ist auffällig, wie Whites ansonsten scharfe Argumentation nachlässt, wenn er seine Beobachtungen mit dem immer festeren Glauben an die Überwinterung der Vögel in Einklang bringen will. Mauersegler mausern zweimal jährlich, einmal im Herbst und dann wieder im Frühling vor dem Zug. Deshalb treffen sie bei uns in brandneuem dunklem Gefieder ein.

169 Der Brief ist vom September 1774 [Anm. d. Übers.].

170 »Der Habicht lebt in Frieden mit den Vögeln, solange der Kuckuck ruft«, ein alter Spruch, der womöglich etwas mit der fälschlichen Klassifizierung des insektenfressenden Kuckucks als Raubvogel zu tun hat.

171 *pro aris et focis* = für Altar und Herd / für Heim und Herd.

172 Gilbert Whites Vater John White.

173 Dr. Martin Lister, Leibarzt von Queen Anne.

174 »Much less can bird with beast, or fish with fowl / So well converse, nor with

the ox the ape.« (Milton, *Paradise Lost*, Buch 8, Vers 395.)

175 François Eudes de Mézeray (1610–1683), französischer Historiker, der weitgehend für den Mythos verantwortlich ist, dass Zigeuner aus Ägypten eingewandert seien. Heute nimmt man an, dass sie um das 12. Jahrhundert aus Indien kamen.

176 *sub dio* = unter freiem Himmel.

177 *Hic ... taedae pingues, hic plurimus ignis / Semper, et assidua postes fuligine nigri* = Hier [erg.: gibt es] harzige Fichten, hier sehr viel Feuer / Immer und Türpfosten schwarz von beständigem Ruß [Verg. ecl. (= Eclogae) 7,49–50].

178 Milton, *Paradise Lost*.

179 *nudis manibus* = mit bloßen Händen.

180 Ein Met-artiges Getränk mit Gewürzen aus fermentiertem Honig.

181 Aus einem Poem *Cyder* von John Philips, einem Dichter des 18. Jahrhunderts, der in diesem Poem in Milton'schen Versen Vergils *Georgica* imitiert .

182 Eine Grafschaft war früher in Hundreds, eine Art Unterbezirk aus mehreren Pfarren, aufgeteilt.

183 *religione patrum multos servata per annos* = die durch viele Jahre der Glaube der Väter geehrt hat [Verg. Aen. 2,715; Ü.: Staiger 1981, S. 57].

184 Rev. Stephen Hales (1677–1761), Verfasser des bedeutenden und einfallsreichen Buches *Vegetable Statics, or, An Account of Some Statical Experiments on the Sap in Vegetables: Being an Essay Towards a Natural History of Vegetation. Also, a Specimen to Analyse the Air, By a great Variety of Chymico - Statical Experiments*, einer der ersten Studien der Physiologie. Er war einer der wenigen Gebildeten in Whites Nachbarschaft (er war viele Jahre lang Pastor in Faringdon, zwei Meilen von Selborne entfernt) und regte White an, einen Kalender über natürliche Erscheinungen zu führen.

185 Tatsächlich ist es so, dass Erde in der Nacht viel schneller abkühlt als Wasser und schnell auf eine Temperatur absinkt, die unter der der Wasseroberfläche liegt. Der meiste Tau also fällt auf die Erde rings um einen Teich, nicht auf das Wasser selbst. Heutzutage nimmt man an, dass diese eigentümlichen Tauteiche fast ausschließlich durch Regen gefüllt werden.

186 *admorunt ubera tigres* = Tiger haben {erg.: dir] die Zitzen gereicht [Verg. Aen. 4,367].

187 Der Löwe der Mäuse.

188 Ein solches Werk sollte erst Charles Darwin 1881 mit seiner Schrift *The Formation of Vegetable Mould through the Action of Worms* verfassen. Darwin erwähnt dabei nicht Whites Naturgeschichte, obwohl er ein großer Bewunderer von White war.

189 *Forte puer comite seductus ab agmine fido / Dixerat, ecquis adest? et adest responderat echo. / Hic stupet; utque aciem partes divisit in omnes; / Voce, veni, clamat magna. Vocat illa vocantem* = Zufällig einmal kam der Junge ab vom treuen Gefolge der Gefährten. / Er rief daher: »Ist jemand zugegen?« »Zugegen«, antwortete Echo. / Staunend blickt der sich um nach allen Seiten / Mit lauter Stimme ruft er: »Komm doch!« Sie ruft den Rufer ebenso. [Das stammt aus der Narcissus-Echo-Fabel der Metamorphosen Ovids. Zitation der Referenzstelle: Ov. met. 3,379–382].

190 *Tityre, tu patulae recubans sub tegmine fagi* = Tityrus, du liegst auf dem Rücken unter dem Dach einer

breitastigen Buche [Verg. ecl. (= Eclogae) 1,1].

191 *Monstrum horrendum, informe, ingens* = ein schreckliches Monster, unförmig, riesig [Verg. Aen. 3,658].

192 *Aut ubi concava pulsu / Saxa sonant, vocisque offensa resultat imago* = oder wo durch hohles Geklüft der Felsen tönt und Ruf aufprallt und wieder zurückhallt [Verg. georg. 4,49–50].

193 Ganz das Gegenteil ist der Fall: Insekten haben ausgezeichnete Hörorgane, die sich allerdings gelegentlich an ganz unerwarteten Stellen befinden, wie beispielsweise dem Bein.

194 quae nec reticere loquenti, / nec prior ipsa loqui, didicit resonabilis echo = die [= die Nymphe] weder zu antworten einem versagen / noch zuerst das Wort ergreifen mag, die wiedertönende Echo den ziegenfüßigen Satyren [Ov. met 357–358].

195 Hast du gut das erkannt, vermagst Erklärung zu geben / du dir selbst wie den andren, warum an einsamen Orten / Felsen zurück nach der Reihe die gleichen Formen der Worte / geben, wenn wir das Gefolge, das streift durch die schattigen Berge, / suchen und sie, die verstreut, mit lauter Stimme herbeiholn. / Sechs oder sieben Stimmen sogar sah Orte ich geben, / hattest du eine geschickt: so warfen selber an Hügel / Hügel die Worte zurück, wiederholten, daß Worte sich kehrten. / Dieses Gefühl haben Satyrn und Nymphen in ihrem Besitze, / dichten die Nachbarn und reden zusammen, es seien die Faune, / von deren nächtlich-schweifendem Lärm und scherzendem Spiele, / wie sie behaupten, das lautlose Schweigen würde gebrochen / überall und Saitenklang ertöne und Klagen, / sanfte, die Flöten sängen, erregt von den Fingern der Spieler, / und es verspüre das Volk der Bauern weithin, wenn der Pan, die / fichtenen Kränze des halbwilden Hauptes mächtig erschütternd, / oft mit gebogner Lippe durchläuft die gähnenden Pfeifen, / daß nicht säume das Rohr, das ländliche Lied zu verströmen. [Lucr. 4,572–589; Ü.: Lukrez, *De rerum natura / Welt aus Atomen*, lat.-dt., übers. u. mit einem Nachw. hg. v. Karl Büchner, Stuttart 1981, S. 297].

196 Die Jungen vieler Zugvogelarten kehren allerdings an den Ort ihres Aufwachsens zurück – jedenfalls jene, die den Winter überleben.

197 Hier macht White einen Fehler, denn der Fichtenspargel ist eine von Pilzen genährte, zur Bildung von Chlorophyll unfähige Pflanze (halb parasitär), die oft mit der giftigen Vogel-Nestwurz *(Neottia nidus-avis)* verwechselt wird.

198 Heute: *Cephalanthera damasonium*

199 Hier werden eigentlich vier lilablütige Spezies durcheinandergebracht: Der *Crocus sativus*, der echte Safrankrokus, ist eine aus Asien stammende und von den Römern eingeführte Herbstblume. Es kommt in Großbritannien nicht wild vor. Ähnlich sind die einheimische Herbstzeitlose, *Colchium autumnale*, und der Herbstkrokus, *Crocus nudiflorus*, welcher, wie der Frühlingskrokus eine assimilierte Einführung aus Südeuropa ist. Sie sind alle im inneren Aufbau leicht voneinander unterschieden.

200 *Omnibus animalibus reliquis certus et unius modi et in suo cuique genere incessus est; aves solae vario meatu feruntur et in terra et in aëre* = Alle übrigen / alle anderen Tiere haben einen bestimmten, einförmigen und ihrer Art eigenen Gang. Einzig die Vögel bewegen sich verschieden fort,

auf der Erde und in der Luft [Plin. nat. 10,54,111].

201 *et vera incessu patuit* [das Zitat lautet vollständig: *et vera incessu patuit dea*] = und als wahrhaftige [erg.: Göttin] zeigte sie sich im Schreiten [Vergil strapaziert hier einen Topos der antiken Dichtung: Götter offenbaren sich Menschen durch die Art und Weise, wie sie schreiten] [Verg. Aen. 1,405].

202 Raben kratzen sich zwar tatsächlich manchmal mit dem Fuß im Flug, doch ist das nicht der Grund für ihre Überschläge und Sturzflüge, die Teil des Imponiergehabes des Männchens sind.

203 *volato undoso* = in wogendem / wellenartigem Flug

204 Watvögel der Strandläuferfamilie.

205 Dieser Brief und die folgenden undatierten Briefe sind offenbar – als Gegenstück zur Einführung – zur abschließenden Abrundung geschrieben und wahrscheinlich nie an Barrington geschickt worden.

206 *monstrent* [White zitiert hier wohl aus Lukrez' *De rerum natura* das *cum facit ut digito quae sint praesentia monstrent* = wenn sie (= die Gebärde von Kindern) bewirkt, dass mit dem Finger auf Gegenstände (wörtl.: auf das, was zugegen ist) sie (= Kinder) zeigen im Kopf; Lucr. 5,1032]. *quid tantum Oceano properent se tingere soles / hiberni, vel quae tardis mora noctibus obstet* = Wie zum Ozean niederzutauchen im Winter die Sonne / Eilt und was im Sommer das Kommen der Nächte verzögert [Verg. Aen. 1,745–746; Ü.: Staiger 1981, S. 31].

207 mugire videbis / sub pedibus terram et descendere montibus ornos = Die Erde unter Füßen / Hörst du brüllen, und nieder vom Gebirge steigen die Eschen [Verg. Aen. 4,490–491; Ü.: Staiger 1981, S. 104].

208 *A Chronicle of the Kings of England from the Time of the Romans' Goverment unto the Death of King James*, verfasst von Sir Richard Baker (1568–1645), während er im Fleet Gefängnis saß. Darin bezieht er sich auf ein Erdbeben, das sich im östlichen Herefordshire ereignete.

209 John Philips war ein bukolischer Dichter des ausgehenden 16. Jahrhunderts. Marcley Hill in Whites Auszug aus *Cyder* ist Schauplatz der Erdbeben in Bakers *Chronicle*.

210 *resonant arbusta* = hallt Gebüsch wider [der Sinn der Wendung wird klar, wenn man sich ecl. 2,12–13 ansieht: *at mecum raucis, tua dum vestigia lustro, / sole sub ardenti resonant arbusta cicadis* = aber mit mir, während ich deinen Spuren (erg.: im Gesang) nachwandle, halt unter der / sengenden Sonne Gebüsch vom (erg.: heiseren) Grillengezirp wider] [Verg. ecl. 2,13].

211 [*et*] *ingentem lato dedit ore fenestram, apparet domus intus, et atria longa patescunt; / apparent* [*Priami et veterum*] *penetralia* [*regum*] = Da klafft eine ungeheure Bresche. / Inneres tritt zutag. Weit offen stehen die Räume, / [erg.: (Es öffnen sich) des Priamos und altehrwürdiger Fürsten] heilge Gemächer. [Verg. Aen. 2,482–484; Ü.: Staiger 1981, S. 48.] *cursu undoso* = in heftig wallendem Gang.

212 White war zu Recht sehr erstaunt: Maulwurfsgrillen sind keine Wiederkäuer.

213 Stelzenläufer: normalerweise ein ganz seltener Gast aus Südeuropa; im Jahre 1945 allerdings gab es ein rätselhaftes Vorkommen etlicher Exemplare mit drei nistenden Paaren in einer Kläranlage in Nottingham.

214 Mathurin Jacques Brisson (1723–1806), Erzieher am französischen Hof und Verfasser eines großen Katalogs der Vögel.

215 Alle nicht eigens bei White als anders angegebenen Grade sind in Fahrenheit.

216 Der Käfer namens *Pulvinaria vitis.*

217 John Lightfoot (1735–1788), Verfasser der berühmten *Flora Scotica* die im Anschluss an seine Forschungsreise nach Schottland im Jahre 1772 entstand.

218 engl: »stew-pond« = angelegte Fischteiche zur Zucht von Speisefischen.

219 *Qui variare cupit rem prodigialiter unam* [/ *delphinum silvis adpingit, fluctibus aprum*] = Wer ein einzelnes Thema unglaublich bunt zu gestalten wünscht [/ malt einen Delphin in die Wälder, einen Eber ins Meer] [Hor. ars 29(–29)].

220 *Praehabebat porro vocibus humanis, instrumentisque harmonicis, musicam illam avium: non quod alia quoque non delectaretur; sed quod ex musica humana relinqueretur in animo continens quaedam, attentionemque et somnum conturbans agitatio: dum ascensus, excensus, tenores, ac mutationes illae sonorum et consonantiarum, suntque, redeuntque per phantasiam; cum nihil tale relinqui possit ex modulationibus avium, quae, quod non perinde a nobis imitabiles, non possunt perinde internam facultatem commovere* = Er zog nun aber der menschlichen Gesangs- und Instrumentalmusik die Musik der Vögel vor: nicht weil er sich an jener nicht auch erfreute; sondern weil menschliche Musik in der Seele/im Geist eine unentwegte innere Unruhe zurücklässt, die die Aufmerksamkeit wie den Schlaf insofern empfindlich stört, als das Ansteigen, Abfallen, Dauern und Wechseln der Töne und Harmonien durch die Fantasie beständig hin- und her gehen; dagegen können Tonmodulationen der Vögel nichts Derartiges bewirken, weil sie, da von uns nicht ebenso imitierbar, unser inneres Vermögen [= Seelenleben] nicht ebenso in Bewegung setzen können.

221 *Sylvia curruca*, ein Sommergast in Großbritannien, zuerst 1758 von Linnaeus beschrieben.

222 Gemeint ist der Winter 1766/67.

223 Dr. John Huxham (1692–1768), Metereologe und mit Fieberstudien befasst.

224 Ein weiterer Verwandter von Gilbert White, sein Neffe Edmund White, auch dieser ein Kirchenmann.

225 Auf einem drehbaren Aufsatz montierte Gewehrläufe, die man auf den Tisch stellen konnte, eine Art Miniaturkanone.

226 Der Erdbeerbaum (*Arbutus unedo*) ist als Mittelmeerpflanze nicht winterfest; Volksname »Hagapfel«.

227 Dr. John Fothergill (1712–1780) war ein Quäker und Arzt, der einen großen privaten botanischen Garten in Upton in Essex unterhielt.

228 Horror ubique animos, simul ipsa silentia terrent: allenthalben ergreift Grauen die Seele, und die Stille selbst versetzt in Schrecken (Vergil).

229 Beim Honigtau handelt es sich in Wirklichkeit um eine Ausscheidung der Blattläuse und keine destillierte Blumenessenz.

230 Eine Folge des Ausbruchs des Skaptár Jökull-Vulkans auf Island – eine der größten Naturkatastrophen in der Geschichte.

Gilbert White, 1720 in Selborne geboren, war ein Naturforscher und Schriftsteller, der mit seinen Naturbeobachtungen und Vogelstudien wegweisende Untersuchungen und literarische Abhandlungen hinterließ. Zu seinen Bewunderern zählten unter anderem Charles Darwin sowie Virginia Woolf und W. H. Auden. White starb 1793 in seinem Heimatort Selborne.

Esther Kinsky ist Schriftstellerin und Übersetzerin. Für ihre Übersetzungen erhielt sie unter anderem den Paul-Celan-Preis sowie den Hermann-Hesse-Preis. Ihre literarischen Werke wurden unter anderem mit dem Kranichsteiner Literaturpreis, dem Erich-Fried-Preis und dem Preis der Leipziger Buchmesse ausgezeichnet.

NATURKUNDEN № 74
Erste Auflage Berlin 2021

NATURKUNDEN
herausgegeben von Judith Schalansky
erscheinen bei Matthes & Seitz Berlin
ermöglicht durch Jan Szlovak, Hamburg

Die Übersetzung folgt Text und Anmerkungen von:
The Natural History of Selborne. Herausgegeben von Richard Mabey
© 1977, Penguin Classics 1987.

EINBAND UND TYPOGRAFIE Pauline Altmann, Berlin
durchgesehen von Judith Schalansky
SCHRIFT Miller von Matthew Carter / Font Bureau und
Geographica Hand von Brian Willson
HERSTELLUNG Hermann Zanier, Berlin
PAPIER 90 g/qm Fly 05 spezialweiß, 1,2-faches Volumen
DRUCK UND BINDUNG Pustet, Regensburg

ISBN 978-3-7518-0206-2

www.naturkunden.de
www.matthes-seitz-berlin.de